Schénk

Pharmazeutisch-chemisches Praktikum

Pharmazeutisch-chemisches Praktikum

Herstellung, Prüfung und theoretische Ausarbeitung
pharmazeutisch-chemischer Präparate

Ein Ratgeber
für Apothekerpraktikanten

von

Dr. D. Schenk

Dritte
verbesserte und erweiterte Auflage

Mit 58 Abbildungen

Springer-Verlag Berlin Heidelberg GmbH
1949

ISBN 978-3-540-01415-7   ISBN 978-3-642-92537-5 (eBook)
DOI 10.1007/978-3-642-92537-5
Softcover reprint of the hardcover 3rd edition 1987

Vorwort zur dritten Auflage.

Die 3. Auflage ist längst fällig und geplant gewesen. Kriegsereignisse und Kriegsgeschehen haben ihre Herausgabe hinausgezögert.

Inzwischen ist uns Deutschen eine fürchterliche Offenbarung geworden. Die schlimmste Form der Bilanz unseres Irrens und Fehlens liegt als geistige und seelische Not vor uns. Aus ihr heraus dürften auch die mannigfachen Reformvorschläge zur Ausbildungsfrage zu verstehen sein.

Verfasser glaubt, daß an der Praktikantenzeit v o r dem Studium festzuhalten ist. In ihr, in der gründlichen Lehre, lagen und liegen die Qualitäten begründet, die den deutschen Apotheker von jeher auszeichneten, ihn prädestinierten und schätzen ließen auch für jene Berufe, die ihre Wiege in der Pharmazie haben.

In diesem Geiste hat die 3. Auflage an dem Grundsätzlichen festgehalten, daß man sich von vornherein nicht kritisch und gründlich genug mit allem Geschehen, dem Wechselspiel zwischen Aktion und Reaktion, auseinandersetzen kann und damit einer Verflachung, als einer vieler anderer Erscheinungen heutiger Not, wirksam entgegenarbeitet. Auf dem für solche Ziele besonders geeigneten und für den Pharmazeuten zugleich dominierenden chemischen Gebiete will das Buch nach wie vor in erster Linie dem Praktikanten raten und helfen, es möchte ihn darüber hinaus auch begleiten bei seiner weiteren Ausbildung und beruflichen Tätigkeit.

Der allgemeine Teil ist wesentlich erweitert, das Kapitel „Dichte" hinsichtlich vieler Unklarheiten auf diesem Gebiete gänzlich neu bearbeitet worden. Im speziellen Teil wurden neben allgemeinen Überprüfungen einige ältere Präparate durch zweckdienlicher erscheinende aktuellere ersetzt.

Herr Dozent Dr. Walter Awe-Braunschweig ist mit Ratschlägen und einigen Beiträgen, die im Texte vermerkt sind, dem Verfasser hilfsbereit zur Seite gestanden. Ihm sei auch an dieser Stelle herzlich gedankt.

Krefeld, im Januar 1949.

D. Schenk.

Inhaltsverzeichnis.

Allgemeiner Teil.

Spezieller Teil.

Inhaltsverzeichnis. VII

Seite

Allgemeiner Teil.

Chemische Umsetzungen erfolgen gewöhnlich, wenn zwei oder mehr Stoffe aufeinander einwirken. Die Reaktion verläuft nicht immer nach einer Richtung, besonders bei organischen Synthesen laufen neben der Hauptreaktion Nebenreaktionen einher, der gewonnene Stoff ist daher selten rein und bedarf eines Reinigungsprozesses und schließlich einer Prüfung auf Reinheit.

Die hierbei gebräuchlichsten Operationen sollen nacheinander kurz besprochen werden.

1. Filtrieren.

Der Filtration bedient man sich zur Trennung fester Stoffe von flüssigen.

Das Filter rage nie über den Filterrand hinaus, ende vielmehr einige Millimeter unter demselben. Handelt es sich darum, eine Flüssigkeit schnell zu filtrieren, sie von Verunreinigungen usw. zu befreien, so verwendet man ein **Faltenfilter** (Abb. 1). Will man dagegen einen Niederschlag sammeln, so wählt man ein glattes, anliegendes Filter, ein **Sammelfilter** (Abb. 2). In letzterem Falle kann die Filtration infolge Saugwirkung beschleunigt werden, wenn man Trichter mit verlängertem Ablaufrohr verwendet, die man unschwer aus gewöhnlichen Trichtern durch Verbindung mit einem Glasrohr mittels Gummischlauchs herstellt. Soll der Niederschlag an der Wasserstrahlluftpumpe abgesaugt

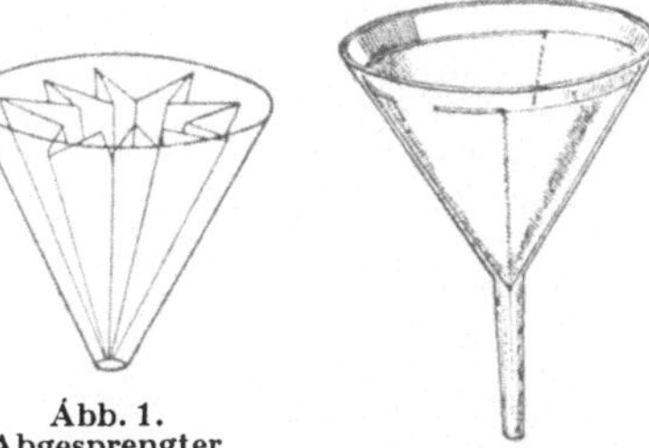

Abb. 1.
Abgesprengter Trichter mit Faltenfilter.

Abb. 2. Trichter mit Sammelfilter.

werden, wie bei quantitativen Arbeiten, so legt man zuvor einen Konus aus Platin oder in Ermangelung eines solchen ein konisch zusammengefaltetes Stück Pergamentpapier in den Trichter, da sonst das Filter reißt. Das Filter muß eng anliegen und durch Falten oder Ausbreiten dem Winkel des Trichters angepaßt werden.

Bei der Trennung der Kristalle von der Mutterlauge bedient man sich am besten stets des Absaugens, bei kleinen Mengen kann man so verfahren, daß man in einen Trichter ein Siebplättchen aus Glas oder Porzellan und darüber eine Doppellage Filtrierpapier legt, deren untere Lage genau die Größe des Plättchens hat, während die obere etwas größer ist (Abb. 3).

Bei größeren Mengen bedient man sich zweckmäßig der Büchnerschen Trichter oder Nutschen (Abb. 4). Man belegt diese in gleicher Weise mit Filtrierpapier wie die Siebplättchen. Die Trichter oder Nutschen werden mittels eines Gummistopfens mit einer dickwandigen Saugflasche (Abb. 5) verbunden, die mittels Tubus a durch einen dickwandigen Schlauch an die Wasserstrahlluftpumpe angeschlossen wird.

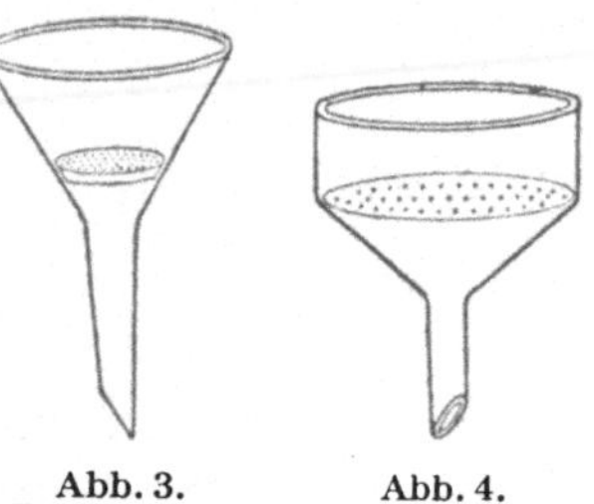

Abb. 3.
Trichter mit
Siebplättchen.

Abb. 4.
Nutsche.

Um das bei wechselndem Wasserdruck oft zu beobachtende Zurücksteigen des Leitungswassers in die Saugflasche zu vermeiden, schaltet man zweckmäßig zwischen Saugflasche und Wasserstrahlluftpumpe eine zweite leere Saugflasche. Es gibt auch Wasserstrahlluftpumpen mit besonderer Ventilvorrichtung, bei denen ein Zurücksteigen des Wassers nicht erfolgt.

Bei jeder dieser Filtrierarten hat man vor dem Filtrieren das Filter mit demselben Lösungsmittel anzufeuchten und eventuell anzusaugen.

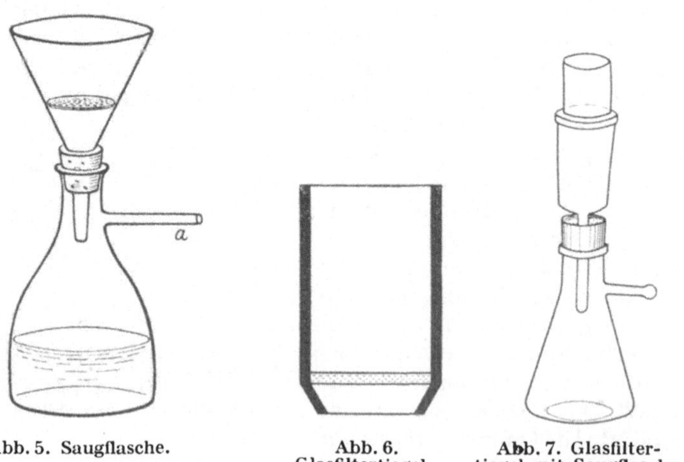

Abb. 5. Saugflasche.

Abb. 6.
Glasfiltertiegel.

Abb. 7. Glasfiltertiegel mit Saugflasche.

Weit besser als die Papierfilter sind die Jenaer Glasfilter, die am zweckmäßigsten in Tiegel- oder Nutschenform mit Hilfe der Saugpumpe Verwendung finden (Abb. 6). Die Glasfiltertiegel werden mittels eines Vorstoßes und eines Gummiringes mit der Saugflasche verbunden

(Abb. 7). Die Glasfiltergeräte sind im Gebrauch billiger und sauberer, filtrieren schneller und klarer, ermöglichen ein gründlicheres Auswaschen der Niederschläge und zeigen nicht die Mängel der Papierfilter, wie das beim präparativen Arbeiten zu Verlusten und Verunreinigungen mit Papierfasern führende Anhaften der Niederschläge am Filter und ihre oft schwere Loslösung. Auch zum Sterilisieren thermolabiler Arzneimittel finden Filtertiegel entsprechender Porenweite Verwendung.

2. Kolieren.

Zu schnellerem Filtrieren bedient man sich vor allem bei größeren Niederschlagsmengen, wenn sie nicht zu feinkörnig sind, vorteilhaft des Filtrier- oder Koliertuches. Man spannt ein viereckiges, gut durchnäßtes Leinentuch durch Befestigen an den vier Nägeln auf einem Kolierrahmen (Abb. 8) aus, setzt letzteren auf eine Schale und bringt dann den Niederschlag auf das Tuch. Soll der Niederschlag dann noch durch Pressen möglichst von Flüssigkeit befreit werden, so faltet man nach völligem Abtropfen das Tuch an den Rändern von allen

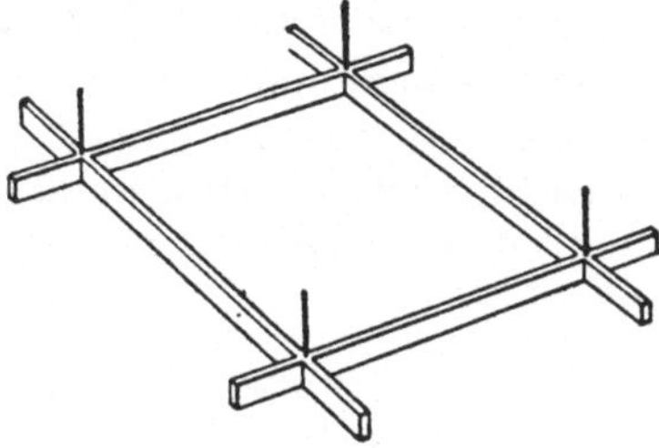

Abb. 8. Kolierrahmen.

Seiten zusammen, umbindet mit einer Schnur und preßt den so gebildeten Sack zwischen den Händen oder in einer Presse aus.

Empfehlenswert sind ausziehbare Tenakel, die eine Verwendung in verschiedenen Größen gestatten und bei denen die Koliertücher in Metallklammern eingehängt werden und dadurch unversehrt bleiben.

3. Fällen, Präzipitieren.

Schwer lösliche chemische Verbindungen können auf dem Wege der Fällung, gewöhnlich durch Vereinigung zweier verschiedener Lösungen, erhalten werden.

Die Fällungserscheinungen erklären sich ohne weiteres nach der Ionentheorie (s. d.). Vornehmlich unsere anorganischen Reaktionen sind Ionenreaktionen, die momentan verlaufen. So sind auch unsere plötzlich eintretenden Fällungserscheinungen Ionenreaktionen. Wir bringen nämlich hierbei durch die Vereinigung der Lösungen bestimmte Kationen und Anionen in einer solchen Menge zusammen, daß das Löslichkeitsprodukt (s. d.) überschritten ist. Die Folge davon ist, daß der Stoff sich abscheidet.

Der Ausfall der Fällung ist u. a. abhängig von der Temperatur, der Verdünnung der Lösungen, der Schnelligkeit der Fällung usw. Soll der

Niederschlag möglichst kristallinisch erhalten werden, so wende man verdünnte Lösungen an. Das Mischen der Lösungen erfolge langsam unter
ständigem Umrühren. Zuweilen befördert Erhitzen der Lösung das Kristallischwerden des Niederschlages, z. B. bei Fällung des Bariumsulfats aus
löslichem schwefelsaurem Salz und Bariumnitrat, ferner des Kalziumkarbonats aus löslichem Kalziumsalz und Ammoniumkarbonat. Ferner
wird der Niederschlag dichter, wenn man vor dem Filtrieren etwa 24 Stunden absetzen läßt.

Amorphe Niederschläge setzen besser und dichter in salzreichen
Flüssigkeiten ab, man kann daher die Fällung durch Aussalzen (s. u.) begünstigen.

Einige Niederschläge, wie Silberchlorid, werden außer durch Erwärmen durch starkes Schütteln dichter.

Ferner ist es nach dem Massenwirkungsgesetz (s. d.) nicht gleichgültig,
in welcher Reihenfolge man die Lösungen vereinigt, denn immer wird diejenige Flüssigkeit vorwalten und die Reaktion nach einer bestimmten Richtung leiten, zu der die andere Flüssigkeit zugefügt wird.

4. Auswaschen.

Um den Niederschlag von der noch anhaftenden Flüssigkeit, die bei
den meisten Fällungen wohl eine Salzlösung darstellt, gänzlich zu befreien,
wäscht man ihn aus, d. h. man sucht die dem festen Stoffe noch anhaftende
Flüssigkeit durch eine andere zu verdrängen. Waren zur Fällung wässerige
Lösungen zur Anwendung gelangt, so wählt man auch als Waschflüssigkeit
gewöhnlich Wasser. Man wäscht so lange aus, bis der auszuwaschende
lösliche Stoff ganz oder fast ganz entfernt ist, sich also in der abtropfenden
Waschflüssigkeit nicht mehr oder nur noch spurenweise nachweisen läßt.
Man wasche nicht auf einmal mit zu großen Mengen Flüssigkeit aus, es
läßt sich mit derselben Menge Flüssigkeit ein vollkommeneres Auswaschen
erzielen, wenn man häufiger mit kleinen, als nur wenige Male mit größeren
Mengen Flüssigkeit arbeitet. Das Auswaschen selbst geschieht je nach der
Natur und Menge des Stoffes auf dem Filter, der Nutsche, dem Koliertuch
oder zunächst nach nachfolgend beschriebenem Dekantierverfahren.

5. Dekantieren.

Bei vielen, besonders gelatinösen Niederschlägen empfiehlt sich, bevor
man dieselben auf ein Filter bringt, zum Auswaschen das Dekantierverfahren. Man läßt den Niederschlag absetzen, hebert oder filtriert die
überstehende klare Flüssigkeit ab, setzt neue Flüssigkeit unter Aufrühren
des Niederschlages zu, entfernt nach abermaligem, völligem Absetzen die

überstehende Flüssigkeit und wiederholt das Verfahren so oft, bis der Niederschlag fast rein ist. Dann bringt man ihn auf ein Filter, Koliertuch oder eine Nutsche und führt hier das Auswaschen zu Ende.

6. Lösen von Substanzen, Erhitzen von Substanzen miteinander, Extraktion fester Stoffe.

Bei Verwendung eines nicht brennbaren Lösungsmittels kann man das Lösen in einem Becherglase oder besser in einem Kolben vornehmen und direkt auf einem Drahtnetz über offener Flamme erhitzen. Um ein Springen zu vermeiden, hat man die am Boden befindliche Substanz häufiger aufzurühren. Arbeitet man aber mit brennbaren Lösungsmitteln, wie Alkohol — kleine Mengen Alkohol kann man auch auf obige Weise über kleiner Flamme erwärmen, sollte aber Entflammung erfolgen, so decke man ruhig ein

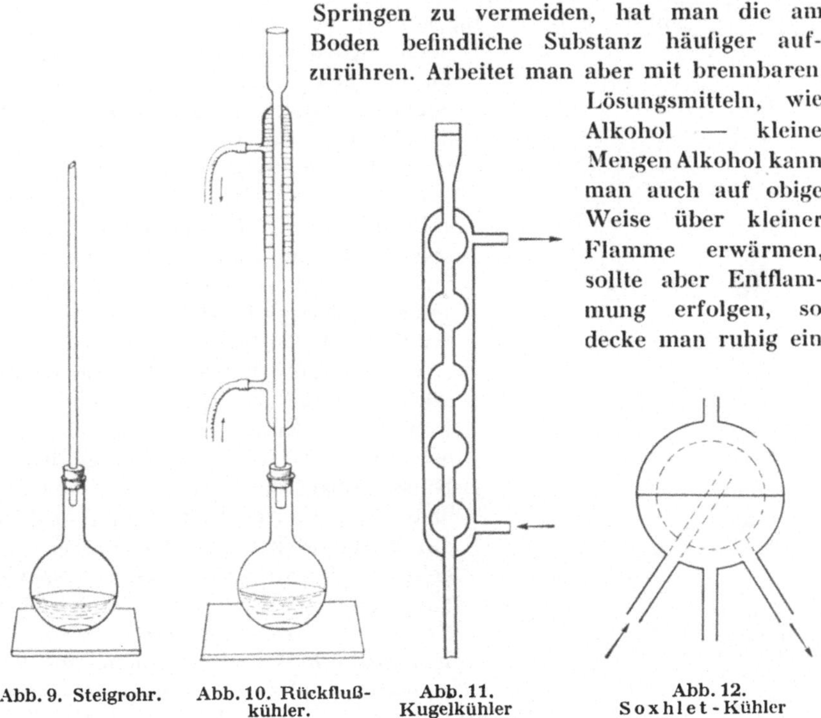

Abb. 9. Steigrohr.   Abb. 10. Rückflußkühler.   Abb. 11. Kugelkühler   Abb. 12. Soxhlet-Kühler

feuchtes Tuch darüber —, Benzol oder gar Äther, so erhitze man nur in einem Kolben auf dem Wasserbade und versehe den Kolbenhals mit einem Steigrohr oder Rückflußkühler (Abb. 9 bis 12).

Die gut kühlenden und daher bei Destillationen bewährten Schlangenkühler Abb. 26) sind als Rückflußkühler nicht zu empfehlen. Das in den Windungen sich ansammelnde Kondensat wird durch den Gegendruck der siedenden Flüssigkeit oft empfindlich am Herablaufen ge-

hindert. Es spritzt mitunter aus dem Kühler heraus und kann Brände verursachen. Ähnliche Störungen können auch zu enge Steigrohre zeigen.

Des S t e i g r o h r e s oder R ü c k f l u ß k ü h l e r s bedient man sich auch,
wenn Substanzen zu irgendeiner Reaktion nahe ihrem Siedepunkte miteinander erhitzt werden müssen.

Liegt die Erhitzungstemperatur dagegen ziemlich weit unter dem Siedepunkt der niedrigst siedenden der angewandten Substanzen, so kann je
nach Art der Substanzen in einem offenen Kolben, Becherglase oder einer
Schale erhitzt werden.

Zur Extraktion fester Stoffe bedient man sich gern kontinuierlich ar-
beitender Apparate, wobei das Extraktionsgut stets mit frischem Lösungsmittel in Berührung kommt. Abb. 13 zeigt den bei nicht zu
hoch siedenden organischen Lösungs-
mitteln meist gebrauchten Extraktions-
apparat mit Normalschliffen nach
S o x h l e t. In der Praxis hat dieser Apparat manche Abwandlungen erfahren. In
den Kolben kommt das Lösungsmittel,
z. B. Äther, in den mittleren Teil, den Extraktor, die aus Papier oder besser aus
fettfreiem Filtriermaterial nahtlos an-
gefertigte Extraktionshülse mit dem Extraktionsgut. Die Dämpfe des siedenden
Lösungsmittels gelangen durch das rechte
seitliche Rohr in den Extraktor und
weiter in den Kühler, werden kondensiert
und tropfen auf das Extraktionsgut in der
Hülse. Sobald die Lösung die Höhe des
linken Heberrohres erreicht hat, wird sie
durch Saugwirkung in den Kolben abgehebert. Dieses wiederholt sich selbst-
tätig und wird bis zur vollendeten
Extraktion fortgesetzt. Dann wird die
Extraktionshülse herausgenommen, der
Apparat wieder zusammengesetzt und

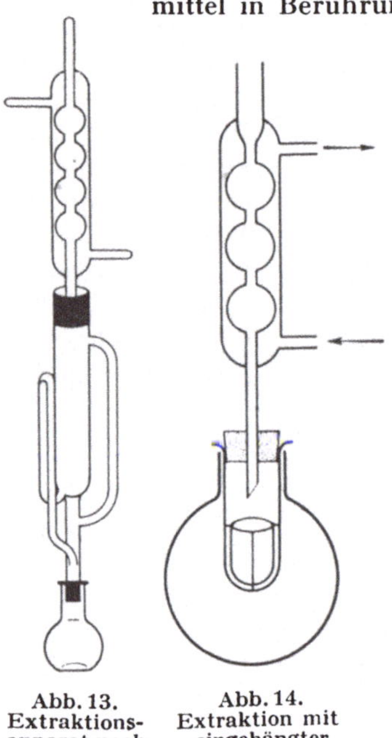

Abb. 13.
Extraktions-
apparat nach
S o x h l e t.

Abb. 14.
Extraktion mit
eingehängter
Hülse.

das Lösungsmittel in den Extraktor abdestilliert. Es kann für spätere
Extraktionen wieder verwendet werden. Von den letzten Resten Lösungsmittel und auch von etwaiger Feuchtigkeit wird das Extrakt durch
anschließendes Trocknen im Trockenschrank oder Exsikkator befreit.

Ein besonderer Extraktor, vor allem ein solcher mit dem Soxhletschen
Heberprinzip, ist für kontinuierliche Extraktionen durchaus nicht notwendig und für hochsiedende Lösungsmittel auch nicht geeignet. In
solchen Fällen hängt man die Extraktionshülse mittels eines feinen Drahtes
in den Weithalskolben, ohne daß sie in das Lösungsmittel eintaucht

(Abb. 14). Auf das Extraktionsgut legt man ein Porzellansiebplättchen, damit das herabtropfende Lösungsmittel sich verteilt und keine Kanäle bildet.

Äther ist oder wird oft beim Aufbewahren unter dem Einfluß von Licht und Luft peroxydhaltig. Die schwer flüchtigen Peroxyde reichern sich im Destillationsrückstande an und können bei erhöhter Temperatur, z. B. beim Trocknen von Ätherextrakten im Trockenschrank, zu heftigen Explosionen führen. Zudem sind mit·solchem Äther durchgeführte Bestimmungen fehlerhaft. Der zu Extraktionen bestimmte Äther soll peroxyd- und aldehydfrei sein. Zur Beseitigung der Peroxyde und Aldehyde und zur Verhinderung ihrer Bildung wird Behandlung und Aufbewahrung mit bzw. über Eisen(2)sulfat und besser noch zerkleinertem Kaliumhydroxyd empfohlen. Zum mindesten sollte man den Äther vor seiner Verwendung auf dem Wasserbade bis auf etwa ein Zehntel Rückstand, in dem die Peroxyde verbleiben, abdestillieren.

7. Kristallisation.

Löst man im festen Aggregatzustande befindliche Stoffe in einem Lösungsmittel, so beobachtet man in der Regel, daß das Lösungsmittel sich hierbei abkühlt. Es wird Wärme für den Lösungsvorgang verbraucht. Einen solchen mit Wärmeabsorption verbundenen Vorgang nennt man auch einen endothermen Vorgang. Es ist ohne weiteres begreiflich, daß durch Zuführung von Wärme, also durch Temperaturerhöhung, endotherme Vorgänge begünstigt werden, daß also die Löslichkeit eines Stoffes mit Temperatursteigerung zunimmt. Eine in der Hitze gesättigte Lösung ist somit für eine niedere Temperatur übersättigt und wird daher beim Abkühlen den festen Stoff ausscheiden. Der Stoff kristallisiert aus.

Von dieser Eigenschaft macht man Gebrauch vor allem zur Reinigung fester Substanzen, wobei die Verunreinigungen in dem Lösungsmittel, der Mutterlauge, zurückbleiben.

Diesem Kristallisationsverfahren, Kristallisation durch Erkalten, steht gegenüber die Kristallisation durch Verdunsten bei solchen Stoffen, die sich ohne Wärmeabsorption in allen Lösungsmitteln lösen, in der Kälte wie in der Wärme fast gleich löslich und darum nur durch langsames Verdunstenlassen des Lösungsmittels zu erhalten sind.

Die meisten anorganischen Substanzen sind aus Wasser zu kristallisieren, während die organischen auch gewöhnlich organische Lösungsmittel erfordern. Von den letzteren kommen vor allem in Frage: Alkohol, Äther, Benzol, Ligroin usw. oder Mischungen dieser, wie Alkohol und Wasser, Benzol und Ligroin usw.

Beim Lösen der Substanz (s. d.) vermeide man vor allem einen Überschuß an Lösungsmitteln, weil sonst beim Erkalten die Kristallisation wenig quantitativ verläuft. Man nehme zu Anfang so viel Lösungsmittel, daß sich die Substanz nicht ganz löst, und füge dann in kleinen Anteilen weiteres Lösungsmittel zu, bis eben alles bei Siedetemperatur in Lösung gegangen ist.

Bei Anwendung einer Mischung zweier Lösungsmittel wählt man solche, von denen das eine die Substanz leicht, das andere dieselbe schwer löst. Zum Beispiel Methylalkohol und Wasser für Bromkampfer (s. d.). Man löst den Bromkampfer in möglichst wenig heißem Methylalkohol, fügt langsam soviel Wasser hinzu, daß die Lösung bei Siedehitze etwas getrübt ist, klärt letztere durch geringen Methylalkoholzusatz eben wieder auf und läßt dann zum Kristallisieren erkalten.

Abb. 15.
Abgesprengter
Trichter.

Zur Befreiung von unlöslichen Rückständen, Filterfasern usw. ist die Lösung vor der Kristallisation heiß zu filtrieren. Man benutzt hierzu Faltenfilter, die man zweckmäßig in einen abgesprengten Trichter (Abb. 15) hineinsetzt. (Siehe Abb. 1). Es wird hierdurch die vorzeitige Kristallausscheidung in dem kälteren Teile des Trichterablaufrohres vermieden. Das Filter feuchte man zuvor mit heißem Lösungsmittel an. Bei zu konzentrierten Lösungen kommt es häufiger vor, daß bereits auf dem Filter Kristallisation erfolgt. Man durchstößt dann am besten das Filter, wobei man das Gefäß mit der noch unfiltrierten Lösung unter den Trichter setzt, spült mit heißem Lösungsmittel die ausgeschiedenen Kristalle ab und fügt weiteres Lösungsmittel zu.

Es empfiehlt sich, bei kleineren Mengen die Filtration von Lösungen leicht kristallisierbarer Substanzen im Trockenkasten vorzunehmen, bei größeren Mengen wendet man erfolgreich auch die Heißwassertrichter (Abb. 16) an.

Zuweilen scheiden sich bereits während des Filtrierens im Kristallisationsgefäß Kristalle aus, die meist nicht gut ausgebildet sind. Es empfiehlt sich, nach beendeter Filtration durch Erwärmen die Kristalle wieder in Lösung zu bringen, bevor man das Gefäß zur Seite stellt.

Als Kristallisationsgefäß wählt man bei Kristallisationen durch Erkalten, vor allem bei Substanzen, die man analysenrein erhalten will, vorteilhaft ein Becherglas, das ungefähr zur Hälfte mit der Lösung angefüllt sein soll. Man überdeckt das Becherglas zunächst mit Filtrierpapier und darüber mit einem Uhrglase. Es wird dadurch vermieden, daß das verdampfende

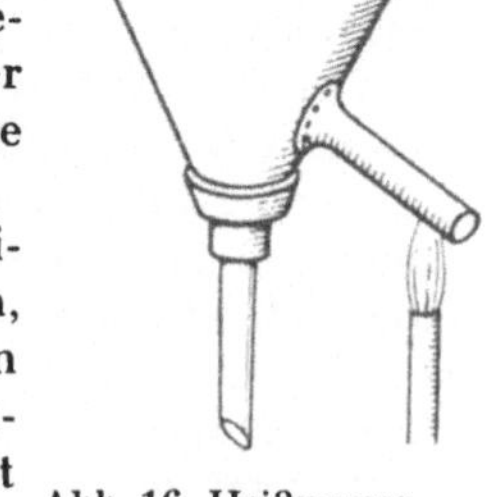

Abb. 16. Heißwassertrichter.

Lösungsmittel sich an der kalten Glasbedeckung verdichtet und durch Heruntertropfen die Kristallisation stört.

Für Kristallisationen durch langsames Verdunsten benutzt man Kristallisierschalen (Abb. 17 und 18). Die Substanz wird in derselben Weise wie oben in möglichst wenig Lösungsmittel, eventuell unter Erwärmen, gelöst und nach dem Filtrieren bei gleichmäßiger Wärme im Trockenschranke oder auch im evakuierten Exsikkator dem Eindunsten überlassen. Man überdeckt die Schale mit einer Glasplatte derart, daß noch Zwischenraum

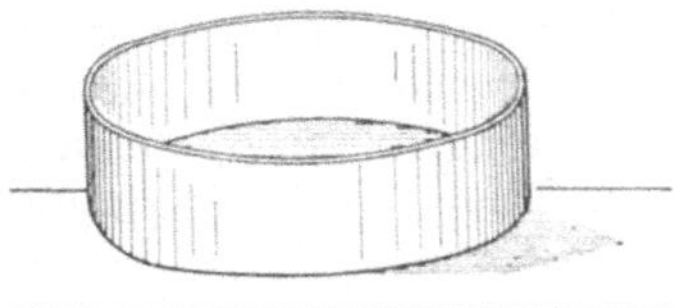

Abb. 17. Flache Kristallisierschale.

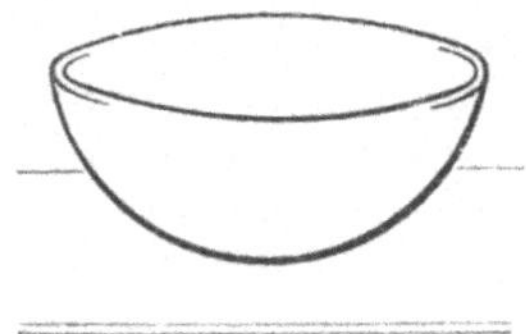

Abb. 18. Runde Kristallisierschale

genug zum Verdunsten bleibt. Das Verdunsten darf natürlich nicht bis zur völligen Trockne geschehen, die Verunreinigungen sollen in der Mutterlauge verbleiben.

Zur Trennung von der Mutterlauge werden die auf die eine oder andere Weise erhaltenen Kristalle je nach der Menge auf einem Filter, einem Siebplättchen oder einer Nutsche bzw. einem Glasfiltergerät (s. Filtrieren) an der Wasserstrahlpumpe abgesaugt und zur Vertreibung der Mutterlauge mit wenig Lösungsmittel nachgewaschen. Schwerflüchtige Lösungsmittel, wie Eisessig, kann man zweckmäßig durch leichter verdampfende Flüssigkeiten, Alkohol und Äther, vertreiben.

Die Mutterlauge kann oft durch weiteres Einengen oder durch Versetzen mit einem anderen Lösungsmittel, in der sich die Substanz schwieriger löst, zur nochmaligen Kristallisation veranlaßt werden.

Der Kristallisation bedient man sich auch, ein Gemisch verschiedener fester Substanzen in seine Bestandteile zu trennen. Man bezeichnet die Kristallisation dann als fraktionierte Kristallisation. Sie beruht darauf, daß die Substanzen eine verschiedene Löslichkeit in einem und demselben Lösungsmittel zeigen, demgemäß ungleich schnell aus der Lösung kristallisieren und so getrennt werden können.

8. Trocknen fester Stoffe.

Nachdem die beim präparativen Arbeiten erhaltenen festen Stoffe durch Filtrieren oder Absaugen weitestgehend vom flüssigen Anteil befreit sind, werden sie nach den für feste Stoffe allgemein gültigen Regeln getrocknet. Dies geschieht je nach der Natur der Stoffe und dem erstrebten Ziel entweder bei gewöhnlicher Temperatur an der Luft durch Ausbreiten der Substanz zwischen zwei Filtrierpapierlagen bzw. in einem möglichst evakuierten Exsikkator oder bei höherer Temperatur und dann meist im Trockenschrank, wobei man sich aber vorher zu vergewissern hat, daß die zu trocknende Substanz bei erhöhter Temperatur weder schmilzt, noch sonst welche Veränderungen erleidet. In Zweifelsfällen mache man auf einem Uhrglas mit einer Probe eine Vorprüfung.

Verwitternde kristallwasserhaltige Substanzen, wie $Na_2SO_4 \cdot 10\,H_2O$ und $FeSO_4 \cdot 7\,H_2O$, sind an der Luft rasch zu trocknen und dann in gut verschließbare Behältnisse zu bringen. Kristallwasser und als bloße Feuchtigkeit vorliegendes Wasser werden im Exsikkator oder durch Erwärmen im Trockenschrank bei jeweils wechselnden Temperaturen entfernt. Kristalline Körper sind hierbei allmählich zu erwärmen, damit sie nicht im eigenen Kristallwasser schmilzen. (Beispiel: Na. sulfuric. siccat.; Na. carbon. siccat.) Bei Ferrum sulfuric. siccat. läßt DAB 6 auf dem Wasserbade allmählich erwär-

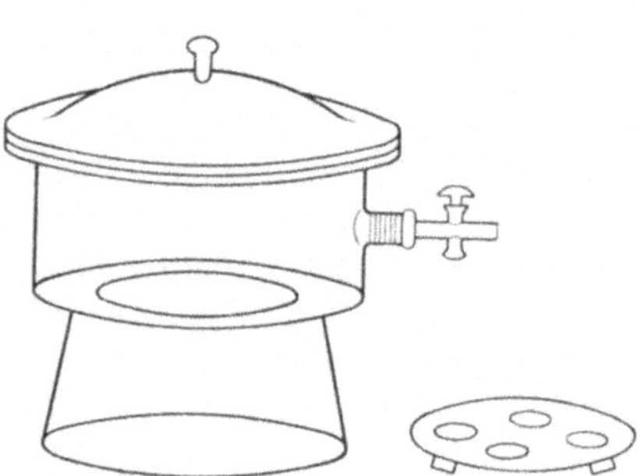

Abb. 19. Exsikkator nach Scheibler.

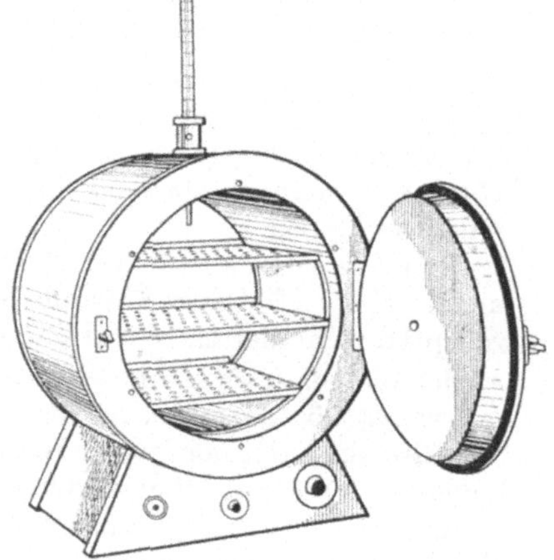

Abb. 20. Runder Trockenschrank (Heraeus).

men. Chemisch gebundenes Wasser, wie es in den Hydratformen, z. B. $Ca(OH)_2$, vorliegt, läßt sich nur durch Glühen entfernen.

Einer der gebräuchlichsten Exsikkatoren ist der nach Scheibler (Abb. 19). Zum Evakuieren und zum Druckausgleich beim Hineinsetzen heißer Gegenstände befindet sich seitlich oder auf dem gewölbten Deckel ein Tubus mit Hahn. Wenn evakuiert ist, legt man ein Kalziumchlorid-röhrchen vor, damit beim späteren Öffnen des Hahnes die einströmende Luft vorgetrocknet ist. Es gibt auch Exsikkatoren mit elektrisch heizbaren Einsätzen.

Als Trockenmittel, mit denen die Exsikkatoren in ihrem unteren Teile beschickt werden, dienen konzentrierte Schwefelsäure (wegen ihrer aggressiven Eigenschaften vorsichtiges Umgehen geboten), Phosphorpentoxyd, Ätzkalk, grob gekörntes kalziniertes Kalziumchlorid und andere. Sehr vorteilhaft ist das unter dem Namen „Blaugel" in den Verkehr gebrachte Kieselgel mit Feuchtigkeitsindikator (trocken = blau; wasserbeladen = rot). Dieses Trockenmittel ist nach Sättigung mit Wasser durch Erhitzen auf 180 bis 200° im Trockenschrank beliebig oft regenerierbar.

Unter den Trockenschränken verdienen die elektrisch heizbaren mit selbsttätiger Temperaturregelung den Vorrang. Die Abb. 20 zeigt die bewährte runde Form der Firma Heraeus mit großem Nutzraum und gleichmäßiger Temperaturverteilung. Mit einer inneren zweiten Glastür versehen, kann der Trockenschrank zugleich als Brutschrank dienen. Für Trocknungen im Vakuum gibt es besondere Konstruktionen.

9. Destillation.

Die Destillation bezweckt die Überführung flüssiger Stoffe in den Dampfzustand mit folgender Kondensation des Dampfes. Feste destillierbare Stoffe gehen zunächst in den flüssigen Aggregatzustand über.

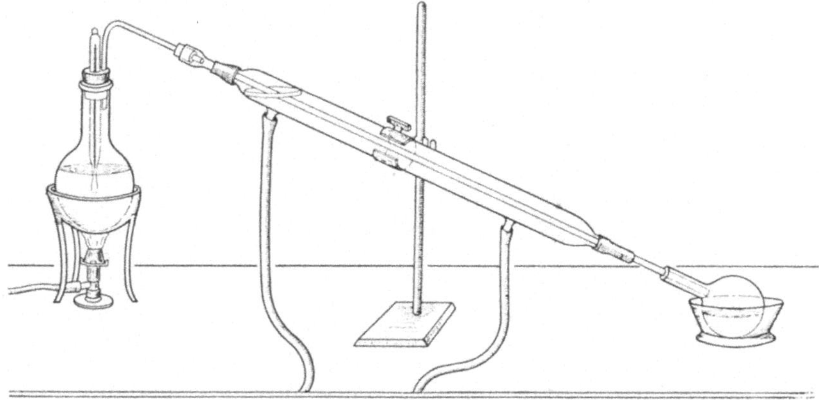

Abb. 21. Einfache Destillation mit Liebigschem Kühler.

Der Destillation bedient man sich zur Trennung leicht flüchtiger von schwerer oder nicht flüchtigen Verbindungen, z. B. zur Trennung eines Lösungsmittels von einem darin gelösten Stoff, ferner zur Trennung eines Gemisches zweier oder mehrerer Flüssigkeiten von verschiedener Flüchtigkeit. Im ersteren Falle verwendet man gewöhnlich einen Apparat nach Abb. 21.

Für den letzteren Fall, also zur Trennung zweier oder mehrerer Flüssigkeiten von verschiedener Flüchtigkeit, wählt man die fraktionierte Destillation, um die bei verschiedenen, mittels eines Thermometers zu kontrollierenden Temperaturen übergehenden Flüssigkeiten getrennt auffangen zu können. Den hierbei Verwendung findenden Kolben nennt man Fraktionierkolben (Abb. 22).

Bei einem einheitlichen Stoff, dem nur noch geringe Mengen Lösungsmittel usw. anhängen, gestaltet sich die Destillation einfach. Unter der richtigen Siedetemperatur geht nur wenig als Vorlauf über, die Haupt-

menge destilliert bei der vorgeschriebenen Temperatur, während zum
Schluß der Destillation eine kleine Menge bei etwas höherer, meist durch
Überhitzen der Dämpfe verursachten, Temperatur übergeht und daher
gewöhnlich dem Hauptdestillat zugefügt werden darf.

Eine regelrechte fraktionierte Destillation gestaltet sich jedoch etwas
umständlicher und wird etwa folgendermaßen vorgenommen: Es sind zwei
Flüssigkeiten zu trennen, von denen die eine bei 100°, die andere bei 160°
siedet. Zu Anfang der Destillation wird vornehmlich die bei 100°, zu Ende

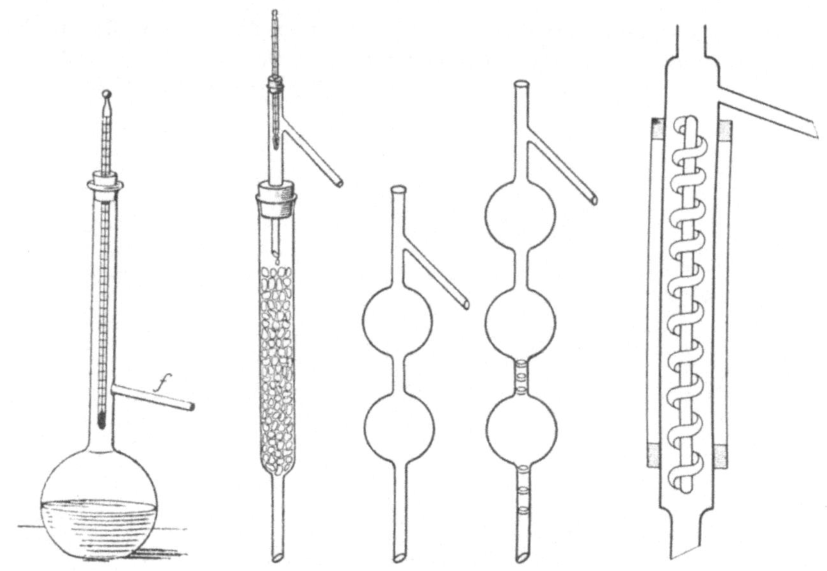

Abb. 22. Fraktionier- Abb. 23. Fraktionieraufsätze nach Abb. 23a. Fraktionierkolben. Hempel, Wurtz, Linnemann. aufsatz nach Widmer

die bei 160° siedende Flüssigkeit übergehen. Man fängt zweckmäßig drei
Fraktionen gesondert auf, die erste, die zwischen 100 und 120° siedet, die
zweite zwischen 120 und 140° übergehend, und als dritte Fraktion die Anteile, die zwischen 140 und 160° destillieren. In den Fraktionen 1 und 3 ist
somit eine rohe Trennung erzielt, während in der Mittelfraktion ein Gemisch beider Flüssigkeiten vorliegt. Man gibt nun weiter Fraktion 1 in den
Kolben zurück und destilliert —— das Aufnahmegefäß hat man zuvor
eventuell gereinigt oder durch ein neues ersetzt —, bis das Thermometer
120° anzeigt. Dann gibt man Fraktion 2 zu dem im Kolben verbliebenen
Rest und wechselt die Vorlage, sobald bei der Destillation 120° wieder
erreicht ist. Man destilliert jetzt in eine andere Vorlage die Anteile bis
140° über, gibt dann Fraktion 3 in den Kolben, fängt die bis 120° übergehenden Anteile in der ersten Vorlage, die bis 140° destillierenden An-

teile in der zweiten Vorlage auf und wechselt letztere erst mit einer neuen, wenn das Thermometer wieder 140° anzeigt. Dieses Verfahren wird häufiger wiederholt, wobei man die Temperaturintervalle vielleicht noch enger zieht, d. h. mehr Fraktionen sammelt, man erzielt dann meist eine nahezu völlige Trennung.

Eine vollkommenere und beschleunigtere Trennung wird erreicht bei Anwendung sogenannter Fraktionieraufsätze nach Hempel, Wurtz, Linnemann oder Widmer (Abb. 23 u. 23a). Dadurch, daß die kühlende Oberfläche durch Kugeln, Glasperlen oder Platinsiebchen vergrößert wird, werden die schwerer flüchtigen Bestandteile des Dampfes kondensiert und fließen in den Kolben zurück.

Das Thermometer wird mittels eines durchbohrten Korks in den Kolbenhals eingeführt, es darf nicht in die Flüssigkeit eintauchen, jedoch muß sich der gesamte Quecksilberfaden bei genauen Siedepunktsbestimmungen im Dampf der Flüssigkeit befinden, was aber bei hochsiedenden Flüssigkeiten nicht immer möglich ist. Man gebraucht in solchem Falle entweder abgekürzte Thermometer (mit 100 oder 200° beginnend), oder man hat nachträglich eine Korrektur vorzunehmen, indem man in der Mitte des oberhalb des Ansatzrohres befindlichen Quecksilberfadens, dessen Länge l man in Graden abliest, dicht am Thermometer ein zweites anbringt. Wenn A die Temperatur des letzteren Thermometers, T die am ersten Thermometer abgelesene Siedetemperatur ist, so ergibt sich der korrigierte Siedepunkt aus folgender Berechnung: $T+1(T-A)\cdot 0{,}000154°$.

Die Kugel des Kolbens darf höchstens bis zu zwei Drittel mit Flüssigkeit gefüllt sein. Flüssigkeiten, die bis zu 80° sieden, erhitzt man auf dem Wasserbade, bei niedriger siedenden Flüssigkeiten kann man die Erwärmung auch durch Eintauchen der Kolbenkugel in warmes Wasser vornehmen. Höher als 80° siedende Flüssigkeiten erhitzt man auf dem Drahtnetz oder auch mit offener Flamme. Man erhitzt mit kleiner, etwas leuchtender Flamme zunächst vor, später kann man die Flamme vergrößern und führt dieselbe am besten immer gleichmäßig unter der Kolbenkugel in kreisender Bewegung herum. Die Flamme soll nicht über die Flüssigkeit hinausragen, weil sonst Überhitzung der Dämpfe und somit falsche Siedepunktsbestimmung erfolgt. Die Gefahr einer Überhitzung des Kolbeninhaltes und eines Zerspringens des Kolbens verringert sich, wenn man den Kolben in die Ausbohrung einer Asbestplatte setzt.

Bei Destillationen beobachtet man häufig Siedeverzug, es tritt dann beim Erhitzen plötzlich Aufwallen und Überschäumen ein. Man kann dies u. a. dadurch verhindern, daß man den Kolben zeitweilig etwas schüttelt und mit porösen Tonteller- oder Bimssteinstückchen beschickt, welche durch die in ihnen eingeschlossene Luft wirken. Hierbei ist darauf zu achten, daß die Stückchen staubfrei sind. Es wird von Piesczek[1]

---

[1] Chem.-Ztg. 1912, Nr. 22.

folgende Vorrichtung empfohlen (Abb. 24): Ein Glasröhrchen, etwa 6 bis
8 cm lang und 3 bis 5 mm weit, wird an einem Ende scharf abgeschnitten.
am anderen Ende wird ein in einer Öse endender Platindraht luftdicht
eingeschmolzen. Der Platindraht dient zum bequemen Einstellen und
Herausnehmen der Vorrichtung. Das Röhrchen wird mit dem offenen Ende
nach unten eingestellt, so daß das Röhrchen mit Luft gefüllt bleibt. Das
Sieden erfolgt von der Öffnung des Röhrchens aus
ruhig und ohne Stoßen.

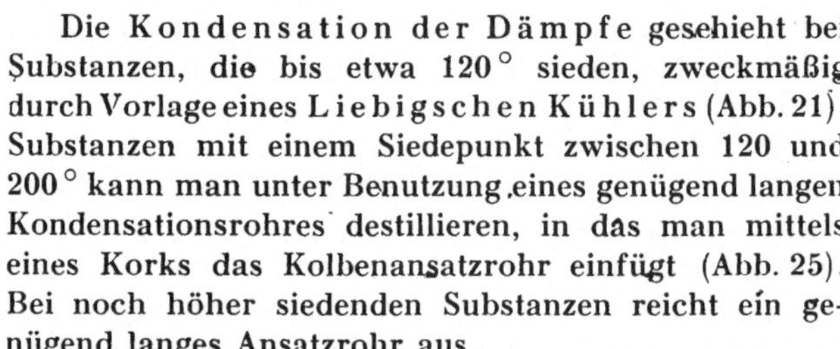

Die Kondensation der Dämpfe geschieht bei
Substanzen, die bis etwa 120° sieden, zweckmäßig
durch Vorlage eines Liebigschen Kühlers (Abb. 21).
Substanzen mit einem Siedepunkt zwischen 120 und
200° kann man unter Benutzung eines genügend langen
Kondensationsrohres destillieren, in das man mittels
eines Korks das Kolbenansatzrohr einfügt (Abb. 25).
Bei noch höher siedenden Substanzen reicht ein genügend langes Ansatzrohr aus.

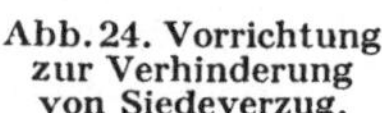

Abb. 24. Vorrichtung
zur Verhinderung
von Siedeverzug.

Man achte bei der Destillation darauf, das man nicht überhitzt, es
dürfen keine Dämpfe mit dem Destillat entweichen.

Zum Abdestillieren von Lösungsmitteln empfiehlt sich auch wegen
Raumersparnis die Verwendung von Schlangenkühlern (Abb. 26).

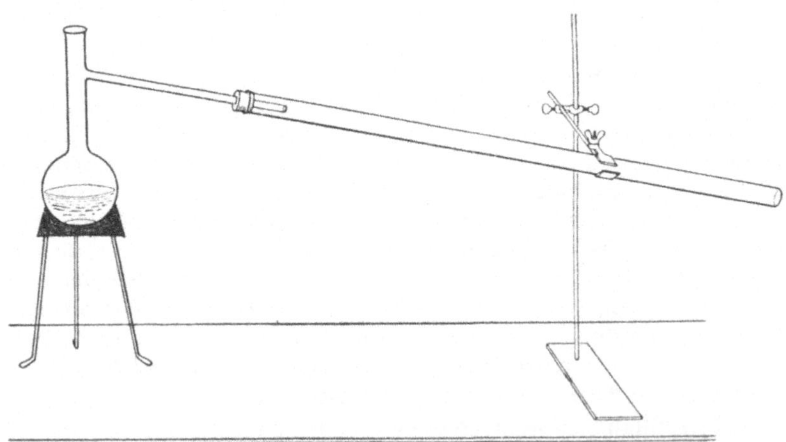

Abb. 25. Destillierkolben mit Kondensationsrohr.

Bei Flüssigkeiten, die sich bei Siedetemperatur unter gewöhnlichem
Druck zersetzen, wendet man die Vakuumdestillation, Destillation
unter vermindertem Druck, an. Bedingung ist, daß die Apparatur in allen
ihren Teilen dicht schließt. Die einzelnen Teile verbindet man vorteilhaft

mit Gummistopfen. Als Destillierkolben wendet man entweder einen Fraktionierkolben oder besser einen Vakuumdestillierkolben (Abb. 27) an. Durch den Hals *a* führt man eine bis fast auf den Boden des Kolbens reichende Kapillare — zur Herstellung erhitzt man ein Glasrohr in der Bunsen- oder Gebläseflamme zum Weichwerden und zieht dann außerhalb der Flamme rasch aus —, die an ihrem oberen erweiterten Ende mit einem Gummischlauch und einer Klemmschraube zur Luft-regulierung versehen ist (Abb. 28). In den Hals *b* führt man das Thermometer ein. Das Kondensationsrohr, über das man bei niedrig sieden-den Flüssigkeiten den Man-tel eines Liebigschen Küh-lers zieht, verbindet man

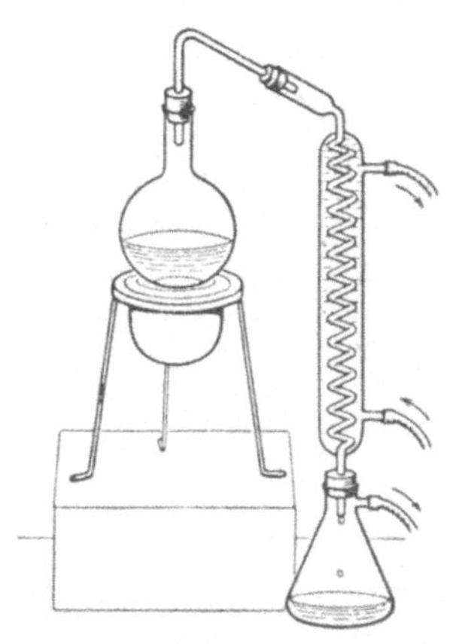

Abb. 26. Destillation mit Schlangenkühler.

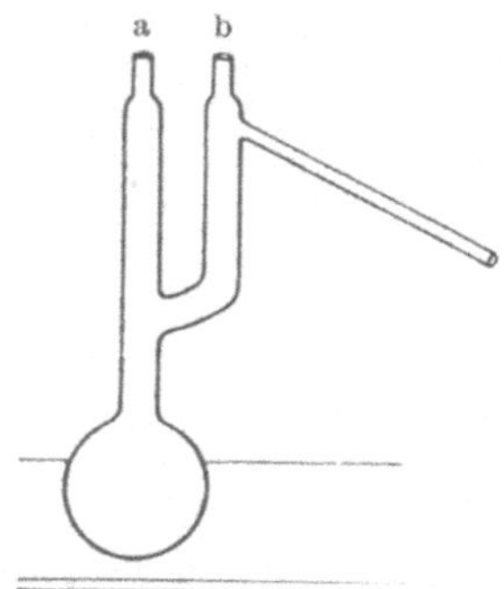

Abb. 27. Vakuum-destillierkolben.

Abb. 28. Kapillare für Vakuum-destillierkolben.

dichtschließend mit einer Saugflasche oder einem Fraktionierkolben als Vorlage, deren Tubus bzw. Ansatzrohr man, eventuell zum Messen des Vakuums unter Einschaltung eines Quecksilbermanometers, mit der Wasserstrahlpumpe verbindet (Abb. 29). Zur Vermeidung des zu unlieb-samen Störungen führenden Zurücksteigens des Leitungswassers in die Vorlage (s. unter Filtrieren S. 2) empfiehlt sich Zwischenschaltung einer Saugflasche.

Vor der Destillation prüft man den Apparat auf seine Dichtigkeit, wobei man den Gummischlauch der Kapillare mittels der Klemmschraube schließt. Beim Aufheben des Vakuums hüte man sich, durch Lösen eines Schlauches die Luft plötzlich eintreten zu lassen, weil der Apparat dabei zerspringen kann, vielmehr versehe man gleich zu Anfang den Verbindungs-schlauch von Aufnahmekolben und Wasserstrahlpumpe mit einer Klemm-schraube, verschließe mittels letzterer bei Aufhebung des Vakuums den Schlauch, ohne vorher die Wasserstrahlpumpe abzudrehen, drehe dann

letztere ab, entferne von ihr den Schlauch und lasse langsam durch all-
mähliches Öffnen der Klemmschraube die äußere Luft eintreten.

Bei der Vakuumdestillation darf der Kolben höchstens bis zur Hälfte
gefüllt sein, die Kapillare ist durch die Klemmschraube so weit zu öffnen,
daß die Luft in zählbaren Bläschen in die Flüssig-
keit eintritt.

Will man mehrere Fraktionen sammeln, so wäre
es lästig, jedesmal das Vakuum aufzuheben und die
Vorlage zu wechseln. Man kann sich dabei mehr-
facher Vorrichtungen bedienen, die ein jedesmaliges
Auswechseln überflüssig machen.

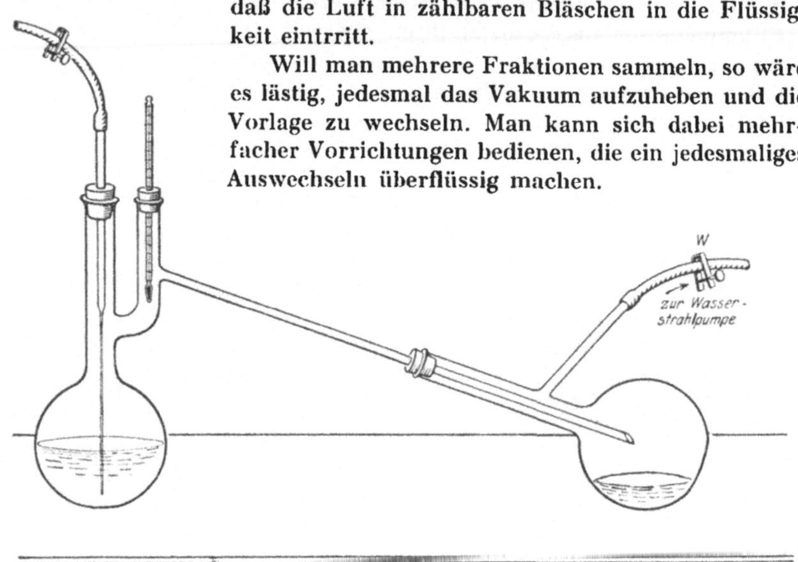

Abb. 29. Vakuumdestillation.

10. Destillation mit Wasserdampf.

Viele Stoffe haben die Eigenschaft, mit Wasserdämpfen flüchtig zu
sein. Von dieser Tatsache macht man beim organischen Arbeiten Gebrauch
zur Reinigung und Trennung von Gemischen.

Eine Flüssigkeit siedet, wenn ihr Dampfdruck dem äußeren Atmosphärendruck gleich ist. Dieser Dampfdruck ist bei Gegenwart zweier nicht
mischbarer Stoffe gleich der Summe der Partialdrucke beider Bestandteile.
Ein Gemisch solcher Flüssigkeiten siedet somit niedriger als jede von
ihnen. Eine Dampfdestillation ist darum im eigentlichen Sinne weiter
nichts als eine Destillation unter vermindertem Druck. Nur solche Stoffe
sind der Dampfdestillation zugänglich, die bei etwa 100° schon einen
merklichen Dampfdruck besitzen.

Das Mengenverhältnis beider übergehenden Flüssigkeiten zueinander
ergibt sich aus folgender Überlegung: Nach Avogadro ist bei gleichem
Druck und gleicher Temperatur in gleichen Volumina aller Gase die
gleiche Anzahl Moleküle vorhanden. Dieses Gesetz auf die Dämpfe bei der
Destillation übertragen, ergibt folgendes: Da die Siedetemperatur für beide

Flüssigkeiten gleich ist, so verhalten sich die Molekülzahlen letzterer zueinander wie ihre Drucke (p_1 für die Substanz, p_2 für Wasser). Zur Berechnung der übergehenden Gewichtsmengen sind diese Größen mit dem betreffenden Molekulargewicht d_1 bzw. d_2 zu multiplizieren. Die Gewichtsmengen Wasser und Substanz, die zusammen übergehen, verhalten sich demnach wie:

$$p_1 \cdot d_1 : p_2 \cdot d_2.$$

Ein Blechtopf A (Abb. 30) dient als Dampfentwicklungsapparat. Denselben versieht man mit einem doppelt durchbohrten Kork, führt durch

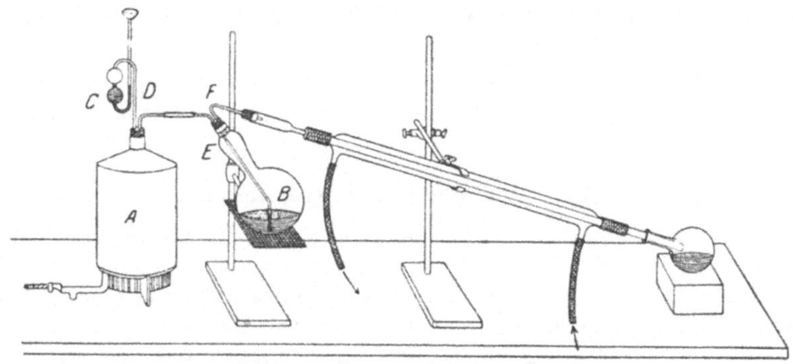

Abb. 30. Destillation mit Wasserdampf.

die eine Bohrung ein mit Quecksilber gefülltes, aber nicht in das Wasser eintauchendes Sicherheitsrohr C oder ein fast bis auf den Boden des Blechtopfes reichendes einfaches Glasrohr, durch die andere Bohrung ein kurz hinter dem Kork endendes Ableitungsrohr D. Zur Aufnahme der Substanz dient der Rundkolben B, der nur zur Hälfte gefüllt sein darf und mittels eines doppelt durchbohrten Korks mit dem gebogenen, bis kurz auf die Bodenmitte des Kolbens reichenden Dampfzuleitungsrohr E und dem kurz unter dem Kork endenden, auf der absteigenden Seite mit dem Liebigschen Kühler verbundenen Ableitungsrohr F *versehen* ist.

Um bei Destillationen das Mitreißen nicht flüchtiger Stoffe zu vermeiden, wendet man statt eines einfachen Ableitungsrohres gern den R e i t m a y e r - A u f s a t z an (Abb. 31).

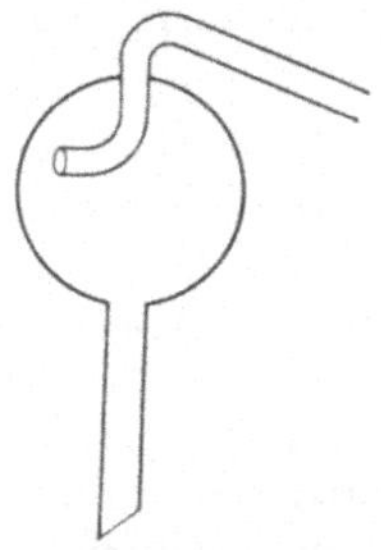

Z u r   A u s f ü h r u n g   d e r   D a m p f d e s t i l l a t i o n füllt man den Blechtopf A zur Hälfte mit Wasser und erhitzt letzteres zum Sieden. Zuweilen empfiehlt es sich, auch den Inhalt des Kolbens B auf dem Wasserbade oder Drahtnetz vorzuwärmen. Sobald das Wasser in A siedet, verbindet man Rohr D mit E durch einen Gummischlauch. Sollte sich während der Destillation im Kühler die übergehende

Abb. 31.
Reitmayer-Aufsatz.

Substanz fest ausscheiden, so stellt man die Kühlung einige Zeit ab, um die Substanz durch den heißen Wasserdampf zum Schmelzen zu bringen. Die Kühlung hat man dann aber nur langsam wieder vorzunehmen, weil sonst ein Zerspringen des heißen Kühlers eintreten kann.

Bei in Wasser schwer löslichen Stoffen erkennt man die Beendigung der Destillation daran, daß keine Öltröpfchen oder Kristalle mehr übergehen. Bei in Wasser löslichen Stoffen kann man auf diese Weise die Beendigung nicht erkennen. In diesem Falle fängt man einige Kubikzentimeter gesondert in einem Reagenzglase auf, schüttelt mit Äther aus und sieht zu, ob nach dem Verdunsten des Äthers auf einem Uhrglase noch etwas hinterbleibt.

Will man die Destillation unterbrechen, so hebt man zunächst die Verbindung zwischen D und E auf und löscht dann erst die Flamme unter A.

11. Trocknen von Flüssigkeiten.

Die zur Destillation gelangenden organischen Substanzen müssen trocken sein. Das Trocknen oder Entwässern von Flüssigkeiten geschieht derart, daß man zu diesen selbst oder zu deren Lösungen in Äther, Alkohol usw. ein bestimmtes Trockenmittel zugibt und sie einige Zeit damit in Berührung läßt. Da durch das Trocknen mehr oder weniger große Substanzverluste eintreten, so trocknet man eine Flüssigkeit in unverdünntem Zustande nur dann, wenn genügend vorhanden ist und die Konsistenz es gestattet, oder wenn sie einen niedrigen Siedepunkt besitzt, so daß sich die Anwendung eines Lösungmittels nicht empfiehlt. Ist aber die Flüssigeit zähe, oder ist die Substanzmenge nur eine geringe, so ist ein Verdünnungsmittel, meist Äther, sogar notwendig. Ätherausschüttelungen usw. werden natürlich vor dem Abdunsten des Lösungsmittels getrocknet.

Als Trockenmittel werden gewöhnlich angewandt: Gekörntes oder geschmolzenes Kalziumchlorid, geschmolzenes Natriumsulfat, geglühte Pottasche, Kalium-, Natriumhydroxyd usw.

Bei der Wahl des Trockenmittels hat man auf die Natur der zu trocknenden Substanz Rücksicht zu nehmen. Kalziumchlorid darf nicht zum Trocknen von Alkohol und Basen verwandt werden, weil Doppelverbindungen entstehen. Bei Säuren und Phenolen vermeide man wegen Salzbildung Kalium- und Natriumhydroxyd, bei ersteren auch Pottasche. Vom Kalziumchlorid hat die gekörnte Form eine energischere Wirkung, allerdings sind die Substanzverluste infolge der Porosität größer. Bei kleinen Mengen wende man daher das geschmolzene Kalziumchlorid an.

Enthält eine zu trocknende Flüssigkeit merklich viel Wasser, so daß sich dasselbe in Tropfen abscheidet, so trenne man das Wasser zuvor im Scheidetrichter (s. u.) oder filtriere durch ein kleines Faltenfilter. Auch durch wiederholtes Umschwenken in trocknen Bechergläschen läßt sich ein großer Teil Feuchtigkeit enfernen.

Zerfließt das Trockenmittel infolge zu großen Feuchtigkeitsgehaltes, so trenne man, bevor man neue Mengen des Trockenmittels zugibt, beide Schichten.

Ein Kriterium für genügende Trockenheit einer Flüssigkeit ist ihr Aussehen. Die Flüssigkeit muß vollkommen klar sein. Zur Weiterverarbeitung filtriert man vom Trockenmittel ab und wäscht letzteres mit etwas trockenem Lösungsmittel nach.

12. Trennung zweier nicht mischbarer Flüssigkeiten.

Dieselbe erfolgt am besten im Scheidetrichter (Abb. 32 u. 32a).

Ist die zu gewinnende Flüssigkeit spezifisch schwerer als die andere, so sammelt sie sich als untere Schicht an und kann durch Öffnen des Hahnes abgelassen werden. Ist sie aber spezifisch leichter und bildet demnach die obere Flüssigkeitsschicht, so läßt man zunächst die untere Schicht durch Öffnen des Hahnes abfließen und gießt die oben schwimmende Flüssigkeit durch den Tubus des Trichters heraus.

13. Ausschütteln.

Das Ausschütteln verfolgt den Zweck, in einer Flüssigkeit, meist Wasser, gelöste oder suspendierte Stoffe mit einer anderen, leichter lösenden Flüssigkeit, die sich aber mit der ersteren nicht mischt, aufzunehmen. Zum Ausschütteln verwendet man meist Äther, zuweilen auch Benzol, Chloroform, Ligroin

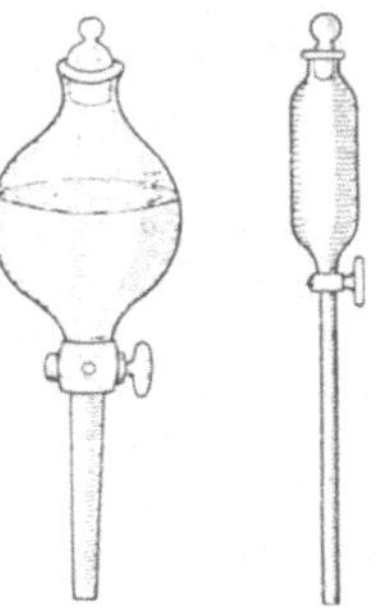

Abb. 32.
Scheidetrichter.

Abb. 32a.
Scheidetrichter,
lange Form.

und anderes. Ist der auszuschüttelnde Stoff in Wasser nur teilweise löslich und hat sich derselbe als Öl oder als feste Masse abgeschieden, so trennt man vor dem Ausschütteln das Öl zunächst im Scheidetrichter oder filtriert den festen Körper ab. Das Ausschütteln der Flüssigkeit selbst nimmt man im Scheidetrichter vor. Man verwendet z. B. beim Ausschütteln mit Äther nur immer kleine Mengen Äther und wiederholt das Ausschütteln häufig, denn aus dem Gesetz von B e r t h e l o t (Teilungskoeffizient) ergibt sich, daß mit derselben Äthermenge ein vollkommeneres Ausschütteln erreicht wird, wenn man häufiger mit kleinen Portionen Äther ausschüttelt, als wenn nur wenige Male größere Äthermengen angewandt werden.

Beim Ausschütteln mit Äther macht sich u. a. durch den Einfluß der Handwärme ein Überdruck bemerkbar, der zuweilen das Herausschleudern des Stopfens verursacht. Diesen Überdruck läßt man während des Schüttelns von Zeit zu Zeit durch Öffnen des Hahnes ab, wobei man das untere Ende des Schütteltrichters nach oben hält.

Zuweilen ist die Trennung der beiden Schichten eine unvollkommene, man versucht durch Umschwenken des Trichters, durch Rühren mit einem Glasstab, Zusatz weiterer Mengen Äther oder von etwas Alkohol oder durch Aussalzen (s. u. Nr. 14) abzuhelfen. Gelingt es auf diese Weise nicht, so filtriert man am besten an der Saugpumpe von dem emulsionsartigen Niederschlage ab. Äther und Wasserschicht trennt man in obiger Weise.

Man schüttelt so lange aus, bis man sich durch Abdunsten einer Probe der Ätherausschüttelung überzeugt hat, daß nichts mehr in den Äther übergegangen ist. Die Ätherauszüge werden vereinigt, getrocknet und vom Äther durch Destillation oder Abdunsten befreit.

Wo angängig, empfiehlt es sich, statt Äther niedrig siedenden Petroläther zu verwenden. Dieser gibt bei weitem nicht so oft Anlaß zu Emulsionsbildungen wie Äther, sodann nimmt er im Gegensatz zu Äther kein Wasser auf.

14. Aussalzen.

Viele in Wasser sonst lösliche Stoffe scheiden sich in Salzlösungen mehr oder weniger unlöslich aus. Als Aussalzungsmittel dienen Kochsalz, Salmiak, Ammoniumsulfat, Glaubersalz usw., indem man die wässerige Lösung des auszusalzenden Stoffes mit einem dieser Salze sättigt. Die ausgesalzene Substanz setzt sich gewöhnlich an der Oberfläche ab.

Die Theorie des Aussalzens bei Stoffen, die Elektrolyten (s. d.), d. h. in wässeriger Lösung ionisiert sind, ist dahin aufzufassen, daß durch das Hineinbringen des Salzes, eines meist gleichionigen Elektrolyten, die Ionisation oder Dissoziation des Stoffes derart zurückgedrängt wird, daß schließlich die Lösung mit ungespaltenen Molekülen übersättigt ist, indem durch den Zusatz eines gleichnamigen Ions das Löslichkeitsprodukt (s. S. 73) des auszusalzenden Elektrolyten überschritten wird. Der Stoff scheidet sich daher unlöslich ab.

Das Aussalzen bietet vor allem in Verbindung mit dem Ausschütteln eine wertvolle Methode, denn wie einerseits die Löslichkeit des auszuschüttelnden Stoffes wird andererseits die Löslichkeit des Ausschüttelungsmittels, z. B. des Äthers, in Wasser verringert.

15. Entfärben.

Die Eigenschaft der Tierkohle, Farbstoffe zu absorbieren, benutzt man, an sich farblose Substanzen von gefärbten Verunreinigungen zu befreien. Man fügt zu diesem Zwecke den Lösungen der betreffenden Substanzen ein wenig Tierkohle zu — man vermeide besonders bei Ätherlösungen den Zusatz in der Wärme, weil dann oft Überschäumen eintritt —, erhält einige Zeit im Sieden und filtriert. Da die Tierkohle zuweilen sehr fein verteilt ist, vermag das Filter dieselbe meist nicht gleich zurückzuhalten, das Filtrat ist dann mehr oder weniger dunkel gefärbt. In diesem Falle wiederholt man das Filtrieren mehrmals, auch empfiehlt es sich oft, die nach der Entfärbung erhaltene erste Kristallisation nochmals aus reinem Lösungsmittel ohne Anwendung von Tierkohle zu kristallisieren.

16. Sublimation.[1]

Die Eigenschaft vieler Substanzen, beim Erhitzen, ohne zu schmelzen, völlig in den Dampfzustand und durch Kühlung unmittelbar wieder in den festen Zustand überzugehen, nennt man Sublimation. Zur Sublimation kleiner Mengen bedient man sich zweier Uhrgläser, die mit den Rändern aufeinandergelegt und mittels einer Uhrglasklammer festgehalten werden. Auf das untere, etwas größere Uhrglas bringt man die Substanz und klemmt zwischen die Uhrglasränder als Trennungswand zwischen dem oberen und unteren Uhrglas eine mehrfach durchlöcherte Filtrierpapierscheibe. Nun erwärmt man das die Substanz tragende Uhrglas allmählich im Sandbade. Die verdampfende Substanz kondensiert sich an dem kälteren oberen Uhrglas; die Filtrierpapierscheibe soll das Zurückfallen der sublimierten Kristalle verhindern. Bei größeren Substanzmengen nimmt man die Sublimation in größeren Gefäßen vor und fängt die sublimierte Substanz in einem mit Watte verstopften Trichter oder einem übergestülpten dichten Papierhut auf. Das Arzneibuch nimmt eine Mikrosublimation zwischen zwei schräg zu einander lagernden Objektträgern vor (Näheres siehe daselbst). Die Sublimation dient zur Gewinnung, Reinigung und Untersuchung von Stoffen.

17. Schmelzpunkt.

Der Schmelzpunkt ist vor allem für organische Substanzen ein wichtiges Charakteristikum und Erkennungsmittel und zugleich ein unentbehrliches Hilfsmittel für die Reinheitsprüfung. Löst man in einer Substanz eine andere auf, so wird dadurch die Dampfspannung des Lösungsmittels vermindert, damit der Siedepunkt erhöht, der Gefrier- und somit der Schmelzpunkt erniedrigt. Man hat beobachtet, daß die Siedepunkterhöhung oder Gefrierpunkterniedrigung bei Lösungen molekularer Mengen verschiedener Substanzen in einem bestimmten Volumen desselben Lösungsmittels immer die gleiche ist. Daher ist ihre Bestimmung eine wichtige Bestimmungsmethode des Molekulargewichtes. Wie beträchtlich der Einfluß von Beimengungen auf den Schmelzpunkt sein kann, zeigt in überzeugender Weise das Phenol, dessen Gefrierpunkt bei Gegenwart von 1 Prozent Wasser um etwa 4° heruntergedrückt wird.

---

[1] sublimare = emporheben.

Es dürfte ohne weiteres klar sein, daß Verunreinigungen einer Substanz im gleichen Sinne wirken.

Zur Bestimmung des Schmelzpunktes sind mancherlei Apparate im Gebrauch. Als zweckmäßiger einfacher Apparat (mit Ausnahme der Bestimmung des Schmelzpunktes von Fetten und fettähnlichen Stoffen) dient ein langhalsiger Kolben, der mit einem seitlich eingeschnittenen Kork (damit die beim Erwärmen sich ausdehnende Luft entweichen kann) versehen ist. Durch eine in der Mitte des Korks befindliche Bohrung führt man ein Thermometer ein (Abb. 33). Die Kugel des Kolbens füllt man zu drei Viertel mit reiner konzentrischer Schwefelsäure und wirft einige Salpeterkristalle hinein, um das Dunkelwerden der Schwefelsäure zu verhindern.

Abb. 34 zeigt den Apparat nach Thiele. Der mit einem Drahtnetz umwickelte Bogen wird mit direkter Flamme erhitzt. Die Flüssigkeit beginnt zu zirkulieren und erwärmt sich in der senkrechten Röhre, in die das Thermometer mit dem Schmelzpunktröhrchen eingeführt wird, rasch und gleichmäßig. Neuere Konstruktionen ermöglichen ein leichtes Einführen der Schmelzpunktröhrchen von der Seite aus.

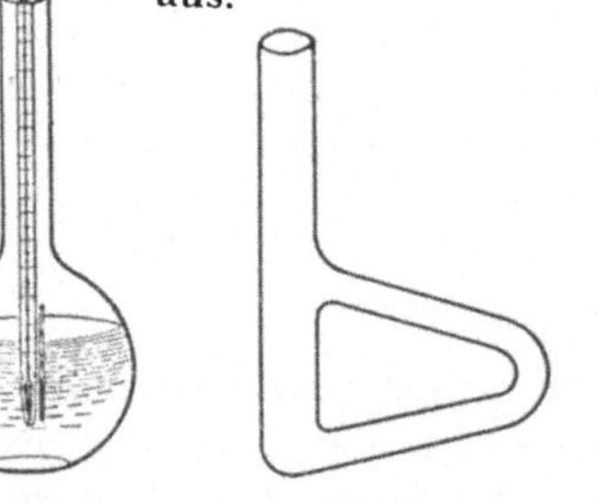
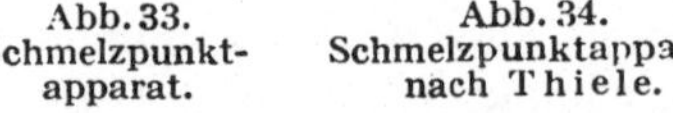
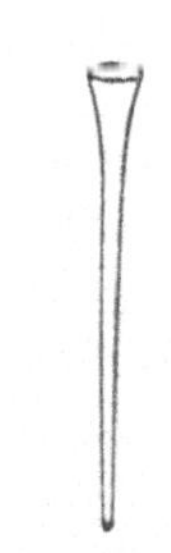
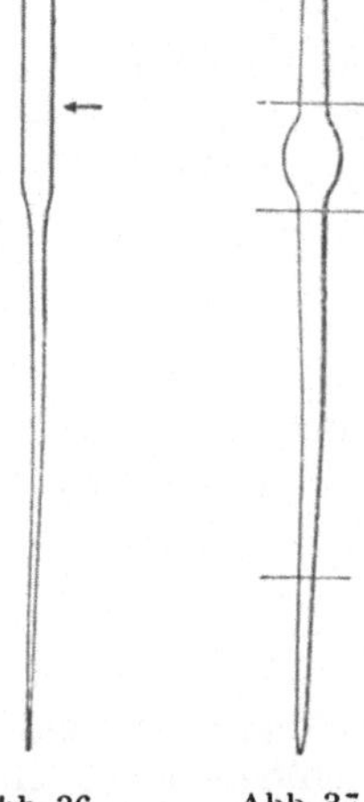

Abb. 33.
Schmelzpunkt-
apparat.

Abb. 34.
Schmelzpunktapparat
nach Thiele.

Abb. 35.
Schmelzpunkt-
röhrchen.

Abb. 36.
Erklärung
s. Text.

Abb. 37.
Erklärung
s. Text.

Zur Aufnahme der Substanz dienen sogenannte Schmelzpunktröhrchen von etwa 1 mm Weite und 5 cm Länge (Abb. 35).

Man kann sich dieselben herstellen, indem man ein etwa 5 mm weites Glasrohr unter ständigem Drehen an einer Stelle in der Gebläseflamme bis zum Weichwerden erhitzt und dann außerhalb der Flamme unter Drehen zu einem etwa 1 mm weiten Röhrchen auszieht. Letzteres schmelzt man in der Mitte ab und zieht das so entstandene Gebilde (Abb. 36) durch weiteres Erhitzen an der durch einen Pfeil bezeichneten Stelle wiederum aus, so daß nach abermaligem Abschmelzen in der Mitte des dünnen Röhrchens Abb. 37 resultiert. An den mit einem Strich bezeichneten Stellen feilt man die Röhrchen an, bricht sie durch und schmelzt sie an der engeren Öffnung zu, indem man letztere, nach oben gerichtet, kurze Zeit in den äußeren Teil einer Bunsenflamme hält. Auch aus beschädigten Reagenzröhrchen lassen sich Schmelzpunktröhrchen ausziehen.

Das Hineinbringen der Substanz geschieht in der Weise, daß man das offene Ende in die fein gepulverte trockene Substanz eintaucht und letztere durch vorsichtiges Klopfen auf den Boden des Röhrchens zu bringen sucht. Man muß oft mit einem Glasfaden oder einem sehr dünnen Platindraht nachhelfen. Die Schicht soll nicht locker, sondern dicht sein von 1 bis 2 mm Höhe.

Die Befestigung des Röhrchens am Thermometer kann durch Adhäsion geschehen, indem man das Röhrchen mit etwas Schwefelsäure benetzt, besser aber befestigt man dasselbe mittels eines Platindrahtes oder eines schmalen Stuckchens eines Gummischlauches am Thermometer. Der Gummiring muß in solcher Höhe angebracht sein, daß er sich außerhalb der Schwefelsäure befindet. Die Substanz muß sich in der Mitte des Quecksilbergefäßes befinden, letzteres soll bis in die Mitte der Schwefelsäure eintauchen.

Das Erhitzen geschieht mit nicht zu großer, nichtleuchtender Flamme; der Apparat beschlägt sich meist zunächst, man trockne ihn mit einem trockenen Tuch vorsichtig ab. Die Flamme bewege man gleichmäßig hin und her, man halte dieselbe schräg, eventuell stelle man eine Porzellanschale unter den Apparat, damit beim Springen des Apparates sich die heiße Schwefelsäure nicht über die Hand ergießt. Nahe dem Schmelzpunkt erhitze man langsam, daß man Grad für Grad verfolgen kann. Der Schmelzpunkt selbst gibt sich dadurch zu erkennen, daß die anfangs undurchsichtige Masse durchsichtig wird und sich an der Oberfläche ein Meniskus bildet. Zuweilen wird die Substanz in der Nähe des Schmelzpunktes zuerst weich und sintert dann nach innen zusammen. Die Substanz soll innerhalb eines Grades schmelzen.

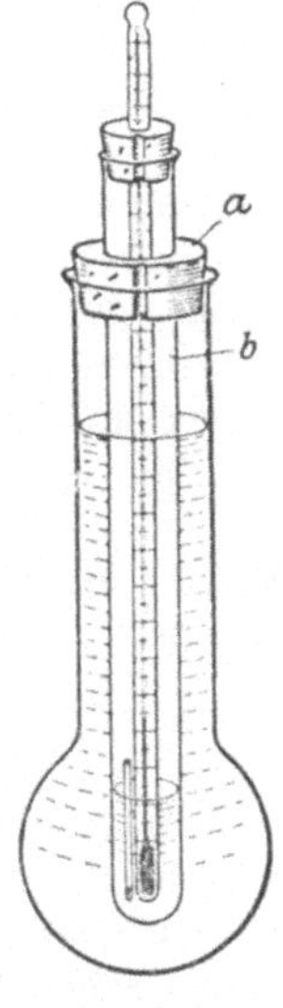

Abb. 38.
Schmelzpunkt-
apparat.

Es mag hier noch kurz der vom Arzneibuch vorgeschriebene Schmelzpunktapparat beschrieben werden, der durch seine Anordnung (s. Abb. 38) eine gleichmäßigere Erhitzung gestattet. Ferner werden dadurch, daß das Thermometer zum größten Teile von erhitzter Schwefelsäure umgeben ist, die Fehlergrenzen auf ein Minimum reduziert.

Die Anbringung des Schmelzpunktröhrchens geschieht in gleicher Weise wie oben. Das Thermometer führt man mittels eines mit seitlichem Einschnitt versehenen Korks in ein etwa 30 cm langes, 15 mm weites Probierrohr ein, das eine etwa 5 cm hohe Schwefelsäureschicht enthält.

Man achte natürlich auch hier darauf, daß das Schmelzpunktröhrchen aus der Schwefelsäure herausragt. Das so ausgerüstete Probierrohr *b* führt man nun mittels eines ebenfalls mit seitlichem Einschnitt versehenen Korks *a* in einen Kolben wie oben ein, dessen Kugel etwa 100 ccm faßt und dessen Hals etwa 3 cm weit und 20 cm lang ist. Die Kugel wird vorher mit so viel Schwefelsäure, der man gleich der im Probierrohre befindlichen Säure einen kleinen Salpeterkristall zugibt, versetzt, daß der Hals des Kolbens nach dem Einbringen des Probierrohrs zu zwei Drittel gefüllt ist. Das Erhitzen geschieht in gleicher Weise wie oben.

Zur Bestimmung des Schmelzpunktes von Fetten und fettähnlichen Stoffen bedient man sich U förmig gebogener dünnwandiger Glasröhrchen von etwa $1/2$ bis 1 mm lichter Weite und etwa 2 cm Höhe oder nach dem Deutschen Arzneibuch beiderseits offener Röhrchen von 1 mm Weite. Das geschmolzene Fett bringt man durch Aufsaugen bzw. durch Hineinstellen der Röhrchen in diese hinein, läßt etwa 24 Stunden bei niedriger Temperatur oder etwa 2 Stunden auf Eis erstarren und befestigt die gefüllten Röhrchen nunmehr in oben beschriebener Weise mittels eines Gummiringes an ein Thermometer. Letzteres befestigt man mit einer Klemme und läßt es in destilliertes Wasser eintauchen, das sich in einem kleinen, auf einem Drahtnetz stehenden Becherglase befindet. Man erwärmt mit kleiner Flamme. Der Schmelzpunkt ist die Temperatur, bei der das Fett klar wird, bzw. das Fettsäulchen in die Höhe schnellt.

18. Erstarrungspunkt.

Ein wohl ebenso scharfes Kriterium wie der Schmelzpunkt ist der Erstarrungspunkt (Gefrierpunkt s. o. unter Schmelzpunkt). Überall da, wo genügende Substanz zur Verfügung steht, verdient er in vielen Fällen schon wegen der einfachen Ausführbarkeit den Vorzug. Von der Substanz wird eine einige Kubikzentimeter hohe Schicht in ein Probierrohr gebracht und vorsichtig geschmolzen. Man läßt langsam unter wiederholtem Umrühren mit einem möglichst abgekürzten Thermometer abkühlen. In der Nähe des Erstarrungspunktes beobachtet man, daß die bis dahin stets sinkende Quecksilbersäule des Thermometers durch Freiwerden der latenten Schmelzwärme wieder steigt. Die hierbei beobachtete höchste Temperatur ist der Erstarrungspunkt.

19. Siedepunkt.

Eine Siedepunktbestimmung führt man, wenn es sich um Reinheitsprüfung handelt, in einem Fraktionierkölbchen in der bei Destillation (s. d.) angegebenen Weise aus. Es darf nur wenig Vor- und Nachlauf übergehen. Auf die vom Deutschen Arzneibuch vorgeschriebenen, durch ihre Konstruktion eine besonders genaue Bestimmung ermöglichenden Apparate sei an dieser Stelle verwiesen.

Stehen nur geringe Mengen Substanz zur Verfügung, oder handelt es sich nur um Identitätsnachweis, so kann man wie bei der Schmelzpunktbestimmung verfahren, indem man in die oben beschriebenen Röhrchen, die aber etwas weitlumiger (etwa 3 mm) sein müssen, 2 Tropfen der Flüssigkeit bringt und zur Vermeidung des Siedeverzuges ein oben zugeschmolzenes Kapillarröhrchen bringt, welches im Sinne der Apparatur Abb. 24 wirkt. Bei der Siedetemperatur beginnt eine ununterbrochene Reihe von Bläschen aufzusteigen.

In der Literatur ist für Siedepunkt das Zeichen „Kp" (Kochpunkt) gebräuchlich.

20. Dichte.

Durch das Gewicht drückt man die Masse eines Körpers aus, d. h. den Widerstand, den ein Körper der Beschleunigung durch eine Kraft entgegensetzt. Durch Wägen ist man also imstande, die Massen verschiedener Körper miteinander zu vergleichen. Man beobachtet aber zugleich, daß Körper von gleicher Masse, also von gleichem Gewicht, einen verschieden großen Raum einnehmen, ein verschiedenes Volumen besitzen, und das Verhältnis zwischen Masse (M) und Volumen (V) eines Körpers nennt man seine Dichte (D, heutiges Symbol $= \varrho$)

$$D = \frac{M}{V}.$$

Als Einheit der Masse dient das Gramm, als Volum-Einheit das Kubikzentimeter (ccm $=$ cm^3) [1].

Daher ergibt sich als Ausdruck für die

$$\text{Dichte-Einheit} = \frac{g}{ccm}.$$

Da nun das Gramm die Masse von 1 ccm reinen Wassers in seiner größten Dichte, d. i. bei einer Temperatur von 4°, darstellt, so ergibt sich, daß Wasser von 4° eine Dichte von $\frac{1\,g}{ccm}$ hat und damit der D i c h t e - E i n h e i t gleich ist.

Die Dichteangaben sind b e n a n n t e Zahlen, z. B. $\frac{1{,}84\,g}{ccm}$.

Bei dem „spezifischen Gewicht" (= Wichte) werden dagegen die Gewichte gleicher Raummengen verschiedener Körper, und zwar bei festen

---

1 Nach dem Beschluß der Internationalen Generalkonferenz für Maß und Gewicht vom 16. Januar 1901 gilt für Bestimmungen großer Genauigkeit das Liter als Volumeinheit, d. i. der Raum, den 1 kg reinen Wassers von 4° bei Atmosphärendruck einnimmt. Für die Dichte ergibt sich somit eigentlich die Einheit $\frac{g}{ml}$. Nach den Bestimmungen aus dem Maß- und Gewichtsgesetz vom 13. Dezember 1935 sind aber 1 ml und 1 ccm einander gleich zu achten. In Wirklichkeit ist infolge etwas ungenauer Konstruktion des Normalkilogramms 1 ml $=$ 1,000027 ccm. Bei dieser praktisch unwesentlichen Abweichung ist hier an dem vertrauteren Kubikzentimeter als Volumeinheit festgehalten worden.

und flüssigen Körpern mit Wasser als Einheit — bei gasförmigen Körpern bezieht man sich auf Luft oder Wasserstoff als Einheit —, verglichen und damit Gewichtsverhältnisse, als 0 unbenannte Zahlen, errechnet.

Die Wichte-Einheit ist: $\dfrac{\text{Grammgewicht}}{\text{ccm}} = \dfrac{p}{\text{ccm}}$.

Die Wichte ist somit in herkömmlicher Begriffsbestimmung auch die Zahl, die angibt, wievielmal der Körper schwerer ist als ein gleiches Volumen Wasser von 4°.

In der Praxis bezieht man sich, wie wir weiter unten sehen, durchaus nicht immer auf Wasser von 4°, z. B. $\dfrac{15°}{4°}$ oder $\dfrac{20°}{4°}$, sondern begnügt sich bereits mit Gewichtsverhältnissen gleicher Bestimmungstemperatur, wie $\dfrac{15°}{15°}$ oder $\dfrac{20°}{20°}$, und nutzt diese Zahlen schon analytisch aus.

Das Gewicht, mit dem wir es bei der Wichte zu tun haben, ist aber eine Kraft, und zwar eine Äußerung der Schwerkraft und ist ihren Schwankungen je nach der geographischen Lage unterworfen. Eine absolute Gewichtsbestimmung mittels einer geeichten Federwaage (Dynamometer = Kräftemesser) würde mithin verschiedene, vom Orte der Bestimmung abhängige Werte ergeben. Unsere, in der Praxis geübte Gewichtsbestimmung ist aber eine relative, sie geschieht durch Wägung mittels unserer Gewichtsstücke auf Hebelwaagen. Mit Hebelwaagen aber vergleicht man Massen, mit Federwaagen Kräfte. Die Ergebnisse der Hebelwaagen sind an jedem Orte gleich.

Bei der Identität von Gewichtseinheit und Masseeinheit werden somit Dichte und Wichte in ihrer praktischen Auswirkung einander gleich. Die Bestimmungsweisen sind bei beiden die gleichen. Begrifflich (in ihrer physikalischen Deutung) bleiben sie verschieden.

Begrifflich interessieren uns hier nicht so sehr die Kräfte, sondern das Stoffliche, die Masse und damit die Dichte. Darum ist im Nachstehenden nur von ihr die Rede.

Zur Bestimmung der Dichte muß man also zwei Größen kennen, das Gewicht (P) = Masse und das Volumen. Bei flüssigen Körpern, die uns in erster Linie angehen, erhält man diese Größen leicht, indem man gleiche Volumina Wasser und der zu prüfenden Flüssigkeit wägt (s. u. Pyknometer). Bei festen Körpern, vor allem bei unregelmäßig gestalteten, wäre die Volumfeststellung an sich schwierig. Hier kommt nun das Archimedische Gesetz zu Hilfe, wonach ein in eine Flüssigkeit eingetauchter Körper einen Auftrieb erfährt und durch den Druck der umgebenden Flüssigkeit scheinbar so viel von seinem Gewicht verliert, als das Gewicht der von ihm verdrängten Flüssigkeitsmenge beträgt. Wählt man als Flüssigkeit, in die der Körper eingetaucht werden soll, Wasser, so gibt der scheinbare Gewichtsverlust direkt auch das Volumen des Körpers an, da für Wasser $M = V$, 1 g = 1 ccm ist.

Die Bestimmung der Dichte fester Körper kann in der Weise geschehen (s. a. u.), daß man mittels einer hydrostatischen Waage (im Prinzip der nachfolgend beschriebenen Mohrschen oder Westphalschen Waage gleich) zunächst das absolute Gewicht (P) des mittels eines feinen Drahtes oder Haares aufgehängten Körpers und dann den scheinbaren Gewichtsverlust (V) nach dem Eintauchen in Wasser feststellt.

Beispiel: Beträgt $P = 5\,g$, $V = 1{,}5\,g$, so ist die Dichte (D):

$$D = \frac{5}{1{,}5} = 3{,}333 \,,$$

wobei jedoch hinsichtlich der Temperatur eventuell eine kleine Korrektur vorzunehmen ist.

Andererseits benutzt man den Auftrieb fester Körper in Flüssigkeiten zur Bestimmung der Dichte der letzteren, indem man die Gewichtsverluste eines bestimmten Körpers einerseits in Wasser, ·andererseits in der zu prüfenden Flüssigkeit miteinander vergleicht. Je dichter eine Flüssigkeit ist, um so größer wird der Auftrieb und der scheinbare Gewichtsverlust sein.

Auf diesem Prinzip beruht die Bestimmung der Dichte flüssiger Körper mittels der **Mohrschen oder Westphalschen Waage** (Abb. 39). Als fester Körper dient ein mit einem Thermometer versehenes Senkgläschen S, das mittels eines Platindrahtes an dem rechten, in zehn gleiche Teile geteilten Arm des Waagebalkens a aufgehängt und durch ein Gegengewicht oder die Waageschale C am anderen Arm im Gleichgewicht gehalten wird. Als Gewichte dienen sogenannte Reiter R (meist aus Messing), von denen je zwei so viel wiegen, wie der Gewichtsverlust des

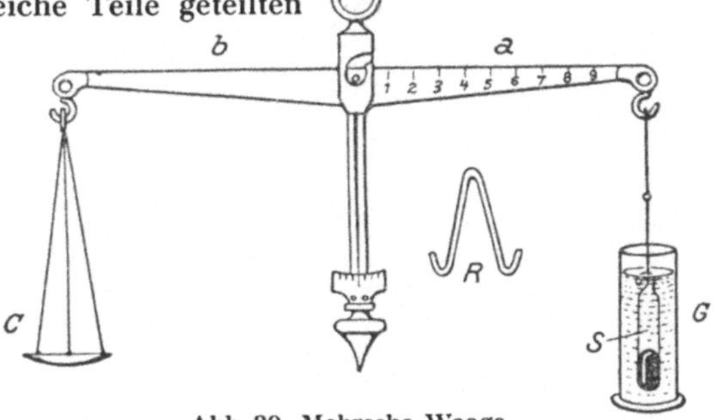

Abb. 39. Mohrsche Waage.

Senkgläschens im Wasser beträgt, je ein weiteres $^1/_{10}$, $^1/_{100}$, $^1/_{1000}$ so schwer ist. Die Senkgläschen sind gewöhnlich einheitlich, sie wiegen 10 g und verdrängen rund 5 g Wasser. Die Reiter haben demnach entsprechendes Gewicht: $2 \times 5\,g$; $1 \times 0{,}5\,g$; $1 \times 0{,}05\,g$; $1 \times 0{,}005\,g$.

Zur Ausführung der Bestimmung bringt man in das Standgefäß G die Flüssigkeit und taucht das Senkgläschen, nachdem Gleichgewicht hergestellt ist, in sie ein. Das so gestörte Gleichgewicht sucht man durch Aufhängen der Reiter am rechten Arm des Waagebalkens wiederherzustellen, wobei man mit dem größten Reiter beginnt und allmählich

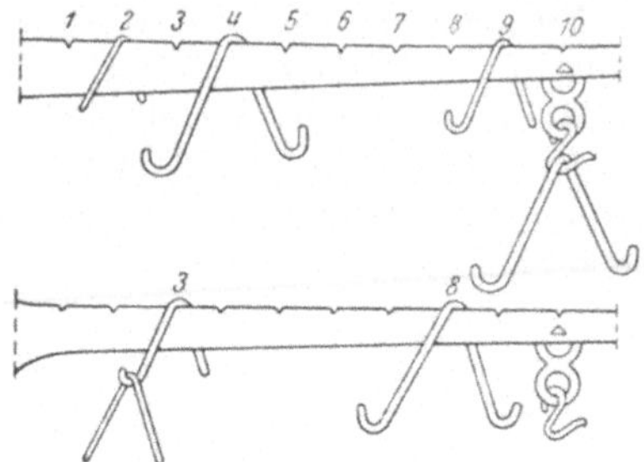

Abb. 40. Reiter am rechten Waagebalken-
arm der Mohrschen Waage s. Text.

zu den kleinen übergeht. Bei Flüssigkeiten mit einer Dichte über 1 kommt natürlich ein großer Reiter am äußersten Ende zu hängen. Die Anordnung der Reiter im Sinne der Abb. 40 zeigt für den oberen Waagebalken die Dichte 1,4920, für den unteren Waagebalken 0,8330 an.

Auf dem gleichen Prinzip des Auftriebes fester Körper in Flüssigkeiten beruht auch die Anwendung der Aräometer[1] (Abb. 41) zur Bestimmung der Dichte von Flüssigkeiten. Die Aräometer bestehen aus einem hohlen zylindrischen Glaskörper a, der durch Schrot oder Quecksilber beschwert ist, meist ein Thermometer trägt und als Schwimmkörper dient, und laufen nach oben in eine überall gleich dicke, mit Skala versehe zylindrische Röhre b aus. Die Skaleneinteilung ist meist derart, daß man an dem Punkte, bis zu dem das Aräometer in die Flüssigkeit eintaucht, sogleich die Dichte ablesen kann, man nennt die Aräometer daher auch D e n s i m e t e r. Es gibt weiterhin nur für bestimmte Flüssigkeiten verfertigte Aräometer, die gestatten, an der Skala sofort den Prozentgehalt an irgendeinem Bestandteil abzulesen, z. B. Alkoholmeter (Abb. 42), mit denen man gleich in einem Gemisch von Alkohol und Wasser den Alkoholgehalt feststellen kann. Es ist aber stets beim Ablesen die Temperatur zu berücksichtigen.

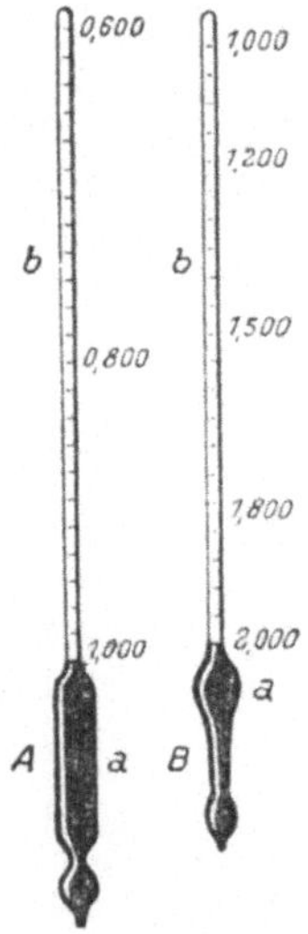

Die genaueste, aber umständlichere Bestimmung der Dichte geschieht mittels des P y k n o m e t e r s[2], auf die oben schon hingewiesen wurde. Daher schreibt der 1. Nachtrag zum DAB 6 vom Jahre 1933 die Verwendung des

Abb. 41.
Aräometer A für spezifisch leichtere, B für spezifisch schwerere Flüssigkeiten.

Abb. 42.
Alkoholmeter.

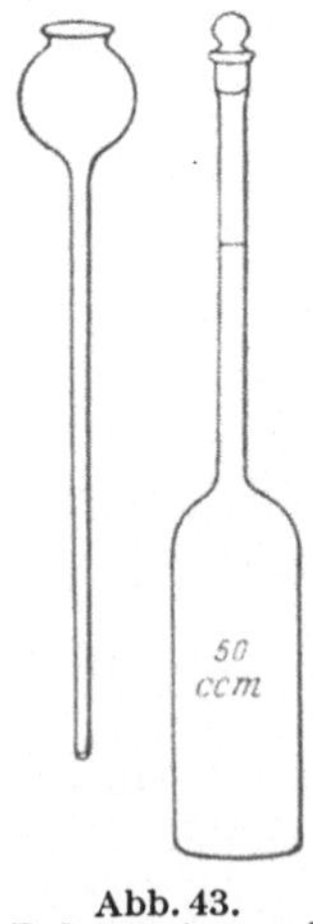

Abb. 43.
Pyknometer nach Reischauer.

---

[1] $\dot\alpha\varrho\alpha\iota\acute{o}\varsigma$ = dünn; $\mu\acute{\varepsilon}\tau\varrho\upsilon\nu$ = Maß.
[2] $\pi\upsilon\kappa\nu\acute{o}\varsigma$ = dicht; $\mu\acute{\varepsilon}\tau\varrho\upsilon\nu$ = Maß.

Pyknometers als verbindlich vor. Das Homöopathische Arzneibuch läßt die Dichte mit der Mohrschen Waage bestimmen. Am geeignetsten sind die Pyknometer nach Reischauer (Abb. 43), meist 50 ccm fassende, lang- und zugleich enghalsige, mit einer Marke am Halse versehene und mit einem Glasstöpsel verschließbare Flaschen. Für geringere Flüssigkeitsmengen nimmt man kleinere Pyknometer mit einem Fassungsvermögen von 25, 10 oder 5 ccm. Zum Füllen des Pyknometers benutzt man einen Fülltrichter. Das Pyknometer ist zunächst zu eichen und diese Eichung von Zeit zu Zeit zu kontrollieren, da bei häufigerem Gebrauch stets etwas vom Glas in Lösung geht. Das saubere und völlig trockene Pyknometer wird, nachdem es $1/4$ bis $1/2$ Stunde im Waagekasten gestanden hat, auf der Analysenwaage gewogen und die Tara vermerkt. Das Pyknometer wird nun mit destilliertem Wasser bis etwas über die Marke gefüllt und verschlossen in ein Wasserbad von $15°$ bzw. $20°$ gestellt. Nach $1/4$- bis $1/2$ stündigem Verweilen im Wasserbade wird mit Hilfe von Filtrierpapierröllchen genau auf die Marke eingestellt. Man reinigt und trocknet nun den leeren Teil des Pyknometerhalses oberhalb der Marke mit Filtrierpapierröllchen, verschließt das Pyknometer wieder, trocknet es mit einem weichen Tuche und wägt nach $1/4$ bis $1/2$ stündigem Stehen im Waagekasten abermals. Das hierbei ermittelte Nettogewicht des Wasservolumens (b—a der nachstehenden Formel) ist das allen späteren Bestimmungen zugrunde zu legende Wassergewicht oder der Wasserwert des Pyknometers. Nachdem man dann das Pyknometer entleert und entweder getrocknet oder mit der zu prüfenden Flüssigkeit einige Male ausgespült hat, wiederholt man den Vorgang mit der zu untersuchenden Flüssigkeit unter genauer Beachtung obiger Vorsichtsmaßregeln.

Berechnung:

Bedeutet a Tara des Pyknometers, b Gewicht des Pyknometers mit Wasser, c Gewicht des Pyknometers mit der zu prüfenden Flüssigkeit, so ist die Dichte:

$$D = \frac{c - a}{b - a}.$$

Auch zur Bestimmung der Dichte fester Körper findet das Pyknometer Verwendung. Man bringt zu diesem Zwecke den zu bestimmenden Körper von bekanntem Gewicht in Stücken von Schrotgröße in ein mit Wasser gefülltes und gewogenes Pyknometer. Es wird so viel Wasser verdrängt, als dem Volumen des festen Körpers entspricht, und wird durch Nachwägung ermittelt. Man gewinnt also auf diese Weise die zur Berechnung erforderlichen Daten.

Durch die Dichte kann besonders bei Flüssigkeiten auf den Gehalt an bestimmten Stoffen geschlossen werden. Für viele Flüssigkeiten sind Tabellen ausgearbeitet, denen man den einer bestimmten Dichte entsprechenden Gehalt entnehmen und danach berechnen kann, in welchem

Maße der Konzentrationsgrad eventuell zu vergrößern oder zu verkleinern ist.

Am Schlusse dieses Kapitels wird gezeigt, wie man aus den Dichten Mischungs- und Verdünnungsverhältnisse errechnen kann, um eine Flüssigkeit bestimmter Dichte zu erhalten.

Die Dichte kann bei verschiedenen Temperaturen bestimmt werden. Voraussetzung ist nur, daß die Bestimmung des Wassergewichtes beim Pyknometer bzw. die Äquilibrierung von Senkglas und Reiter bei der Mohrschen Waage einerseits und die Dichtebestimmung der zu untersuchenden Flüssigkeit andererseits stets bei derselben Temperatur erfolgen.

In der Regel geschieht·das bei 15 oder 20°. Je nachdem, ob man es bei den Gewichtsverhältnissen der Bestimmungstemperatur beläßt oder sie auf Wasser von 4° umrechnet, gibt es, wie oben bemerkt wurde, verschiedene Dichte-Angaben (Wichten) also:

$$d\,\frac{15°}{15°}, \quad d\,\frac{15°}{4°}, \quad d\,\frac{20°}{20°}, \quad d\,\frac{20°}{4°}.$$

Bei Benutzung der oben erwähnten Gehaltstabellen ist auf diese Verschiedenheit sehr zu achten. Viele der in der Praxis benutzten Tabellen basieren auf dem Dichte-Wert $d\,\dfrac{15°}{15°}$.

Die Umrechnung der Dichten $d\,\dfrac{15°}{15°}\;d\,\dfrac{20°}{20°}$, oder bei anderer Temperatur·bestimmter Dichteverhältnisse in Dichten bezogen auf Wasser von 4° geschieht durch Multiplikation der betreffenden Dichten mit der Dichte des Wassers bei der Bestimmungstemperatur. Hierbei ist der Faktor (Q) der nachstehenden Tabelle zu entnehmen:

Die Dichten des Wassers zwischen 10° und 25°.

Temperatur °	Dichte	Temperatur °	Dichte	Temperatur °	Dichte
4	1,000000	15	0,999126	21	0,998019
10	0,999727	16	0,998970	22	0,997797
11	0,999632	17	0,998801	23	0,997565
12	0,999525	18	0,998622	24	0,997323
13	0,999404	19	0,998432	25	0,997071
14	0,999271	20	0,998230		

Beispiele:

a) $\quad d\,\dfrac{20°}{20°} = 1{,}0460$

$$d\,\frac{20°}{4°} = 1{,}0460 \cdot 0{,}998230 = 1{,}0441$$

b) $\quad d\,\dfrac{15^\circ}{15^\circ} = 1{,}0460$

$d\,\dfrac{15^\circ}{4^\circ} = 1{,}0460 \cdot 0{,}999126 = 1{,}0451.$

Da Wasser von 4° die Dichteeinheit darstellt, kommen damit diese umgerechneten Werte der wirklichen Dichte v sehr nahe. Man erhält die auf Wasser von 4° bezogenen Werte bei der pyknometrischen Bestimmung unmittelbar, wenn man statt des Wassergewichtes $(b-a)$ das Volumen des Pyknometers in die Gleichung $D = \dfrac{c-a}{b-a}$ einsetzt. Nach den Gleichungen $D = \dfrac{m}{v}$, $v = \dfrac{m}{D}$ erhält man das Volumen des Pyknometers durch Division des Wasserwertes durch die Dichte des Wassers bei der Eichtemperatur (Q der Tabelle) $\left(\dfrac{b-a}{Q} = \text{Volumen} \right)$.

Beispiel:

a) $\quad d\,\dfrac{20^\circ}{20^\circ} = \dfrac{c-a}{b-a}$,

b) $\quad d\,\dfrac{20^\circ}{4^\circ} = c-a\ \dfrac{b-a}{Q}.$

Beträgt z. B. das Wassergewicht $(b-a)$ 49,9115, dann ist das Volumen $\dfrac{49{,}9115}{0{,}998230} = 50\ \text{ccm}.$

Aus b) ergibt sich weiterhin die obige Umrechnungsformel:

$$d\,\frac{20^\circ}{4^\circ} = \frac{c-a \cdot Q}{b-a} \quad \text{oder gekürzt} = \frac{m}{w} \cdot Q.$$

Alle bisher behandelten Dichtewerte sind noch mit einem Bestimmungsfehler durch den Auftrieb der Körper in der Luft behaftet, da unsere Wägungen im lufterfüllten Raume geschehen. Wahre Dichte, wie sie das DAB 6 verlangt, ist das Verhältnis der Dichte der zu bestimmenden Flüssigkeit bei 20° zu der Dichte des Wassers bei 4° im luftleeren Raum, d. h.:

$$d\,\frac{20^\circ}{4^\circ} \quad \text{im luftleeren Raum.}$$

Die vorstehende Umrechnungsformel für $d\,\dfrac{20^\circ}{20^\circ}$ in $d\,\dfrac{20^\circ}{4^\circ}$ bedarf daher noch einer entsprechenden Ergänzung. Sie lautet ergänzt und gekürzt:

$$d = \frac{m}{w}\,(Q-l) + l.$$

Es bedeuten:

d = Dichte.

m = Gewicht der zu untersuchenden Flüssigkeit $(c - a)$ s. o.

w = Wassergewicht $(b - a)$ s. o.

Q = Dichte des Wassers bei der Bestimmungstemperatur.

l = Dichte der Luft, bezogen auf Wasser mit dem Mittelwert 0,0012.

Diese Formel gestattet allgemein, die bei bestimmten Temperaturen. ermittelten Dichten auf Wasser von $4°$ im luftleeren Raum umzuwandeln. Die Umrechnungsformeln für die obigen Dichtebeispiele:

$$\text{a)}\quad d\,\frac{20°}{20°} = 1{,}0460$$

$$\text{b)}\quad d\,\frac{15°}{15°} = 1{,}0460$$

in die Dichten

$$d\,\frac{20°}{4°}$$

$$d\,\frac{15°}{4°}$$

im luftleeren Raum sind dann folgende:

a) $1{,}0460 \cdot (0{,}998230 - 0{,}0012) + 0{,}0012 = 1{,}0441$

b) $1{,}0460 \cdot (0{,}999126 - 0{,}0012) + 0{,}0012 = 1{,}0450$

Die Umrechnungsformel: $d = \dfrac{m}{w}(Q - l) + l$ ergibt sich aus folgender Überlegung und Ableitung[1]: „Im Vakuum ist kein Luftauftrieb vorhanden, deshalb sind gleiche Volumina der Stoffe bei derselben Temperatur im Vakuum schwerer als im lufterfüllten Raum, und zwar um das Gewicht der verdrängten Luft. Dieses ist gegeben durch das Produkt aus dem Volumen der verdrängten Luft und ihrer Dichte. Daher ergibt sich, wenn m_0 das Gewicht der zur Bestimmung angewendeten Flüssigkeitsmenge m und w_0 das Gewicht der Wassermenge w im Vakuum bei $20°$ ist:

Für m:

$$m = m_0 - \frac{m_0}{d}\,l$$

$\dfrac{m_0}{d}$ ist das von der angewandten Flüssigkeitsmenge im Vakuum eingenommene Volumen und damit gleich dem verdrängten Luftvolumen.

Für w:

$$w = w_0 - \frac{w_0}{Q}\,l$$

$\dfrac{w_0}{Q}$ ist das der Wassermenge w entsprechende Wasservolumen bei $4°$ im Vakuum und damit gleich dem verdrängten Luftvolumen.

---

[1] Die Ableitung der Umrechnungsformel ist von Herrn Dozent Dr. W. Awe bearbeitet und aus den Anweisungen der Fortbildungskurse an der Universität Göttingen für praktische Apotheker freundlichst zur Verfügung gestellt worden.

Durch Umrechnung obiger Gleichungen ergibt sich:

$$m = \frac{m_0\,d - m_0\,l}{d} \qquad\qquad w = \frac{w_0\,Q - w_0\,l}{Q}$$

$$m = \frac{m_0\,(d - l)}{d} \qquad\qquad w = \frac{w_0\,(Q - l)}{Q}$$

$$\frac{m}{d - l} = \frac{m_0}{d} \qquad\qquad \frac{w}{Q - l} = \frac{w_0}{Q}$$

$$\text{Dichte} = \frac{\text{Masse}}{\text{Volumen}}\;;\;\text{also: Volumen} = \frac{w_0}{Q} = \frac{\text{Masse } m_0}{\text{Dichte } d}$$

$$\frac{w_0}{Q} = \frac{m_0}{d}$$

oder:

$$\frac{w}{Q - l} = \frac{m}{d - l}$$

$$wd - wl = m\,(Q - l)$$

$$wd = m\,(Q - l) + wl$$

$$d = \frac{m}{w}\,(Q - l) + l$$

$$d = \frac{m}{w}\,(0{,}99823 - 0{,}0012) + 0{,}0012$$

$$d = \frac{m}{w}\,0{,}99703 + 0{,}0012.$$

Wie oben ist auch hier die Umrechnung eine andere und gekürzte, wenn zur Bestimmung auf Vo l u m e n im luftleeren Raum geeichte Pyknometer verwendet werden. Diese Eichung kann man selbst vornehmen.

Beispiel: Das Wassergewicht bei $20°$ bis zur Marke des Pyknometers beträgt 49,9512, dann ist das Volumen für den luftleeren Raum

$$= \frac{49{,}9512}{(0{,}998230 - 0{,}0012)} = \frac{49{,}9512}{0{,}997030} = 50{,}1 \text{ ccm.}$$

Beträgt der ermittelte $d\,\dfrac{20°}{20°}$-Wert: 46,5640, dann ist' die wahre

$$\text{Dichte} = \frac{46{,}5640}{50{,}1} + 0{,}0012 = 0{,}9306.$$

Eine Umrechnung auf den luftleeren Raum ist nur dann nötig und von Einfluß, wenn die Dichte der Versuchsflüssigkeit erheblich von der Einheit abweicht.

Will man, wie das mancherorts geschieht, zwischen Dichte und Wichte unterscheiden, so hat man, um kurz zusammenzufassen, alle Gewichtsverhältnisse im lufterfüllten Raum, also $d\,\dfrac{20°}{20°}$, $d\,\dfrac{20°}{4°}$, $d\,\dfrac{15°}{15°}$, $d\,\dfrac{15°}{4°}$, als

Wichten zu bezeichnen, z. B. Wichte bei $\frac{20°}{4°}$. Als Dichte mit dem einfachen Formelzeichen $d^{20°}$ (oder $\varrho^{20°}$) ist dann die auf luftleeren Raum umgerechnete Wichte bei $\frac{20°}{4°}$ zu verstehen.

In Handelskreisen bedient man sich heute noch sehr viel statt der Dichte der Baumé-Grade, die mittels der Baumé-Spindel (Aräometer mit willkürlicher Skala) ermittelt werden. Es gibt sowohl Spindeln, die zugleich das Ablesen der Baumé-Grade und der Dichte gestatten, als auch Tabellen mit vergleichender Zusammenstellung beider Werte.

Nachstehend folgen einige das Einstellen von Flüssigkeiten betreffende Berechnungsweisen:

1. Die Volumina der Flüssigkeiten stehen im umgekehrten Verhältnis zu ihren Dichten. Um zwei Flüssigkeiten verschiedener Dichte auf eine bestimmte zwischen diesen Dichten liegende Dichte zu bringen, sind sie im umgekehrten Differenzverhältnis ihrer Dichten zur verlangten Dichte volummäßig zu mischen. Durch Multiplikation der errechneten Volumteile mit ihrer Dichte erhält man die zu mischenden Gewichtsteile.

Beispiel: Eine Flüssigkeit (a) von der Dichte 1,350 soll mit Wasser (b) von der Dichte 1,000 auf die Dichte 1,230 (c) gebracht werden.

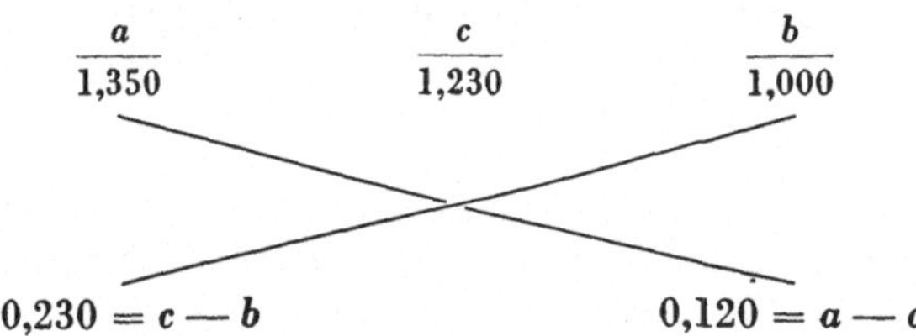

M. a. W.   230 Volumteile $= (230 \cdot 1,35) = 310,5$ Gewichtsteile a sind mit 120 Volumteilen $= 120$ Gewichtsteilen b zu mischen.

Probe auf die Richtigkeit (s. u. 2):

Volumteile (v)		Gewichtsteile (p)
230 ccm a	=	310,5 g
120 ccm b	=	120,0 g
350 ccm c	=	430,5 g

$$D = \frac{p}{v} = \frac{430,5}{350} = 1,230 \, .$$

2. a) Die Dichte einer Mischung errechnet sich nach der Formel $D = \frac{p}{v}$ aus der Summe der Volumina und dem Gesamtgewicht der zu mischenden Flüssigkeiten.

Beispiel: Werden 1000 ccm einer Flüssigkeit (I) von der Dichte 1,664 mit 1000 ccm einer Flüssigkeit (II) von der Dichte 1,344 gemischt, so ergibt sich:

$$
\begin{array}{ll}
v & p \\
1000\ \text{ccm} & 1664\ \text{g} \\
\underline{1000\ \text{ccm}} & \underline{1344\ \text{g}} \\
2000\ \text{ccm} & 3008\ \text{g}
\end{array}
\qquad D = \frac{3008}{2000} = 1{,}504
$$

b) Eine bestimmte Menge, z. B. 500 ccm der Flüssigkeit I soll durch Verdünnen mit Flüssigkeit II auf eine Dichte von 1,424 gebracht werden. Wievivel von II ist zu nehmen? (x = erforderliche Anzahl ccm von II).

Berechnung: $\dfrac{p}{v}$ = verlangte Dichte = 1,424,

$$
\left.\begin{array}{l}
p = 500 \cdot 1{,}664 + x \cdot 1{,}344 \\
v = 500 + x
\end{array}\right\}
\quad \frac{832{,}0 + 1{,}344\,x}{500 + x} = 1{,}424
$$

$$
\begin{aligned}
832 + 1{,}344\,x &= 1{,}424\,(500 + x) \\
832 + 1{,}344\,x &= 712{,}0 + 1{,}424\,x \\
120 + 1{,}344\,x &= 1{,}424\,x \\
-0{,}080\,x &= -120
\end{aligned}
$$

$$
x = \frac{120\,000}{80} = 1500
$$

d. h.

$$
\begin{array}{lll}
v & p & \\
500\ \text{ccm}\ I & =\ \ \ 832\ \text{g} & \text{sind mit} \\
\underline{1500\ \text{ccm}\ II} & =\ \underline{2016\ \text{g}} & \text{zu vermischen} \\
2000\ \text{ccm} & =\ 2848\ \text{g.} &
\end{array}
$$

Probe: $\dfrac{p}{v} = \dfrac{2848}{2000} = 1{,}424$ verlangte Dichte.

Soll die Verdünnung mit Wasser (Dichte = 1) vorgenommen, z. B. 1 Liter Salmiakgeist von der Dichte 0,91 auf die Dichte 0,96 verdünnt werden, so vereinfacht sich die Gleichung:

$$
\frac{p}{v} = \frac{910 + x}{1000 + x} = 0{,}96; \quad x = 1{,}250
$$

$$
\begin{array}{lll}
v & p & \\
1000\ \text{ccm} & =\ \ \ 910\ \text{g} & \text{Salmiakgeist der Dichte 0,91 sind mit} \\
\underline{1250\ \text{ccm}} & =\ \underline{1250\ \text{g}} & \text{Wasser zu mischen.} \\
2250\ \text{ccm} & =\ 2160\ \text{g} &
\end{array}
$$

$$
\frac{p}{v} = \frac{2160}{2250} = 0{,}96\ \text{verlangte Dichte.}
$$

Die Berechnungen lassen sich auf folgende Gleichung zurückführen:

$$\frac{v \cdot d + x \cdot d_2}{v + x} = d_1$$

$v =$ Volumen der zu verdünnenden Flüssigkeit.

$d =$ Dichte der zu verdünnenden Flüssigkeit.

$d_1 =$ Geforderte Dichte.

$d_2 =$ Dichte der Verdünnungsflüssigkeit (bei Wasser $= 1$).

$x =$ Volumen der Verdünnnungsflüssigkeit (bei Wasser $=$ Gewicht).

In weiterer Entwicklung:

$$vd + xd_2 = d_1\,(v + x)$$
$$vd + xd_2 = vd_1 + xd_1$$
$$vd - vd_1 = xd_1 - xd_2$$
$$v\,(d - d_1) = x\,(d_1 - d_2)$$

$$x = \frac{v\,(d - d_1)}{d_1 - d_2} \quad \text{(Gleichung 1) oder, da } v = \frac{p}{d} \text{ ist,:}$$

$$x = \frac{p\,(d - d_1)}{d\,(d - d_2)} \quad \text{(Gleichung 2).}$$

Einfacher ergeben sich die Gleichungen nach der Kreuzrechnung gemäß Ziffer 1:

$$
\begin{array}{ccc}
d & d_1 & d_2
\end{array}
$$

$$d_1 - d_2 : d - d_1 = v \text{ bzw. } \frac{p}{d} : x; \quad x = v \text{ bzw. } \frac{p\,(d - d_1)}{d\,(d_1 - d_2)}.$$

Der Gleichung 1 bedient man sich, wenn Volumina, der Gleichung 2, wenn Gewichtsmengen zu verdünnen sind. In beiden Fällen bedeutet x das Volumen der Verdünnungsflüssigkeit. Zur Errechnung der zuzusetzenden Gewichtsmenge sind die Gleichungen 1 und 2 noch mit d_2 zu multiplizieren, da $p = v \cdot d$. Also:

$$x = \frac{v\,(d - d_1)}{d_1 - d_2} \cdot d_2 \text{ (Gleichung 1a)}; \quad x = \frac{p\,(d - d_1)}{d\,(d_1 - d_2)} \cdot d_2 \text{ (Gleichung 2a).}$$

Beispiel: Die Berechnung der ersten Frage unter 2b gestaltet sich nach den Gleichungen 1 und 1a folgendermaßen:

(Gleichung 1) $\quad \dfrac{500\,(1{,}664 - 1{,}424)}{1{,}424 - 1{,}344} = 1500 \text{ ccm}$

(Gleichung 1a) $\quad \dfrac{500\,(1{,}664 - 1{,}424)}{1{,}424 - 1{,}344} \cdot 1{,}344 = 2016 \text{ g}$

Geht man bei diesem Beispiel statt vom Volumen (500 ccm) vom Gewicht (832 g) aus, so gelten die Gleichungen 2 und 2a:

(Gleichung 2) $\quad \dfrac{832\,(1{,}664 - 1{,}424)}{1{,}664\,(1{,}424 - 1{,}344)} = 1500 \text{ ccm}$

$$\text{(Gleichung 2 a)} \qquad \frac{832\,(1{,}664 - 1{,}424)}{1{,}664\,(1{,}424 - 1{,}344)} \cdot 1{,}344 = 2016\ \underline{g}$$

Ist die Verdünnungsflüssigkeit Wasser ($d_2 = 1$), so vereinfachen sich die Gleichungen 1 und 2 zu

$$x = \frac{v\,(d - d_1)}{d_1 - 1}\ \text{(Gleichung 1 b)}; \qquad x = \frac{p\,(d - d_1)}{d\,(d_1 - 1)}\ \text{(Gleichung 2 b)}$$

x ist in diesem Falle sowohl Volumen als auch Gewicht.

c) Umgekehrt sollen 3 kg der Flüssigkeit *II* ($D = 1{,}424$) durch Eindampfen auf die Dichte 1,664 gebracht werden. Wieviel ccm = g Wasser ($= x$) sind zu verdampfen?

Berechnung: $p = 3000 - x$; $v = \dfrac{3000}{1{,}424} - x = 2106{,}74 - x$

$$\frac{p}{v} = \frac{3000 - x}{2106{,}74 - x} = 1{,}664$$

$$3000 - x = 1{,}664\,(2106{,}74 - x)$$

$$- 505{,}6 = - 0{,}664\,x$$

$$x = \frac{505\,600}{664} = 761{,}4$$

Das heißt: 761,4 ccm = g Wasser sind zu verdampfen. Um diesen gleichen Betrag verringern sich p und v.

$$\text{Probe:}\qquad \frac{3000 - 761{,}4}{2106{,}7 - 761{,}4} = \frac{2238{,}6\,(p)}{1345{,}3\,(v)} = 1{,}664.$$

Die für Einengungen gültigen Berechnungen gründen sich auf folgende Gleichung:

$$\frac{v \cdot d_1 - x \cdot d_2}{v - x} = d$$

$v = $ Volumen der einzuengenden Flüssigkeit (Lösung).

$d_1 = $ Dichte der einzuengenden Flüssigkeit (Lösung).

$d = $ Geforderte Dichte.

In Ableitung:

$$vd_1 - xd_2 = d\,(v - x)$$
$$vd_1 - xd_2 = vd - xd$$
$$xd - xd_2 = vd - vd_1$$
$$x\,(d - d_2) = v\,(d - d_1)$$

$d_2 = $ Dichte der Verdampfungsflüssigkeit (des Lösungsmittels) (bei Wasser = 1).

$x = $ Zu verdampfendes Volumen (bei Wasser = Gewicht).

$$x = \frac{v\,(d - d_1)}{d - d_2}\ \text{(Gleichung 3); anwendbar für Volumina der Lösungen.}$$

$$x = \frac{p\,(d - d_1)}{d_1\,(d - d_2)}\ \text{(Gleichung 4); anwendbar für Gewichtsmengen der Lösungen.}$$

Auch hier ist in beiden Fällen x das zu verdampfende Volumen. Zur Er-

rechnung der zu verdampfenden Ge wichtsmengen sind in analoger
Weise wie oben die Gleichungen 3 und 4 mit d_2 zu multiplizieren:

$$x = \frac{v\,(d - d_1)}{d - d_2} \cdot d_2 \quad \text{(Gleichung 3 a)}; \quad x = \frac{p\,(d - d_1)}{d_1\,(d - d_2)} \cdot d_2 \quad \text{(Gleichung 4 a)}.$$

Ist die Verdampfungsflüssigkeit Wasser $(d_2 = 1)$, so vereinfachen
sich auch hier entsprechend die Gleichungen 3 und 4 zu:

$$x = \frac{v\,(d - d_1)}{d - 1} \quad \text{(Gleichung 3 b)}; \quad x = \frac{p\,(d - d_1)}{d_1\,(d - 1)} \quad \text{(Gleichung 4 b.}$$

Beispiel: Die vorstehende Aufgabe unter c) berechnet sich nach
Gleichung 4 b wie folgt:

$$x = \frac{3000\,(1{,}664 - 1{,}424)}{1{,}424\,(1{,}664 - 1)} = 761{,}4.$$

Natürlich lassen sich die Verhältnisse für das Mischen und Verdampfen
auch über den Weg nach Ziffer 1 berechnen. Voraussetzung für die vorstehenden Berechnungsweisen ist, daß beim Mischen der Flüssigkeiten
keine Volumänderung eintritt, wie zwischen Alkohol oder Essigsäure und
Wasser. In solchen Fällen bedarf es der Kenntnis des Gehaltes in Ge-
wichtsprozenten, wie er sich aus der Dichte ergibt.

Beispiel: Ein Alkohol von der Dichte 0,8340 $d\,\dfrac{15°}{15°}$ bzw. 0,8280 $d\,\dfrac{20°}{4°}$
(DAB 6) enthält 85,80 Gewichtsprozente Alkohol und soll auf die Dichte
0,8960 $d\,\dfrac{15°}{15°}$ bzw. 0,8910 $d\,\dfrac{20°}{4°}$ (DAB 6), entsprechend 60,02 Gewichts-
prozent Alkohol, gebracht werden. Nach der Gleichung:

$$85{,}8 : 100 = 60{,}02 : x; \quad x = 69{,}95$$

enthalten 69,95 Gewichtsteile des 85,80 gewichtsprozentigen Alkohols
60,02 Gewichtsteile absoluten Alkohol und sind mit Wasser auf 100 Gewichtsteile zu verdünnen, um die gewünschte Dichte zu erhalten. Diesem
Mischungsverhältnis entspricht die Bereitung des Spiritus dilutus DAB 6
aus 7 Gewichtsteilen Spiritus DAB 6 und 3 Gewichtsteilen Wasser.

Nachstehend seien noch, auf dem gleichen mathematischen Ausdruck

$$D = \frac{p}{v}\ \text{fußend, Gleichungen zur Umrechnung von Gewichtsprozenten in}$$

Volumprozente und umgekehrt wiedergegeben:

1. Gewichtsprozente in Volumprozente:

Überlegung: 100 g p-Lösung, entsprechend $\dfrac{100}{d_1}$ ccm, enthalten $\dfrac{p}{d_2}$ ccm
Substanz (z. B. Alkohol). Mithin:

$$\frac{100}{d_1} : \frac{p}{d_2} = 100 : x_v;$$

$$x_v = 100 \cdot \frac{p}{d_2} \cdot \frac{d_1}{100} = \frac{p \cdot d_1}{d_2}.$$

v = Bekannter Volumenprozentgehalt.
d = Zugehörige Dichte.
p = Bekannter Gewichtsprozentgehalt.
d_1 = Zugehörige Dichte.
d_2 = Dichte der 100 prozentigen Flüssig-
keit (Lösung).
x_v = Gesuchter Volumenprozentgehalt.
x_p = Gesuchter Gewichtsprozentgehalt.

Beispiel: 85,80 gewichtsprozentiger Alkohol (p) ist wieviel volumprozentig (x_v)?

$$d_1 \frac{15°}{15°} = 0,8340; \quad d_2 \frac{15°}{15°} = 0,7942$$

$$\frac{85,80 \cdot 0,8340}{0,7942} = 90,1 \text{ volumprozentig.}$$

2. **Volumprozente in Gewichtsprozente:**

Überlegung: 100 ccm v-Lösung, entsprechend $100 \cdot d$ g, enthalten $v \cdot d_2$ g Substanz (z. B. Alkohol). Mithin:

$$100 \cdot d : v \cdot d_2 = 100 : x_p; \quad x_p = 100 \cdot \frac{v \cdot d_2}{100 \cdot d} = \frac{v \cdot d_2}{d}.$$

Beispiel: In Umkehrung des Beispiels unter 1. sollen 90,1 Volumprozente Alkohol in Gewichtsprozente umgerechnet werden:

$$\frac{90,1 \cdot 0,7942}{0,8340} = 85,8 \text{ Gewichtsprozente.}$$

Maßanalyse.

Die quantitative Analyse zerfällt vornehmlich in zwei Arten, die Gewichts- und Maßanalyse.

Sehr kleine Mengen werden vorteilhaft kolorimetrisch bestimmt (siehe Kolorimetrie S. 52).

Bei der Gewichtsanalyse oder gravimetrischen Bestimmungsmethode wird gewöhnlich die Substanz aus ihrer Lösung gefällt und nach dem Trocknen und Glühen zur Wägung gebracht.

Bei der Maßanalyse oder volumetrischen Bestimmungsmethode versetzt man die Lösung der zu bestimmenden Substanz mit einer Reagenzlösung von bestimmtem Gehalt (volumetrische Lösung). Der Endpunkt der Reaktion gibt sich gewöhnlich durch einen Farbenumschlag zu erkennen, der meist durch einen Indikator bewirkt wird. Aus der Anzahl der verbrauchten Kubikzentimeter der Reagenzlösung berechnet man den Gehalt der Substanz.

Betreffs der bei der Gewichtsanalyse gebräuchlichen Methoden sei auf die einschlägigen Lehrbücher verwiesen, dagegen sei das Grundwesen der Maßanalyse, von der das Arzneibuch wegen ihrer Bequemlichkeit und schnelleren Durchführbarkeit so ausgiebigen Gebrauch macht, an dieser Stelle erörtert.

Die bei der Maßanalyse Verwendung findenden Gefäße sind: Büretten, Pipetten, Meßkolben und Meßzylinder.

Büretten. Die heute gebräuchlichen Büretten sind Ausfluß-(Mohr-) Büretten (Abb. 44 u. 45). Man bedient sich gewöhnlich 50 ccm fassen-

der, in ganze und zehntel Kubikzentimeter geteilter Büretten, deren unterer
verengter Teil entweder mit einem durch einen Quetschhahn verschließbaren und ein zur feinen Spitze ausgezogenes Röhrchen tragenden Kaut-
schukschlauch   überzogen   —   Quetschhahn-
büretten (Abb. 44) oder mit einem Glashahn versehen ist = Glashahnbüretten (Abb. 45). Da in
ersteren keine Flüssigkeiten, wie Jod-, Silbernitrat-,
Kaliumpermanganatlösung, titriert werden können,
die Kautschuk angreifen, so sind die Glashahnbüretten vorzuziehen, da sie sich für alle Flüssigkeiten eignen.

Für ganz feine Bürettierungen mit einer Genauigkeit über 0,1 ccm benutzt man Feinbüretten, d. s.

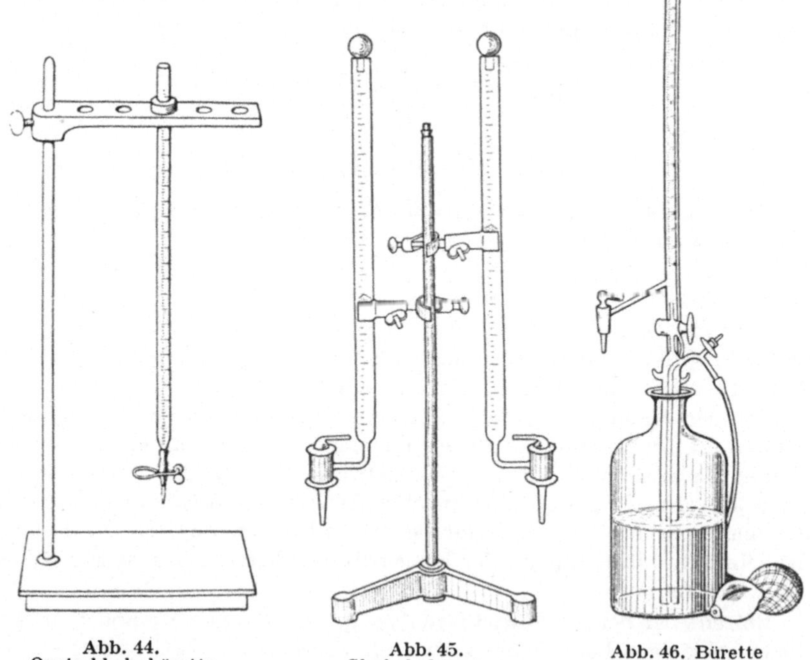

Abb. 44.
Quetschhahnbürette.

Abb. 45.
Glashahnbüretten.

Abb. 46. Bürette
mit automatischer
Nullpunkteinstellung.

10-ccm-Büretten von etwa 60 cm Länge mit einer in $^1/_{50}$ ccm eingeteilten
Skala. Die Abflußvorrichtueg muß so eng sein, daß 50 Tropfen 1 ccm
entsprechen.

Bevor man die Büretten und auch die sonstigen Meßapparate füllt,
spült man sie zweimal mit kleinen Mengen der einzufüllenden Flüssigkeit aus.

Das Füllen der Büretten geschieht mit einem Trichter, dessen Abflußrohr an die Bürettenwandung angelehnt wird. Man lese erst ab, wenn alle Flüssigkeit zusammengelaufen ist.

Für laufende Arbeiten und auch bei volumetrischen Lösungen, wie Laugen, die eine häufigere Berührung mit der Luft nicht vertragen, empfehlen sich Büretten, die mit der Vorratsflasche verbunden sind und eine automatische Nullpunkteinstellung gestatten (Abb. 46).

Beim Ablesen muß sich das Auge in gleicher Höhe mit dem Flüssigkeitsniveau befinden. Die Flüssigkeitsoberfläche bietet sich dem Auge in zwei konkaven Krümmungen dar. (Abb. 47). Man gewöhne sich daran, bei durchsichtigen Flüssigkeiten die untere Krümmung, den unteren Meniskus, bei undurchsichtigen Flüssigkeiten dagegen, wie Kaliumpermanganat- und Jodlösung, den oberen Meniskus zu wählen. Zum schärferen Ablesen hält man ein zur Hälfte schwarz und weiß gefärbtes Stück Papier so hinter der Bürette, daß die Grenzlinie zwischen Schwarz und Weiß sich einige Millimeter unter der Flüssigkeitsoberfläche befindet. Der untere Meniskus spiegelt sich dann auf der weißen Hinterwand schwarz ab (Abb. 48).

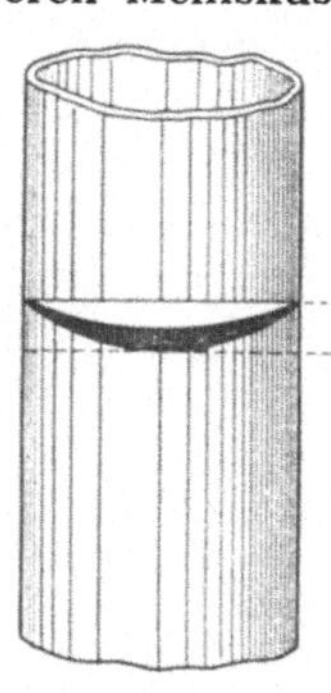

Abb. 47. Flüssigkeitsoberfläche in 2 konkaven Krümmungen.

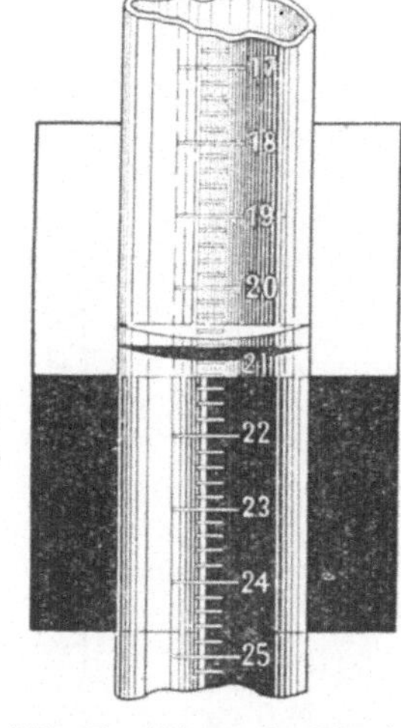

Abb. 48. Ablesen der Flüssigkeitsoberfläche in der Bürette mit Hilfe eines halb schwarz und halb weißen Stück Papiers.

Vor dem Titrieren vergewissere man sich, daß Quetsch- oder Glashahn mit Flüssigkeit ganz gefüllt ist.

Pipetten. Man kennt Voll- und Meßpipetten.

Die Vollpipetten (Abb. 49) dienen zum Abmessen eines bestimmten Volumens Flüssigkeit. Sie besitzen meist am oberen Ende nur eine Marke, bis zu der die Flüssigkeit aufgesaugt wird. Die Pipetten sind gewöhnlich so geeicht, daß beim Ausleeren der letzte Tropfen unberücksichtigt bleiben muß, man hat daher die Pipetten weder auszublasen, noch gar mit Wasser nachzuspülen. Genauer sind die Pipetten, die auch an ihrer unteren Verjüngung eine Marke tragen, bis zu der die Flüssigkeit entleert werden muß.

Die Meßpipetten (Abb. 50) sind graduierte Pipetten, sie dienen zum Abmessen beliebiger Flüssigkeitsmengen.

Meßkolben. Die Meßkolben (Abb. 51) sind enghalsige Kolben mit einer Marke am Halse. Sie dienen zur Herstellung von Titerflüssigkeiten und zur Verdünnung von Flüssigkeiten auf ein bestimmtes Volumen.

Meßzylinder. Die Meßzylinder (Abb. 52) sind in Kubikzentimeter eingeteilte Zylinder; die Einstellung in ihnen ist bei weitem nicht so scharf wie im Meßkolben. Sie dienen deshalb nur zu rohen Messungen.

Normallösungen. Als R e a g e n z - oder v o l u m e t r i s c h e r L ö s u n g e n bedient man sich meist der N o r m a l -, bzw. $1/2$-, $1/5$-, $1/10$-, $1/100$- usw. N o r m a l l ö s u n g e n. Eine Normallösung nennt man eine Titerflüssigkeit[1], die in einem Liter ein Grammäquivalent der betreffenden Substanz enthält.

Unter Ä q u i v a l e n t g e w i c h t versteht man das V e r b i n d u n g s g e w i c h t, d. i. die Gewichtsmenge, mit der ein Element bzw. eine Verbindung mit dem Grammatom[2] eines einwertigen Elementes (H = 1,008) in Reaktion tritt. Bei einwertigen Elementen und Verbindungen ist demnach das Äquivalent-

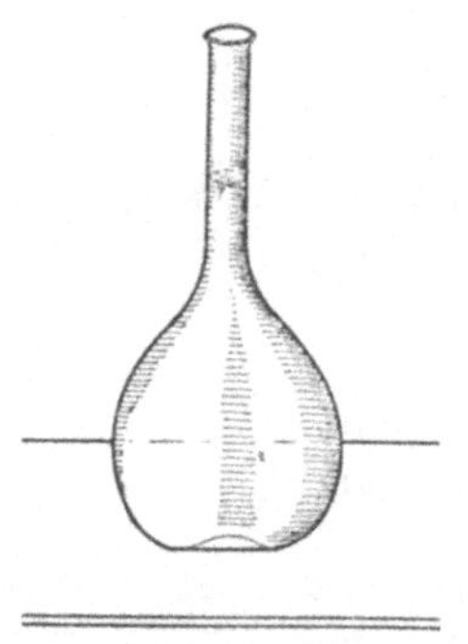

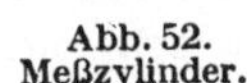

Abb. 49.	Abb. 50.	Abb. 51.	Abb. 52.
Vollpipette.	Meßpipette.	Meßkolben.	Meßzylinder.

gewicht gleich dem Atomgewicht bzw. der Summe der Atomgewichte der Verbindungselemente = Molekulargewicht, bei mehrwertigen gleich dem Atomgewicht bzw. Molekulargewicht dividiert durch die Wertigkeit oder Valenz.

Eine N o r m a l - S a l z s ä u r e enthält also auf 1 Liter 1 G.-Mol. der einwertigen Verbindung HCl = 36,468 g HCl.

Ebenso enthält eine N o r m a l - K a l i l a u g e auf 1 Liter 1 G.-Mol. der einwertigen Verbindung KOH = 56,108 g KOH.

---

[1] titre = Gehalt, daher auch die Bezeichnung T i t r i e r m e t h o d e für Maßanalyse.

[2] Unter Grammatom (G.-A.), Grammolekül (G.-Mol.) versteht man das Atombzw. Molekulargewicht in Grammen. Statt G.-Mol. oder G.-A. sagt man auch einfach ein Mol oder ein Atom.

Eine Normal-Schwefelsäure enthält auf 1 Liter $^1/_2$ G.-Mol. der zweiwertigen Verbindung $H_2SO_4 = \dfrac{98,086}{2} = 49,043$ g H_2SO_4.

Zur Berechnung der Mengen Kaliumdichromat und Kaliumpermanganat, die zur Herstellung der zu Oxydationszwecken (z. B. Titration von Ferrosalzen) Verwendung findenden Normallösungen beider Salze erforderlich sind, stellt man zunächst die Oxydationsgleichungen auf:

1. Kaliumdichromat zerfällt bei der Reduktion in Kaliumoxyd, Chromoxyd und Sauerstoff:

$$K_2Cr_2O_7 \rightarrow K_2O + Cr_2O_3 + 3\,O$$

Kalium-   Kalium-   Chrom-   Sauer-
dichromat   oxyd   oxyd   stoff

1 G.-Mol. $K_2Cr_2O_7$ entwickelt 3 G.-A. O, die 6 G.-A. H äquivalent sind. Zur Herstellung der Normal-Kaliumdichromatlösung ist daher auf 1 Liter

$^1/_6$ G.-Mol. $K_2Cr_2O_7 = \dfrac{294,2}{6} = 49,03$ g $K_2Cr_2O_7$ erforderlich.

2. Kaliumpermanganat zerfällt bei der Reduktion in saurer Lösung in Kaliumoxyd, Manganoxyd und Sauerstoff:

$$K_2Mn_2O_8 \rightarrow K_2O + 2\,MnO + 5\,O$$

Kaliumper-   Kalium-   Mangan-   Sauer-
manganat   oxyd   oxyd   stoff

1 G.-Mol. $K_2Mn_2O_8$ entwickelt in saurer Lösung 5 G.-A. O, die 10 G.-A. H äquivalent sind.

Zur Herstellung der Normal-Kaliumpermanganatlösung hat man demnach auf 1 Liter $^1/_{10}$ G.-Mol. $K_2Mn_2O_8 = \dfrac{316,06}{10} = 31,60$ g $K_2Mn_2O_8$ aufzulösen.

Soll dagegen die Kaliumdichromatlösung als Fällungslösung, z. B. zur Fällung des Bariums als Bariumchromat, Verwendung finden, so ergeben sich gemäß der Gleichung bei der Berechnung der aufzulösenden Menge andere Daten:

$$K_2Cr_2O_7 + 2\,BaCl_2 + 2\,CH_3COONa + H_2O \rightarrow$$

Kalium-   Barium-   Natriumazetat   Wasser
dichromat   chlorid

$$2\,BaCrO_4 + 2\,KCl + 2\,NaCl + 2\,CH_3COOH$$

Barium-   Kalium-   Natrium-   Essigsäure
chromat   chlorid   chlorid

1 G.-Mol. $K_2Cr_2O_7$ fällt 2 G.-A. Barium, die 4 G.-A. H entsprechen. In diesem Falle ist also zur Herstellung der Normal-Kaliumdichromatlösung

$^1/_4$ G.-Mol. $K_2Cr_2O_7 = \dfrac{294,2}{4} = 73,55$ g $K_2Cr_2O_7$ auf 1 Liter erforderlich.

Aus den Beispielen geht hervor, daß die Menge der zu lösenden Substanz je nach dem Zwecke, dem die Lösung dienen soll, verschieden sein kann, und man stets zuvor die Umsetzungsgleichung aufzustellen hat.

Die Menge Natriumthiosulfat, die zur Herstellung der in der Jodometrie (s. u.) zur Bindung des Jodes Verwendung findenden Nor-

mal-Natriumthiosulfatlösung erforderlich ist, ergibt sich aus
folgender Gleichung:

$$2\,J + 2\,Na_2S_2O_3 \rightarrow 2\,NaJ + Na_2S_4O_6$$

Jod   Natriumthio-   Natrium-   Natriumtetra-
        sulfat   jodid   thionat

2 G.-Mol. Natriumthiosulfat binden 2 G.-A. Jod, die 2 G.-A. H äquivalent
sind. Zur Herstellung der Normal-Natriumthiosulfatlösung ist demnach
1 G.-Mol. $Na_2S_2O_3 \cdot 5\,H_2O = 248,22$ g $Na_2S_2O_3 \cdot 5\,H_2O$ auf 1 Liter erforderlich.

Bei Herstellung der $^1/_2$-, $^1/_5$-, $^1/_{10}$- usw. Normallösungen ($N/_2$-, $N/_5$-,
$N/_{10}$-Lös.) nimmt man selbstverständlich $^1/_2$, $^1/_5$, $^1/_{10}$ usw. der für Normallösungen erforderlichen Substanzmenge. Besonders finden $N/_{10}$-Lösungen
ausgedehnte Anwendung.

Zur Herstellung der Normallösungen bedient man sich der Meßkolben.
Ist die Titersubstanz eine Flüssigkeit, so wägt man sie in einem Becherglase ab und spült sie mit Hilfe der Spritzflasche in den mit einem Trichter
versehenen Meßkolben. Eine feste Titersubstanz wägt man auf einem Uhrglase genau ab, bringt sie in den auf dem Meßkolben befindlichen Trichter
und spült sie mit der Spritzflasche in den Kolben hinein. Uhrglas und
Trichter sind gut nachzuspülen. — Bei größeren Substanzmengen empfiehlt es sich, das Wägen und Lösen im Becherglase vorzunehmen und
dann die Lösung in den Kolben zu spülen. — Man löst auf, läßt durch
längeres Stehen die Flüssigkeit Zimmertemperatur annehmen, füllt mit
Wasser von etwa 20° bis etwas unterhalb der am Halse befindlichen
Marke unter öfterem Umschütteln auf, stellt den Kolben $^1/_4$ bis $^1/_2$ Stunde
lang in ein Wasserbad von 20° und setzt dann aus einer Pipette tropfenweise Wasser zu, bis der untere Meniskus der Flüssigkeit auf der Marke
aufsteht. Man verschließt nun den Kolben, schüttelt längere Zeit gut um
und filtriert nötigenfalls durch ein trockenes Filter in das völlig trockene
Aufbewahrungsgefäß. Für sehr genaue Titrationen ist es natürlich nötig,
diese bei gleicher Temperatur vorzunehmen, bei der die Meßflüssigkeiten
eingestellt sind, andernfalls sind entsprechende Reduktionen vorzunehmen.

Viele Substanzen, z. B. Natriumthiosulfat, sind nicht so rein und
trocken erhältlich, daß sie mit der nötigen Genauigkeit gewogen werden
können. In diesem Falle wägt man, eventuell auf der Handwaage, etwas
mehr als erforderlich ab und löst zum bestimmten Volumen auf. Die Titereinstellung erfolgt dann, nachdem man den genauen Gehalt der Lösung
durch Titration mit einer Normallösung oder durch Gewichtsanalyse bestimmt hat.

Die Maßanalyse zerfällt in:

I. Die Alkali- und Azidimetrie (Sättigungsanalysen).

II. Die Oxydations- und Reduktionsanalysen.

III. Die Fällungsanalysen.

Alkali- und Azidimetrie. In der Alkali- und Azidimetrie bestimmt man einerseits Alkalien mit volumetrischen Säurelösungen, andererseits Säuren mit volumetrischen Laugen. Da es sich hier um Neutralisation oder Sättigung von Alkalien bzw. Säuren handelt, so bezeichnet man die Alkali- und Azidimetrie auch als Sättigungsanalyse. Eine solche Sättigung wird veranschaulicht durch die Gleichung:

$$H^{\cdot} + Cl' + K^{\cdot} + OH' \rightarrow K^{\cdot} + Cl' + H_2O$$

Chlor-   Kalium-   Kalium-   Wasser
wasserstoff   hydroxyd   chlorid   (undissoziiert)

Bei Besprechung der Ionentheorie (s. d.) werden wir sehen, daß es die $H^{\cdot}$- und OH'-Inonen sind, die einerseits den sauren, andererseits den basischen Charakter bedingen, und daß bei einer Neutralisation sich die $H^{\cdot}$- und OH'-Ionen zu ungespaltenen Wassermolekülen vereinigen. (In geringem Maße ist auch Wasser in seine Ionen gespalten, worauf die häufiger Erwähnung findenden hydrolytischen Vorgänge und Spaltungen beruhen.)

Zur Herstellung der als Ausgangspunkt dienenden Urlösung eignen sich u. a. Oxalsäure, Bernsteinsäure, Weinsäure, weil diese Substanzen ziemlich leicht in chemisch reiner Form zu erhalten sind. Von diesen zweibasischen Säuren löst man zur Herstellung von Normallösungen $^1/_2$ G.-Mol. auf 1 Liter auf.

Mit diesen Normal-Säurelösungen stellt man nun die Normal-Laugen ein, wobei bis zum Sättigungspunkt gleiche Volumina Säure und Lauge verbraucht werden müssen. Die so eingestellten Normal-Laugen dienen weiterhin zur Einstellung anderer Normal-Säuren, N.-Salz-, N.-Schwefelsäure u. a.

Besser noch geht man umgekehrt von basischen Stoffen, wie Borax, Natriumkarbonat, Kaliumbikarbonat, als Ursubstanz aus und stellt mit ihrer Hilfe die volumetrischen Säuren her.

Der Sättigungspunkt bei alkali- und azidimetrischen Titrationen gibt sich durch einen Farbenumschlag zu erkennen, der durch einen Indikator hervorgerufen wird.

Als Indikatoren verwendet man gewöhnlich Farbstoffe von mehr oder weniger saurem Charakter — es gibt auch einige wenige schwach basische Indikatoren —, die im undissoziierten Zustande eine andere Farbe besitzen wie die Anionen ihrer stark dissoziierten Alkalisalze (siehe Ionentheorie S. 59).

Die gebräuchlichsten Indikatoren sind Phenolphthalein, Lackmus und Methylorange, die aber nach ihrem chemischen Charakter nicht alle gleich verwendbar sind. Für alkalimetrische Alkaloidbestimmungen eignet sich Methylrot. Man verwendet ihre alkoholische oder wässerige Lösung, von der man einige Tropfen der zu titrierenden Lösung zusetzt.

Phenolphthalein. ein weißes Pulver, wird meist in 1 prozentiger verdünnt-alkoholischer Lösung verwandt. In saurer und neutraler Lösung bleibt es unverändert farblos (undissoziiert), durch Basen wird es rot gefärbt (dissoziiert). Der Endpunkt der Sättigungsanalyse gibt sich also durch Umschlag von farblos in Rot oder umgekehrt zu erkennen. Bedingung für einen deutlichen und raschen Farbenumschlag ist die Gegenwart starker Basen.

Phenophthalein eignet sich nicht zur Bestimmung von Ammoniak und Karbonaten, dagegen zum Titrieren schwacher und organischer Säuren mit starken Laugen.

Methylorange (s. S. 195), ein rötlichgelber Azofarbstoff, wird in 0,1 proz. wässeriger Lösung verwandt. Die Umschlagfarbe ist weingelb (dissoziiert) durch Laugen, rot (undissoziiert) durch Säuren.

Methylorange eignet sich zum Titrieren schwacher Basen, wie Ammoniak, ferner von Karbonaten mit starken Säuren. Organische Säuren lassen sich mit Methylorange nicht titrieren.

In der Mitte beider genannter Indikatoren steht Lackmus, das durch Säuren rot gefärbt wird und für beide Fälle gleich gut verwandt werden kann.

Da Kalium- und Natriumhydroxyd stets karbonathaltig sind, so wird der Titer der volumetrischen Kali- oder Natronlauge gegen Phenolphthalein, Methylorange und Methylrot verschieden sein. Er ist für jeden Indikator besonders zu ermitteln und zu vermerken.

Das Wesen der Indikatoren findet eine Erklärung in der schon angedeuteten Ionentherorie bzw. der Umlagerungstheorie, welch letztere den Farbenumschlag mit einer Umlagerung der Atombindungen erklärt.

Durch Titration mit Laugen erfährt man nur den Säuregehalt einer Lösung, dagegen nicht die Stärke einer Säure, den Säuregrad (S. 61). d. i. die auf dem Dissoziationsgrad beruhende H-Ionenkonzentration, die auch als Wasserstoffzahl bezeichnet wird. Die durch Laugen meßbare Azidität wird Titrier- oder potentielle Azidität genannt im Gegensatz zur aktuellen Azidität, der H-Inonenkonzentration. Diese letztere kann u. a. bestimmt werden durch Messung der elektrischen Leitfähigkeit, ferner mit Hilfe kinetischer oder katalytischer Methoden, darauf beruhend, daß gewisse chemische Vorgänge, wie die Inversion von Rohrzucker, die Verseifung von Estern, von der H-Ionenkonzentration beeinflußt werden. Am einfachsten geschieht die Bestimmung auf kolorimetrischem oder indikatorischem Wege unter Benutzung bestimmter Farbstoffindikatoren, deren jeder innerhalb eines gewissen H-Ionenkonzentrations-Intervalles sein Umschlaggebiet besitzt. Zur schnellen Orientierung leistet Mercks Universal-Indikatorpapier mit Farbskala gute Dienste.

Die H-Inonenkonzentration wird in Grammion $= 1,008$ g je Liter angegeben. Da sie sich unter 1 über 14 Zehnerpotenzen hinaus erstreckt, bedient man sich als Ausdrucksform der aktuellen Azidität des negativen dekadischen Logarithmus der $H^{.}$-Konzentration und bezeichnet ihn als den Wasserstoffexponenten p_H (Sörensen 1909).

$$p_H = - \log [H^{.}].$$

3 p_H bedeutet also $= 10^{-3} \cdot 1{,}008$ g/l H-Ionen.

7 p_H gilt als Neutralpunkt. Werte unter 7 bezeichnen das saure, über 7 das alkalische Gebiet.

Die oben bereits besprochene Indikatorentheorie — die Benutzung und Auswahl geeigneter Farbstoffindikatoren bei den Sättigungsanalysen — erfährt bei Betrachtung der aktuellen Azidität ihre besondere Beleuchtung.

Oxydations- und Reduktionsanalysen. Kaliumdichromat, das durch mehrmaliges Umkristallisieren analysenrein zu erhalten ist und nach mehrstündigem Trocknen bei 130° durch Auflösen von $^1/_6$ G.-Mol. (s. o.) zu 1 Liter eine genaue Normallösung liefert, kann als Grundlage der hierher gehörenden, vom Arzneibuch oft angewandten Jodometrie dienen.

Kaliumdichromat macht bei Gegenwart von Salzsäure aus Kaliumjodid in der Kälte alles Jod frei:

$$K_2Cr_2O_7 + 6\,KJ + 14\,HCl \rightarrow 2\,CrCl_3 + 8\,KCl + 7\,H_2O + 6\,J$$

| Kalium-dichromat | Kalium-jodid | Chlor-wasserstoff | Chromi-chlorid | Kalium-chlorid | Wasser | Jod |

Das ausgeschiedene Jod wird weiterhin durch Natriumthiosulfat gebunden:

$$2\,J + 2\,Na_2S_2O_3 \rightarrow 2\,NaJ + Na_2S_4O_6$$

| Jod | Natrium-thiosulfat | Natrium-jodid | Natriumtetra-thionat |

Auf diesen beiden Vorgängen beruht die Jodometrie, sie stellt im ersten Verlauf eine Oxydations-, im letzten Verlauf eine Reduktionsmethode dar.

Alle Stoffe nun, die aus Kaliumjodid Jod frei machen, wie Eisenoxydsalze, Chlor, Wasserstoffsuperoxyd usw., können auf jodometrischem Wege bestimmt werden.

Das Natriumthiosulfat ist, wie schon erwähnt, wegen Feuchtigkeit usw. nicht in einer Form zu erhalten, daß man durch Abwägen und Lösen des Äquivalents eine Normallösung herstellen könnte. Man löst daher eine etwas größere Menge, als dem Äquivalent (s. o.) entspricht, mit ausgekochtem destilliertem Wasser zur Beseitigung der die Titerbeständigkeit beeinflussenden Kohlensäure zu 1 Liter auf. Die Titereinstellung erfolgt nun derart, daß man das durch ein bestimmtes Volumen Normal-Kaliumdichromatlösung aus einer mit Salzsäure angesäuerten Kaliumjodidlösung in Freiheit gesetzte Jod mit der Natriumthiosulfatlösung bis zur völligen Bindung titriert. Durch Verdünnen der Lösung bzw. Verstärken der Konzentration muß die Natriumthiosulfatlösung derart eingestellt werden, daß z. B. 10 ccm der letzteren 10 ccm Normal-Kaliumdichromatlösung entsprechen, wenn man eine genaue Normal-Natriumthiosulfatlösung erhalten will.

Bei Lösungen jedoch, deren Gehalt sich mit der Zeit ändert, wie bei der Natriumthiosulfatlösung infolge teilweiser Zersetzung unter Abscheidung von Schwefel und Bildung von Sulfit und Sulfat, oder wie bei den volumetrischen Laugen durch Aufnahme von Kohlensäure aus der Luft, hat die genaue Einstellung als Normallösung wenig Zweck. In solchen Fällen stellt man zweckmäßig nur den von Zeit zu Zeit nachzuprüfenden Faktor fest. Der Faktor gibt an, wieviel Kubikzentimeter der genauen Normallösung einem Kubikzentimeter der zu prüfenden Lösung entsprechen, und ist zugleich die Zahl, mit der die bei Titrationen verbrauchten Kubikzentimeter der fraglichen Lösung zu multiplizieren sind, um die Anzahl Kubikzentimeter einer genauen Normallösung zu erhalten.

Beispiel:

Zur Bindung des durch 10 ccm $N/_{10}$-Kaliumdichromatlösung ausgeschiedenen Jods sind 10,30 ccm etwa $N/_{10}$-Natriumthiosulfatlösung erforderlich. Die Natriumthiosulfatlösung ist also zu schwach, ihr Faktor ist gemäß der Gleichung:

$$10,30 : 10 = 1 : x = \mathbf{0,971}.$$

Auch die Urlösung, im vorliegenden Falle die Kaliumdichromatlösung, braucht nicht genau $N/_{10}$ zu sein. Es kann der der jeweiligen Arbeitsweise entsprechende Faktor für 1 g der fraglichen Substanz, in unserem Falle für 1 g Kaliumdichromat, der Berechnung zugrunde gelegt werden. Mit diesem Faktor wird die zur Herstellung der Urlösung genau abgewogene Menge Kaliumdichromat (a) multipliziert und durch die verbrauchte Zahl Kubikzentimeter Natriumthiosulfatlösung (b) dividiert.

Beispiel:

Eine genau gewogene Menge Kaliumdichromat (a) wird zu $^1/_2$ Liter gelöst. Von dieser Lösung werden 20 ccm zur Einstellung der Natriumthiosulfatlösung verwandt. Der Faktor ist in diesem Falle **8,16** nach folgender Berechnung:

In einer genau $N/_{10}$-$K_2Cr_2O_7$-Lösung sind 2,4518 g Kaliumdichromat zu 500 ccm gelöst. Demnach ist der Faktor für 1 g $K_2Cr_2O_7$ bei Verwendung von 20 ccm Lösung zur Titration:

$$\frac{500}{2,4518 \cdot 25} = 8,16.$$

M. a. W.: 20 ccm einer Lösung von 1 g $K_2Cr_2O_7$/500 ccm entsprechen 8,16 ccm einer genau $N/_{10}$-Lösung.

Die Formel zur Berechnung des Wirkungswertes (Faktor) der Natriumthiosulfatlösung ist demnach bei obiger Arbeitsweise:

$$8,16 \cdot \frac{a}{b}.$$

In dieser Weise läßt das Deutsche Arzneibuch arbeiten. Zum gleichen Ergebnis kommt man, indem man durch Teilung der abgewogenen Menge

Kaliumdichromat durch dessen halbes Äquivalentgewicht — weil nur
$^1/_2$ Liter Lösung hergestellt wurde — den Faktor der Kaliumdichromatlösung ermittelt und mit diesem Faktor den Quotienten aus der Kubikzentimeterzahl der vorgelegten Kaliumdichromatlösung (als Dividend)
und der verbrauchten Kubikzentimeterzahl Natriumthiosulfatlösung (als
Divisor) multipliziert.

Beispiel:

2,5005 g $K_2Cr_2O_7$ werden zu $^1/_2$ Liter gelöst. Der Faktor dieser Lösung
ist:

$$\frac{2,5005}{2,4518} = 1,020.$$

20 ccm dieser Kaliumdichromatlösung erfordern 20,1 ccm Natriumthiosulfatlösung. Der Faktor dieser Natriumthiosulfatlösung ist dann:

$$\frac{1,020 \cdot 20}{20,1} = 1,015.$$

Mit der Normal-Natriumthiosulfatlösung stellt man die Normal-
Jodlösung ein, zu deren Herstellung etwas mehr als 1 G.-A. sublimiertes
Jod unter Zuhilfenahme von Kaliumjodid zu 1 Liter gelöst wird. Auch hier
begnügt man sich am besten mit der Ermittlung des Wirkungswertes, des
Faktors.

Beispiel der Titereinstellung einer $N/_{10}$-Jodlösung:

10 ccm der etwa $N/_{10}$-Jodlösung erfordern zur Bindung des Jods
10,40 ccm $N/_{10}$Natriumthiosulfatlösung mit dem Faktor: 0,969.

Der Faktor der Jodlösung ist dann:

$$\frac{10,40 \cdot 0,969}{10} = 1,008.$$

Die Jodlösung findet u. a. vor allem Verwendung zur Titration der
arsenigen und antimonigen Säure, wobei letztere beiden zu Arsen- bzw.
Antimonsäure oxydiert werden. Näheres siehe bei Liquor Kalii arsenicosi und Tartarus stibiatus.

Bei der Titereinstellung der Kaliumpermanganatlösung (Äquivalent-
verhältnis s. o.), die u. a. zweckmäßig mit Normal-Oxalsäurelösung oder
auch auf jodometrischem Wege gemäß den Gleichungen:

1a) $2\,KMnO_4 + 3\,H_2SO_4 \rightarrow K_2SO_4 + 2\,MnSO_4 + 5\,O + 3\,H_2O$

     Kaliumper-   Schwefel-   Kalium-   Mangan-   Sauer-   Wasser
     manganat   säure   sulfat   sulfat   stoff

1b) $5\;\begin{vmatrix} COO\,H \\ COO\,H \end{vmatrix} + 5\,O \rightarrow 5\,CO_2 + 5\,H_2O$

    Oxalsäure   Sauer-   Kohlen-   Wasser
           stoff   säure

2. $KMnO_4 + 5\,KJ + 8\,HCl \rightarrow MnCl_2 + 6\,KCl + 4\,H_2O + 5\,J$

    Kaliumper-   Kalium-   Chlor-   Mangano-   Kalium-   Wasser   Jod
    manganat   jodid   wasserstoff   chlorid   chlorid

geschehen kann, berechnet man oft den Gehalt nicht an Permanganat, sondern an der Menge Sauerstoff, die die Permanganatlösung in saurer Lösung liefert.

Bei der Titereinstellung mittels Oxalsäurelösung läßt man zu mit Schwefelsäure angesäuerter Normal-Oxalsäurelösung in der Siedehitze Kaliumpermanganatlösung so lange zuträufeln, bis keine Entfärbung mehr erfolgt.

Gemäß der Gleichung 1b entspricht 1 ccm Normal-Oxalsäurelösung

$$(^1/_2 \text{ G.-Mol. auf 1 Liter}) = \frac{16}{1000 \cdot 2} = 0,008 \text{ g Sauerstoff.}$$

Sind auf 25 ccm Normal-Oxalsäurelösung 24,5 ccm Kaliumpermanganatlösung verbraucht worden, so beträgt die Menge Sauerstoff, die 1 ccm der Permanganatlösung liefert, d. h. der Koeffizient dieser Lösung =

$$\frac{25 \cdot 0,008}{24,5} = 0,008163 \text{ g.}$$

Natürlich läßt sich der Wirkungswert (Faktor) der Permanganatlösung auch in oben geschilderter Weise berechnen und beträgt im vorstehenden Beispiel:

$$24,5 : 25 = 1 : x = 1,020.$$

Bei der Einstellung der Permanganatlösung auf jodometrischem Wege wird das durch ein bestimmtes Volumen, beispielsweise 20 ccm Kaliumpermanganatlösung aus angesäuerter Kaliumjodidlösung in Freiheit gesetzte Jod mit Normal-Natriumthiosulfatlösung bis zur völligen Bindung titriert.

Der Wirkungswert für Sauerstoff wird dann gemäß den Äquivalentverhältnissen:

$$O : 2\,J; \quad 2\,J : 2\,Na_2S_2O_3$$

Sauer-   Jod   Jod   Natrium-
stoff   thiosulfat

in gleicher Weise wie bei der Einstellung mit Oxalsäure berechnet:

$$\frac{\text{verbr. ccm genau N.-}Na_2S_2O_3\text{-Lösung} \cdot 0,008}{20} = \text{g Sauerstoff}$$

für 1 ccm Kaliumpermanganatlösung.

Ebenso berechnet sich der Faktor:

$$\text{Faktor } KMnO_4\text{-Lösung} = \frac{\text{verbr. ccm genau N.-}Na_2S_2O_3\text{-Lösung}}{20}.$$

Die Kaliumpermanganatlösung findet Verwendung zur Bestimmung der Oxydierbarkeit des Wassers, des aktiven Sauerstoffs z. B. in Sauerstoffbädern, zur Gehaltsbestimmung in Nitriten, ferner zur Bestimmung des Eisens. Diese letztere, bei der das Eisen in zweiwertiger Form (als Oxydulsalz) vorliegen muß, vollzieht sich nach folgender Gleichung:

$$2\,KMnO_4 + 10\,FeSO_4 + 8\,H_2SO_4 \rightarrow 2\,MnSO_4 + K_2SO_4 + 5\,Fe_2(SO_4)_3 + 8\,H_2O$$

Kaliumper-manganat   Eisen (II)-sulfat   Schwefel-säure   Mangan-sulfat   Kalium-sulfat   Eisen (III)-sulfat   Wasser

Aus der bei der Titration bis zur deutlichen Rotfärbung erforderlichen Anzahl Kubikzentimeter Kaliumpermanganatlösung wird der Eisengehalt berechnet, wobei gemäß den Äquivalenten der Gleichung 1 ccm Normal-Kaliumpermanganatlösung = 0,0558 g Fe anzeigt.

Unter die Oxydationsanalysen fallen auch die Bestimmungen mit der volumetrischen Kaliumbromatlösung. Gemäß der Gleichung:

$$KBrO_3 + 5\,KBr + 6\,HCl \rightarrow 6\,KCl + 6\,Br + 3\,H_2O,$$

Kalium-bromat   Kalium-bromid   Chlor-wasserstoff   Kalium-chlorid   Brom   Wasser

wie sie z. B. der Reaktion bei der Jodbromzahlbestimmung in Fetten zugrunde liegt, ist das Äquivalentgewicht des Kaliumbromats $= \dfrac{\text{Mol.-Gew.}}{6}$ Das Grammäquivalent zum l aufgelöst, ergibt die Normal-Kaliumbromatlösung.

Das Kaliumbromat kann sehr gut als Ursubstanz für eine Reihe der wichtigsten in der Maßanalyse benutzten volumetrischen Lösungen dienen, zumal es leicht analysenrein zu erhalten und seine Lösung lange haltbar ist.

Zu den Reduktionsanalysen zählen die Gehaltsbestimmungen mittels volumetrischer Arsenitlösungen, z. B. die Quecksilberbestimmung in Sublimatpastillen gemäß folgender Gleichung:

$$As_2O_3 + 2\,HgCl_2 + 2\,H_2O \rightarrow As_2O_5 + 4\,HCl + 2\,Hg$$

Arsenige Säure   Quecksilber-chlorid   Wasser   Arsen-säure   Chlor-wasserstoff   Queck-silber

Die Arsenitlösung wird gegen Normal-Jodlösung eingestellt; der chemische Vorgang hierbei entspricht genau dem bei der jodometrischen Gehaltsbestimmung im Liquor Kalii arsenicosi (s. d.).

Fällungsanalysen. Bei den Fällungsanalysen wird die zu titrierende Substanz durch die Titerflüssigkeit als unlösliche Verbindung abgeschieden. Der Endpunkt der Titration gibt sich entweder durch Farbreaktionen oder durch Fällungserscheinungen zu erkennen. Da, wo keine Farbreaktionen hervorgerufen werden können, bedient man sich der Tüpfelmethode, wobei man von Zeit zu Zeit während der Titration einen Tropfen der zu titrierenden Flüssigkeit auf einem Porzellanteller mit einem bestimmten Reagens zusammenbringt. Die Beendigung der Titration gibt sich durch Ausbleiben oder Eintreffen einer Farbenreaktion zu erkennen.

Von den hierher gehörenden Bestimmungsmethoden sei auf die Mohrsche Halogenbestimmung bei Kaliumbromid (s. d.), auf die Silberbestimmung im Silbernitrat und auf die Blausäurebestimmung im Bittermandelwasser (s. d.) verwiesen.

Kolorimetrie.

Die Kolorimetrie bezweckt die Bestimmung sehr kleiner, gewichts- oder maßanalytisch kaum mehr erfaßbarer Mengen (Eisen, Mangan usw.) oder solcher Stoffe, für die es geeignete andere Bestimmungsmethoden zur Zeit nicht gibt (Kreatinin im Fleischextrakt und im Harn usw.). In der Regel werden zwei Lösungen, die Probelösung mit dem zu bestimmenden Stoff und eine Vergleichslösung von bekanntem Gehalt des gleichen Stoffes mit gleichem Reagens einer gleichen Farbreaktion (z. B. Eisen-Rhodan-Reaktion) unterworfen und in ihrer Farbtiefe miteinander verglichen. An Stelle der Vergleichslösung mit gleichem Stoff werden aber auch Farbtypen anderer Stofflösungen oder bei den Kolorimetern Farbgläser (Standardfarbplatten) zum Vergleich herangezogen.

Approximativ, ohne besondere optische Geräte, läßt sich eine kolorimetrische Bestimmung in Meßzylindern gleichen Durchmessers und gleichen Farbtons durchführen. Man kann so verfahren, daß man in einem Zylinder die Probelösung, in anderen Zylindern Vergleichslösungen bekannten abgestuften Gehaltes der gleichen Farbreaktion unterwirft und nun bei gleicher Schichthöhe Probelösung und die Vergleichslösungen durch Betrachten von oben gegeneinander prüft. Die Probelösung wird den gleichen Gehalt derjenigen Vergleichslösung haben, die mit ihr gleiche Farbtiefe zeigt. Bequemer und nur mit einer einzigen Vergleichslösung kommt man mit Hilfe des „Beerschen" Gesetzes zum Ziele. Nach diesem Gesetz erscheinen zwei Lösungen eines färbenden Stoffes von verschiedener Konzentration gleich gefärbt, wenn ihre Schichttiefen sich umgekehrt verhalten wie ihre Konzentrationen:

$$C_1 : C_2 = H_2 : H_1$$

oder

$$C_1 \cdot H_1 = C_2 \cdot H_2$$

$$C_2 = \frac{C_1 \cdot H_1}{H_2}$$

$C_1 =$ Konzentration der Vergleichslösung.
$H_1 =$ Schichttiefe der Vergleichslösung.
$C_2 =$ Konzentration der Probelösung.
$H_2 =$ Schichttiefe der Probelösung.

Ist bei gleicher Schichttiefe, z. B. 50 ccm, die Vergleichsflüssigkeit (1) stärker gefärbt, so verringert man ihr Volumen soweit, bis Farbengleichheit herrscht, ist sie dagegen schwächer gefärbt, so vermehrt man ihr Volumen entsprechend.

Beispiel:

$$H_1 = 30 \text{ ccm}$$
$$H_2 = 50 \text{ ccm}$$
$$C_1 = 0{,}001 \,^0/_0$$

Dann ist:
$$C_1 \cdot 30 = C_2 \cdot 50$$
$$C_2 = \frac{0{,}001 \cdot 30}{50} = 0{,}0006 \,^0/_0$$

Für häufigere und genauere Messungen bedient man sich der Prä-
zisions-Kolorimeter. Die nach Art der Duboscq-Kolorimeter gebauten
Instrumente arbeiten nach dem Tauchprinzip. In zwei Flüssigkeitsbecher,
von denen der eine die Probelösung, der andere die Vergleichslösung aufnimmt, taucht je ein mehrkantiger unbeweglicher Tauchstab aus Kristall-
glas. Die verschiedene Schichttiefe wird dadurch erreicht, daß die Flüssigkeitsbecher durch einen Trieb gehoben und gesenkt werden können. Die
austretenden Strahlen werden mittels eines Hüfnerschen Prismas vereinigt; das Auge erblickt im Okular einen durch eine Trennungslinie in
zwei Hälften geteilten Kreis, der auf gleichen Farbenton durch Auf- und
Abbewegen der Flüssigkeitsbecher einzustellen ist. Das Resultat wird auf
Grund des Beerschen Gesetzes berechnet bzw. abgelesen.

Trotz aller apparativen Präzision haften den oben besprochenen kolori-
metrischen Bestimmungen mehr oder weniger die Mängel subjektiven
Empfindens an. Sie werden verstärkt u. a. durch den Umstand, daß Ver-
gleichs- und Probelösung im Farbenton oft Unterschiede zueinander
zeigen.

Einen wesentlichen Fortschritt bedeutet daher das photometrische
Meßverfahren. Bei ihm mißt man die zur Konzentration in gesetzmäßiger
Beziehung stehende Lichtabsorption der Probelösung für ein bestimmtes
Spektralgebiet. Die Photometrie arbeitet ohne Vergleichslösung (Absolute
Kolorimetrie). Nach beendeter Messung entnimmt man den Gehalt der
Probelösung einer Eichkurve oder -tabelle, die durch Messen einer Reihe
von Lösungen abgestuften bekannten Gehaltes aufgestellt ist, oder man
berechnet ihn mit Hilfe des Extinktionskoeffizienten, d. h. des

Quotienten: $\dfrac{\text{Extinktion}}{\text{Schichtdicke}}$.

<h1 style="text-align:center">Spezieller Teil.[1]</h1>

1. Liquor Natrii hypochlorosi — Natriumhypochloritlösung.

Darstellung. 20 g Chlorkalk mit mindestens 25 % wirksamem Chlor (DAB 6) werden mit 100 g Wasser in einem Mörser geschlämmt und dann in einem Gefäß mit einer kalten Lösung von 25 g kristallisiertem Natriumkarbonat — $Na_2CO_3 \cdot 10\ H_2O$ — in 500 g Wasser versetzt. Man schüttelt mehrmals kräftig um und filtriert nach völligem Absetzen.

Für Natriumkarbonat kann man auch 28 g kristallisiertes Natriumsulfat — $Na_2SO_4 \cdot 10\ H_2O$ — verwenden. Das Absetzen erfolgt hierbei schneller.

Betrachtung. Mit Ausnahme des Fluors kennt man von den Halogenen Sauerstoffverbindungen, die mehr oder weniger leicht zersetzlich sind. Die Zersetzlichkeit der Sauerstoff-Halogenverbindungen nimmt mit der Zunahme des Halogenatomgewichtes ab, während die Wasserstoff-Halogenverbindungen sich gerade umgekehrt verhalten.

Das Anhydrid der unterchlorigen Säure HClO, das Unterchlorigsäureanhydrid Cl_2O, entsteht beim Leiten von trockenem Chlorgas über Quecksilberoxyd:

$$2\ HgO + 4\ Cl \rightarrow Cl_2O + HgO \cdot HgCl_2$$

Quecksilber-   Chlor   Unter-   Quecksilberoxy-
oxyd   chlorig-   chlorid
säureanhydrid

Es ist bei gewöhnlicher Temperatur ein gelbbraunes Gas, das beim Einleiten in Wasser von diesem aufgenommen wird unter Bildung der unterchlorigen Säure:

$$Cl_2O + H_2O \rightarrow 2\ HClO$$

Unter-   Wasser   Unterchlorige
chlorig-   säure
säureanhydrid

Die unterchlorige Säure ist nur in wässeriger Lösung bekannt. Ihre Salze heißen Hypochlorite. Die Alkalisalze entstehen auch beim Einleiten von Chlor bei niederer Temperatur in Kali- oder Natronlauge:

$$2\ KOH + 2\ Cl \rightarrow KCl + KClO + H_2O$$

Kalium-   Chlor   Kalium-   Kalium-   Wasser
hydroxyd   chlorid hypochlorit

Durch vorsichtigen Zusatz einer äquivalenten Menge Salpetersäure wird hieraus die unterchlorige Säure in Freiheit gesetzt:

$$KClO + HNO_3 \rightarrow HClO + KNO_3$$

Kalium-   Salpeter-   Unter-   Kalium-
hypochlorit   säure   chlorige Säure nitrat

---

[1] Unter den bei der Prüfung der Präparate benannten Reagenzien, wie Kaliumferrozyanid-, Natriumhypophosphitlösung, sind, soweit nichts Besonderes bemerkt ist, die Reagenzien des Deutschen Arzneibuches zu verstehen.

In gleicher Weise entsteht beim Leiten von Chlor über die Base Kalziumhydroxyd (gelöschter Kalk) bei niederer Temperatur Chlorkalk:

$$2\,Ca(OH)_2 + 4\,Cl \rightarrow CaCl_2 . Ca{<}{OCl \atop OCl} + 2\,H_2O.$$

Kalzium-　　　　　Chlor　　　　　Chlorkalk　　　　　Wasser
hydroxyd

Der Chlorkalk, in halbierter　Formel $= Ca{<}{OCl \atop Cl}$, stellt im wesentlichen Bestandteil ein gemischtes Salz (Doppelsalz) von Kalziumchlorid und -hypochlorit dar. Ein Gemenge beider Komponenten kann nicht gut vorliegen, da dem Chlorkalk mit Alkohol das sonst in Alkohol lösliche Kalziumchlorid nicht entzogen werden kann. (Über Doppelsalze s. Alaun.)

Versetzt man eine Chlorkalkanreibung mit einer Natriumkarbonatlösung, so erfolgt sogleich Abscheidung von Kalziumkarbonat, und in Lösung gehen Natriumchlorid und Natriumhypochlorit. Aus diesen beiden Verbindungen besteht die Natriumhypochloritlösung:

$$Ca{<}{OCl \atop Cl} + {Na \atop Na}{>}CO_3 \rightarrow NaOCl + NaCl + CaCO_3$$

Chlorkalk　　　Natrium-　　　Natrium-　　　Natrium-　　　Kalzium-
　　　　　　　karbonat　　　hypochlorit　　chlorid　　　karbonat

Bei Verwendung von Natriumsulfat scheidet sich $CaSO_4$ — Gips — aus.

Eigenschaften. Natriumhypochloritlösung (Eau de Labarraque) bildet eine klare farblose Flüssigkeit, welche rotes Lackmuspapier zuerst bläut, später durch Bleichwirkung entfärbt. Sie findet Verwendung in der Mikroskopie zum Aufhellen der Schnitte, in der Analyse z. B. zur Unterscheidung der Arsen- von Antimonflecken (erstere werden gelöst), in der Medizin, vor allem aber im Haushalt als J a v e l l s c h e s　W a s s e r zu Bleichzwecken.

Unter J a v e l l s c h e m　W a s s e r verstand man ursprünglich eine K a l i u m hypochloritlösung, die als erste Bleichflüssigkeit im Jahre 1792 in Javelle bei Paris durch Einleiten von Chlor in Kaliumkarbonat-(Pottasche-) Lösung hergestellt wurde[1].

Unter dem Namen A n t i f o r m i n wird eine wässerige, natrium-

---

[1] Unter den Namen A k t i v i n, C h l o r a m i n, M i a n i n hat das 1905 von C h a t t a w a y zuerst dargestellte Natriumsalz des p--T o l u o l s u l f o c h l o r a - m i d s von der Formel: $CH_3 . C_6H_4 . SO_2NClH$ als Bleich-, Desinfektions-, analytisches Mittel usw. Bedeutung erlangt. Mit einem aktiven Chlorgehalt von rund 25 % verhält sich Aktivin (Chloramin) in seiner Wirkungsäußerung wie die Hypochlorite, ohne manche ihrer Nebenreaktionen zu zeigen:

a)　　　$CH_3 . C_6H_4 . SO_2 . NClNa \rightarrow CH_3 . C_6H_4 . SO_2 . NH_2 + NaOCl$
　　　p-Toluolsulfochloramidnatrium　　　　p-Toluolsulfamid　　　　Natrium-
　　　　　　　　　　　　　　　　　　　　　　　　　　　　　　　　hypochlorit

b)　　　　　$NaOCl \rightarrow NaCl + O$
　　　　Natrium-　Natrium-　Sauer-
　　　　hypochlorit　chlorid　stoff

Auch das Deutsche Arzneibuch benutzt Chloramin als Reagens an Stelle von Chlorwasser (s. Kaliumbromid).

hydroxydhaltige Natriumhypochloritlösung zur Anreicherung von Tuberkelbazillen im Sputum benutzt.

Die bleichende Wirkung ist eine Oxydationswirkung. Aus den Hypochloriten wird schon durch die Kohlensäure der Luft die unterchlorige Säure frei, welche weiterhin in folgender Weise zerfällt:

$$HClO \rightarrow HCl + O$$

Unter-   Chlor-   Sauer-
chlorige   wasser- stoff
Säure   stoff

Prüfung.

1. **auf unvollständige Umsetzung bei ungenügendem Zusatz von Natriumkarbonat:**

Durch Zusatz von Natriumkarbonatlösung zur Natriumhypochloritlösung darf keine weitere Fällung von Kalziumkarbonat erfolgen.

2. **Gehaltsbestimmung:**

Zur Bestimmung des wirksamen Chlors, d. h. des beim Versetzen mit Salzsäure aus dem Natriumhypochlorit frei werdenden Chlors, versetzt man 20 ccm Natriumhypochloritlösung mit einer Lösung von 1g Kaliumjodid in 20 ccm Wasser und säuert mit 20 Tropfen Salzsäure an. Jod scheidet sich aus, denn Chlor treibt Jod aus seinen Wasserstoffverbindungen aus (siehe Kaliumbromid S. 105). Das ausgeschiedene Jod löst sich in der überschüssigen Kaliumjodidlösung mit braunroter Farbe auf, es geht mit dem Kaliumjodid eine Verbindung ein von der Zusammensetzung KJ_3 ($KJ + J_2$), in der aber die beiden addierten Jodatome in mancher Hinsicht, z. B. Natriumthiosulfat gegenüber, den Charakter freien Jods bewahrt haben.

Jod und Natriumthiosulfat wirken derart aufeinander ein, daß letzteres neben Bildung von Natriumjodid zu Natriumtetrathionat oxydiert wird. Da beide Verbindungen farblos sind, kann man das Ende der Reaktion an dem Verschwinden der braunroten Jodfarbe erkennen.

Im weiteren Verlauf der Gehaltsbestimmung wird die braunrote Jod-Kaliumjodidlösung mit $N/_{10}$ - Natriumthiosulfatlösung ($^1/_{10}$ G.-Mol. $Na_2S_2O_3 \cdot 5\,H_2O$ = rund 25 g auf 1 Liter) bis zur fast eintretenden Entfärbung titriert, dann zur besseren Beobachtung des Reaktionsendpunktes mit Stärkelösung als Indikator (freies Jod färbt Stärke blau = Suspension des Jods im Stärkemolekül) versetzt und die blaue Lösung bis zur völligen Entfärbung zu Ende titriert. Es sollen mindestens 28 ccm $N/_{10}$-Natriumthiosulfatlösung erforderlich sein:

$$NaOCl + 2\,HCl \rightarrow NaCl + 2\,Cl + H_2O$$

Natriumhypo- Chlor-   Natrium- Wirk- Wasser
chlorit   wasserstoff chlorid sames
Chlor

$$2\,Cl + 2\,KJ \rightarrow 2\,KCl + 2\,J$$

Chlor Kalium-   Kalium-   Jod
jodid   chlorid

$$2\,J + 2\,Na_2S_2O_3 \rightarrow Na_2S_4O_6 + 2\,NaJ$$

Jod Natriumthio- Natriumtetra- Natrium-
sulfat   thionat   jodid

Gemäß den Gleichungen ist ein Mol. Natriumthiosulfat einem Atom Jod und einem Atom Chlor äquivalent.

$$1 \text{ Liter } N/_{10}\text{-}Na_2S_2O_3\text{-Lösung entspricht}$$
$$= {}^1/_{10} \text{ Atomgewicht Jod} = 12{,}69 \text{ g J}$$
$$= (1 \text{ J} = 1 \text{ Cl}) \qquad = 3{,}54 \text{ g Cl}$$
$$1 \text{ ccm } N/_{10}\text{-}Na_2S_2O_3\text{-Lösung entspricht} \qquad = 0{,}00354 \text{ g Cl.}$$

Der Prozentgehalt an wirksamem Chlor in der Natriumhypochloritlösung soll mithin mindestens betragen:

$$28 \cdot 0{,}00354 \cdot 5 = \mathbf{0{,}5}.$$

2. Sirupus Ferri jodati — Jodeisensirup.

Darstellung. In einen etwa 200 ccm fassenden Erlenmeyer-Kolben bringt man 12 g gepulvertes Eisen, übergießt mit 50 g Wasser und setzt dieser Mischung unter stetem Umschwenken und bei allzu heftiger Wärmeentwicklung unter Kühlen durch Eintauchen des Kolbens in kaltes Wasser 41 g Jod in kleinen Anteilen zu. Am Rand sitzengebliebene Jodteilchen müssen sorgfältig heruntergespült werden. Die Reaktion ist dann beendet, wenn keine braunroten Jodteilchen mehr wahrzunehmen sind und das Reaktionsprodukt grünlichschwarz geworden ist. Man filtriert die grünliche Lösung in eine Flasche, die 850 g Zuckersirup enthält, bringt das überschüssige, nicht in Reaktion getretene Eisen ebenfalls aufs Filter und wäscht mittels einer Spritzflasche Kolben und Filterrückstand so lange mit kleinen Teilen Wasser nach, bis das Gewicht des Sirups 1000 g beträgt.

Man füllt den Sirup, der vollständig farblos sein muß, in etwa 50 ccm fassende weiße Gläser bis dicht unter den Kork unter Vermeidung einer größeren Luftschicht zwischen Flüssigkeitsoberfläche und Kork und setzt ihn am besten durch Aufhängen am Fenster dem direkten Sonnenlicht aus. Zur Erhöhung der Haltbarkeit empfiehlt es sich auch, den Sirup vor dem Einfiltrieren der Eisenjodürlösung mit einer ganz konzentrierten wässerigen Lösung eines Körnchens Zitronensäure zu schütteln. Bei unpassender Aufbewahrung erfolgt Jodausscheidung (Oxydation), welche den Sirup gelb bis braunrot färbt.

Betrachtung. Zwei Atome Jod verbinden sich mit einem Atom Eisen additiv zu einem Molekül Eisen(II)jodid (Eisenjodür, Ferrojodid):

$$2 \text{ J} + \text{Fe} \rightarrow \text{FeJ}_2$$
Jod   Eisen Eisenjodür

Jod bildet mit Fluor, Chlor und Brom die Gruppe der Halogene, so genannt, weil diese Elemente sich direkt mit Metallen zu Salzen verbinden. Die Neigung der Halogene, mit anderen Elementen sich zu verbinden, die chemische **Affinität**, erstreckt sich auch auf Metalloide[1], z. B. Phosphor.

Die Reaktion zwischen Jod und Eisen ist, wie gesehen, von einer großen Wärmeentwicklung begleitet, wie es denn überhaupt ein wesentliches Merkmal eines chemischen Prozesses ist, von einem **kalorischen Effekt** begleitet zu sein, entweder von Wärmeentwicklung (**exothermer Vorgang**) oder von Wärmeabsorption (**endothermer Vorgang**). Wir haben es hier mit einem exothermen Vorgang zu tun.

Prüfung.

1. **auf Chlorid und Bromid** (von Beimengungen des Jods herrührend):

Eine Mischung von 1 g Jodeisensirup mit 50 g Wasser versetzt man nach dem Ansäuern mit Salpetersäure mit Silbernitratlösung. Der hierbei entstehende gelbe Niederschlag von Silberjodid:

$$2\,AgNO_3 + FeJ_2 \rightarrow 2\,AgJ + Fe(NO_3)_2$$

Silbernitrat   Eisenjodür   Silber-   Ferronitrat
jodid

wird auf einem Sammelfilter gut ausgewaschen und dann mit 5 ccm Ammoniakflüssigkeit kräftig durchgeschüttelt und filtriert. Silberjodid ist in Ammoniak unlöslich, während die Silberhaloide des Chlors und Broms löslich sind, sich aber beim Ansäuern mit Salpetersäure wieder ausscheiden. Im Filtrat darf daher beim Übersättigen mit Salpetersaure keine Fällung eintreten, schwache Trübung ist erlaubt. Der Zusatz der Salpetersäure vor dem Versetzen mit Silbernitratlösung geschieht zur Vermeidung von Nebenreaktionen bei der Umsetzung zwischen Eisenjodür und Silbernitrat.

2. **Gehaltsbestimmung:**

5 g Jodeisensirup werden in einem etwa 200 ccm fassenden Erlenmeyer-Kolben mit eingeschliffenem Glasstopfen mit 4 g Eisenchloridlösung versetzt und 1 bis $1^1/_2$ Stunden verschlossen stehengelassen. Es findet Jodausscheidung statt, indem das Ferrichlorid oxydierend auf Ferrojodid einwirkt, selbst hierbei eine Reduktion zu Ferrosalz erfahrend. Näheres über die Oxydationswirkung der Ferrisalze s. S. 62.

Die Umsetzung zwischen Ferrichlorid und Ferrojodid läßt sich wie folgt formulieren:

$$2\,FeCl_3 + FeJ_2 \rightarrow 3\,FeCl_2 + 2\,J \quad (\text{s. S. 62}).$$

Ferrichlorid   Ferro-   Ferrochlorid   Jod
jodid

---

[1] Eine scharfe Grenze zwischen Metallen und Metalloiden läßt sich nicht ziehen, als letztere bezeichnet man die nichtmetallischen Elemente. Als wichtigster chemischer Unterschied mag der gelten, daß die Sauerstoffverbindungen der Metalle vorwiegend basischen, die der Metalloide sauren Charakter haben.

Hierauf verdünnt man mit 100 ccm Wasser und 10 ccm Phosphorsäure und fügt 1 g Kaliumjodid hinzu. Es entsteht eine tiefrote Lösung, in der die Verbindung KJ_3 angenommen wird (s. Gehaltsbestimmung der Natriumhypochloritlösung). Durch die Phosphorsäure wird die Oxydationswirkung des überschüssigen Eisenchlorids gegenüber dem Kaliumjodid ($FeCl_3 + KJ \rightarrow FeCl_2 + KCl + J$) aufgehoben.

Die Jod-Kaliumjodidlösung wird mit $N/_{10}$-Natriumthiosulfatlösung bis zur fast eintretenden Entfärbung titriert, dann zur besseren Beobachtung des Reaktionsendpunktes mit Stärkelösung versetzt und die blaue Lösung bis zur völligen Entfärbung zu Ende titriert. Es sollen 15,8 bis 16,2 ccm der Lösung verbraucht werden, der Gehalt des Jodeisensirups an Jod soll etwa 4,1 % betragen (s. Natriumhypochloritlösung).

Beispiel:
Zur Titration sind 16 ccm $N/_{10}$-Natriumthiosulfatlösung verbraucht.
1 ccm $N/_{10}$-Natriumthiosulfatlösung entspricht $= 0,01269$ g Jod. Der Prozentgehalt an Jod beträgt demnach:

$$\frac{16 \cdot 0,01269 \cdot 100}{5 \text{ (angewandte Menge)}} = 4,06.$$

3. Liquor Kalii acetici — Kaliumazetatlösung.

Darstellung. In eine geräumige Porzellanschale bringt man 500 g verdünnte Essigsäure und fügt allmählich in kleinen Anteilen unter Umrühren 250 g Kaliumbikarbonat zu. Die Umsetzung erfolgt unter lebhafter Kohlensäureentwicklung. Vor jedem neuen Zusatz von Kaliumbikarbonat wartet man die völlige Zersetzung der vorher zugegebenen Menge ab. Sobald die Kohlensäureentwicklung nachgelassen hat, erhitzt man die Flüssigkeit zum Sieden, um die gelöste Kohlensäure gänzlich auszutreiben, neutralisiert die noch warme Lösung, falls sie sauer reagiert, mit Kaliumbikarbonat, falls sie alkalisch reagiert, mit verdünnter Essigsäure und verdünnt sie alsdann mit Wasser auf die Dichte von $1{,}176-1{,}180 \frac{15°}{15°}$ bzw. die Dichte $1{,}172-1{,}176 \frac{20°}{4°}$ (DAB 6).

Betrachtung. Eine stärkere Säure treibt eine schwächere aus ihren Verbindungen aus.

Zum Verständnis dieser und vieler anderer Erscheinungen ist es notwendig, auf die Natur einer Säure, einer Base und eines Salzes näher einzugehen und die Ionentheorie etwas eingehender zu besprechen, die die so vielfältigen chemischen Erscheinungen und Reaktionen heute am besten zu erklären vermag.

Chemisch reines Wasser leitet den elektrischen Strom fast gar nicht. Löst man aber in dem Wasser eine Säure, eine Base oder ein Salz auf, so wird die Lösung je nach der Natur des gelösten Stoffes und der Menge des Lösungsmittels den elektrischen Strom mehr oder weniger stark leiten. Der Schwede S v a n t e A r r h e n i u s (1859—1927) stellte 1887 die Hypothese auf, daß die Stoffmoleküle in der leitenden Lösung in kleinste negativ und positiv elektrisch geladene Teilchen — Ionen — zerfallen, der Stoff ionisiert oder dissoziiert.

Leitet man nun einen elektrischen Strom in eine solche leitende Lösung, so wird der positiv geladene P o l oder E l e k t r o d e, die sogenannte A n o d e, auf die negativ geladenen Ionen, die A n i o n e n, die negativ geladene Elektrode, die K a t h o d e, auf die positiv geladenen Ionen, die K a t i o n e n, eine Anziehung, auf die gleichartig geladenen Ionen aber eine Abstoßung ausüben. Die Ionen wandern also (daher der Name Ionen, besser Ionten) in entgegengesetzter Richtung, und zwar die Kationen zur Katode, die Anionen zur Anode hin. Sobald das angezogene Ion die Elektrode berührt, gibt es seine Ladung ab, geht in den atomistischen Zustand über und scheidet sich ab. Auf dieser Wanderung der Ionen allein beruht die Stromleitung durch Flüssigkeiten, die Ionen sind gleichsam als die Transporteure der Elektrizität durch die Flüssigkeit anzusehen.

Einen solchen Vorgang nennt man E l e k t r o l y s e, die diese Zersetzung zeigenden Stoffe selbst E l e k t r o l y t e n, die man auch als L e i t e r z w e i t e r K l a s s e bezeichnet, da sie im Gegensatz zu den Metallen, den L e i t e r n e r s t e r K l a s s e, den elektrischen Strom nur unter eigener Zersetzung leiten.

In einer wässerigen Chlorwasserstofflösung haben wir folgendes System:

$$HCl \rightarrow H^{\cdot} + Cl'$$

Das Kation bezeichnet man mit einem Punkt, das Anion mit einem Strich.

Demgemäß scheidet sich bei der Elektrolyse der Salzsäure Wasserstoff an der Kathode, Chlor an der Anode ab.

In der Lösung einer Base ist das System folgendes:

$$KOH \rightarrow K^{\cdot} + OH'$$

Die Salzbildung aus Base und Säure im Sinne der Ionentheorie erfolgt folgendermaßen:

$$H^{\cdot} + Cl' + K^{\cdot} + OH' \rightarrow K^{\cdot} + Cl' + H_2O$$

<table>
<tr><td>Chlor-
wasserstoff</td><td>Kalium-
hydroxyd</td><td>Kalium-
chlorid</td><td>Wasser</td></tr>
</table>

In einer Salzlösung bilden demnach die Metallionen die Kationen, die Säurerestionen die Anionen.

Gemäß der V a l e n z, d. i. Wertigkeit der Elemente, gibt es ein- und mehrwertige Ionen:

$$K^{\cdot} + Cl' \qquad Zn^{\cdot\cdot} + SO_4'' \qquad Bi^{\cdots} + 3\,NO_3'$$

<table>
<tr><td>Kaliumchlorid
2 einwertige Ionen</td><td>Zinksulfat
2 zweiwertige
Ionen</td><td>Wismutnitrat
1 dreiwertiges Kation
3 einwertige Anionen</td></tr>
</table>

Die zweiwertigen Ionen vermögen die doppelte, die dreiwertigen Ionen die dreifache elektrische Ladung auf sich zu nehmen wie die einwertigen Ionen.

Wie wir sahen, bildet Salzsäure $H^{\cdot}$-Ionen, die Base Kaliumhydroxyd OH'-Ionen. Diese $H^{\cdot}$- bzw. OH'-Ionen sind es nun, die den Charakter einerseits einer Säure, andererseits einer Base bedingen, blaues Lackmuspapier röten, rotes Lackmuspapier bläuen. Säuren sind solche Stoffe, die in wässeriger Lösung $H^{\cdot}$ Ionen, Basen solche, die OH'-Ionen liefern.

Der Zerfall eines Stoffmoleküls in seine Ionen ist in den seltensten Fällen ein vollständiger, meist bleibt ein mehr oder weniger großer Teil undissoziiert, und zwischen dem undissoziierten und dissoziierten Teil tritt ein Gleichgewicht ein:

$$HCl \rightleftarrows H^{\cdot} + Cl',$$

das sich beim Verdünnen der Lösung nach rechts, also zugunsten des dissoziierten Anteils, bei stärkerer Konzentration nach links verschiebt. In einem bestimmten Volumen ist die Ionenkonzentration verschiedener Stoffe durchaus verschieden und ganz von der Natur des Stoffes abhängig. Da nun aber die Anzahl der $H^{\cdot}$- bzw. OH'-Ionen in einem bestimmten Volumen es ist, die die Stärke einer Säure oder einer Base bedingt, so sind das die stärksten Säuren und Basen, die am meisten dissoziiert sind, d. h. für ein bestimmtes Volumen die größte Zahl $H^{\cdot}$ bzw. OH'-Ionen bilden.

Unsere anorganischen Reaktionen sind Ionenreaktionen, welche im Gegensatz zu den langsam vor sich gehenden Molekularreaktionen bei organischen Prozessen augenblicklich erfolgen und stets in der Richtung verlaufen, in der der am wenigsten dissoziierte Stoff entsteht. Die Neutralisation zwischen Säure und Base ist darum nichts weiter als die Bildung des nur äußerst wenig dissoziierten Wassermoleküls:

$$K^{\cdot} + \boxed{OH' + H^{\cdot}} + Cl' \rightarrow H_2O + K^{\cdot} + Cl'$$

Kalium-hydroxyd	Chlor-wasserstoff	undissoz. Wasser	Kalium-chlorid

Die Umsetzung zwischen Kochsalz und Silbernitrat im Sinne der Ionentheorie ist folgende:

$$Na + \boxed{Cl' + Ag^{\cdot}} + NO_3' \rightarrow AgCl + Na^{\cdot} + NO_3'$$

Natrium-chlorid	Silbernitrat	Silberchlorid scheidet sich aus, da fast unlöslich	Natrium-nitrat

So wird es auch verständlich, daß eine stärkere Säure eine schwächere aus ihren Verbindungen austreibt. Bringt man zu dem Salz einer schwächeren Säure, in unserem Falle Kaliumbikarbonat, eine stärkere Säure, Essigsäure, so werden die $H^{\cdot}$-Ionen der letzteren sich mit den

---

1 Eine völlige Unlöslichkeit gibt es nicht. Jeder Stoff, sei es auch chemisch nicht nachweisbar, ist zu einem geringen Teil löslich. Diese Voraussetzung ist zum Verständnis für unsere Ionenreaktion unbedingt erforderlich, wie wir auch später noch sehen werden.

Anionen des Salzes, hier den Kohlensäurerestionen, zu der weniger dissoziierten oder schwächeren Säure, der Kohlensäure, vereinigen, und letztere wird sich, wenn gar unlöslich oder unbeständig, ausscheiden oder zersetzen (s. auch S. 76 ff.).

Die Umsetzung bei unserem Präparate zwischen Kaliumbikarbonat (Kaliumhydrogenkarbonat) und Essigsäure ist als Ionenreaktion folgendermaßen zu formulieren:

$$K^{\cdot} + \boxed{HCO_3' + H^{\cdot}} + CH_3COO' \rightarrow H_2CO_3 + CH_3COO' + K^{\cdot}$$

Hydrat des
Kohlendioxyds

$$H_2CO_3 \text{ zerfällt sofort in } H_2O + CO_2$$

Wasser   Kohlen-
dioxyd-
entweicht

Im Anschluß hieran sei noch die bei der Gehaltsbestimmung des Jodeisensirups spielende Umsetzung zwischen Ferrichlorid und Ferrojodid im Lichte der Ionentheorie, die uns noch häufiger beschäftigen wird, wiedergegeben:

Das Eisen kommt, wie später noch gezeigt wird, in zwei- und dreiwertiger Form vor. Demgemäß kennt man vom Eisen zwei- und dreiwertige Ionen, Fe·· und *Fe···*. Die Oxydationswirkung[1] der Ferrisalze (Eisen [III] Salze) kommt allein dem dreiwertigen Ferriion zu, welches eine positive Ladung abzugeben vermag, um in das zweiwertige Ferroion überzugehen. Kommt nun mit einem Ferriion ein Anion, z. B. das Jodion, in Berührung, welches seine negative Ladung wenig festhält und sie gern abgibt, so findet Elektroneutralisation statt, d. h. Jod scheidet sich aus:

$$Fe^{\cdot\cdot} \overset{\boxed{'}}{+} J \rightarrow Fe^{\cdot\cdot} + J$$

Wir sahen weiter, daß sich das ausgeschiedene Jod in Kaliumjodidlösung mit braunroter Farbe zu der Verbindung KJ_3 löst, daß aber die beiden addierten Jodatome in mancher Hinsicht, z. B. Natriumthiosulfat gegenüber, den Charakter freien Jods bewahrt haben. Wir müssen demnach folgendes Gleichgewicht annehmen:

$$K^{\cdot} + J' + J_2 \rightleftarrows K^{\cdot} + J_3'$$

Es bilden sich also J_3'-Ionen. Mit Natriumthiosulfat tritt aber nur das freie Jod in Reaktion. In dem Maße nun, wie letzteres durch Natriumthiosulfat gebunden wird, wird eine Verschiebung des Gleichgewichts nach links erfolgen, d. h. es wird alles Jod gebunden werden.

---

[1] Die frühere Definition für Oxydation und Reduktion als Sauerstoffaufnahme bzw. -abgabe gewinnt nun eine andere Form, denn wir sehen ja an diesem Beispiel, daß bei Oxydationen und Reduktionen gar kein Sauerstoff bzw. Wasserstoff beteiligt zu sein braucht. Oxydationsmittel sind Stoffe, die in wässeriger Lösung positive Ladung abzugeben oder negative Ladung aufzunehmen vermögen; Reduktionsmittel verhalten sich umgekehrt, sie nehmen positive Ladung auf oder geben negative Ladung ab. In unserem Falle ist Fe··· das oxydierende, J' das reduzierende Agens.

Nach der heutigen **Atomtheorie**, die die Atome als komplizierte, einem Planetensystem vergleichbare Gebilde ansieht, in denen negative Elektronen um einen positiven Kern kreisen, beruht die elektrolytische Dissoziation eines Stoffes, z. B. des Chlorwasserstoffs, darauf, daß das Wasserstoffatom ein Elektron abgibt und damit zum Kation wird, während das Chloratom dieses Elektron aufnimmt und zum Anion wird.

Eigenschaften. Kaliumazetatlösung ist klar, farblos und reagiert gegen Lackmus, nicht aber gegen Phenolphthalein, schwach alkalisch.

Prüfung.

1. **Identitätsreaktion auf Kalium = $K^{\cdot}$-Ionen:**
Beim Versetzen mit Weinsäurelösung entsteht ein kristallinischer Niederschlag von Weinstein (Kaliumbitartrat):

$$\begin{array}{cccc} \text{COOH} & & \text{COOH} & \\ | & & | & \\ (\text{CHOH})_2 + \text{CH}_3\text{COOK} & \rightarrow & (\text{CHOH})_2 + \text{CH}_3\text{COOH} \\ | & & | & \\ \text{COOH} & & \text{COOK} & \\ \text{Weinsäure} & \text{Kaliumazetat} & \text{Kaliumbitartrat} & \text{Essigsäure} \end{array}$$

2. **Identitätsreaktion auf Essigsäure:**
Beim Versetzen mit Eisenchloridlösung entsteht eine tiefrote Färbung unter Bildung von Ferriazetat [1]:

$$3\,\text{CH}_3\text{COOK} + \text{FeCl}_3 \rightarrow (\text{CH}_3\text{COO})_3\text{Fe} + 3\,\text{KCl}$$
Kaliumazetat   Ferrichlorid   Ferriazetat   Kaliumchlorid

3. **auf Teerbestandteile:**
Der technisch aus dem rohen Holzessig gewonnenen Essigsäure haften bei ungenügender Reinigung die im ersteren vorhandenen empyreumatischen Stoffe noch an und geben sich schon durch einen brenzligen Geruch zu erkennen.

4. **auf Chloride, Sulfate und Schwermetallsalze:**
Sie kommen als Verunreinigungen beider Ausgangsmaterialien in Frage.

Eine Verdünnung des Präparates mit vier Teilen Wasser versetzt man zur Prüfung

a) **auf Chloride**
nach dem Ansäuern mit Salpetersäure (ohne Salpetersäurezusatz fällt Silberazetat aus) mit Silbernitratlösung. Chloride lassen weißes Silberchlorid ausfallen:

$$\text{KCl} + \text{AgNO}_3 \rightarrow \text{AgCl} + \text{KNO}_3$$
Kalium-   Silber-   Silber-   Kalium-
chlorid   nitrat   chlorid   nitrat

Opaleszenz und somit Spuren von Chloriden sind zulässig.

---

[1] Nach **Weinland** liegt die Ursache der Eisenchloridreaktion der Essigsäure in der Bildung einer Base von der Zusammensetzung $[\text{Fe}_3(\text{CH}_3 \cdot \text{COO})_6](\text{OH})_3$, deren komplexes (s. d.) Kation ziemlich beständig ist.

b) auf Sulfate

nach dem Ansäuern mit 1 ccm Salpetersäure mit Bariumnitratlösung. Es darf keine Veränderung eintreten. Bei Gegenwart von Sulfat entsteht ein weißer, in Säuren unlöslicher Niederschlag von Bariumsulfat:

$$K_2SO_4 + Ba(NO_3)_2 \rightarrow BaSO_4 + 2\,KNO_3$$

Kalium-   Bariumnitrat   Barium-   Kaliumnitrat
sulfat   sulfat

c) auf Schwermetallsalze

mit 3 Tropfen Natriumsulfidlösung[1]. Die meisten Schwermetallsalze fallen hierbei als meist dunkel gefärbte Sulfide aus:

$$Me\,Salz + Na_2S \rightarrow MeS + Na\,Salz$$

Natrium-   Metall-
sulfid   sulfid

4. Alumen — Alaun.

Darstellung. Man löst einerseits 66 g Aluminiumsulfat in 90 g heißem Wasser, andererseits 17 g Kaliumsulfat in 140 g Wasser, mischt beide Lösungen in einer Porzellanschale und läßt kristallisieren. Statt Kaliumsulfat kann auch ein anderes Kaliumsalz genommen werden, z. B. Kaliumchlorid; man nimmt in diesem Falle eine Lösung von 26 g Aluminiumsulfat in 40 g Wasser und eine solche von 4,5 g Kaliumchlorid in 14 g Wasser. Die Kristalle werden auf einem Filter gesammelt, oder besser auf einer Nutsche abgesaugt, bei mäßiger Wärme zwischen Filtrierpapier getrocknet und die Mutterlauge zur weiteren Kristallisation eingeengt.

Betrachtung. Alaun bildet sich, wenn Aluminiumsulfat mit einem beliebigen Kaliumsalz zusammentrifft. Die Umsetzung zwischen Aluminiumsulfat und Kaliumsulfat erfolgt nach folgender Gleichung:

$$Al_2(SO_4)_3 + K_2SO_4 + 24\,H_2O \rightarrow 2\,AlK(SO_4)_2 \cdot 12\,H_2O$$

Aluminiumsulfat   Kalium-   Wasser   Alaun
                   sulfat

Die Bildung aus Aluminiumsulfat und Kaliumchlorid läßt sich folgendermaßen formulieren:

a)
$$Al_2(SO_4)_3 + 6\,KCl \rightarrow 3\,K_2SO_4 + 2\,AlCl_3$$

Aluminium   Kalium-   Kalium-   Aluminium-
sulfat   chlorid   sulfat   chlorid

b)
$$3\,K_2SO_4 + 3\,Al_2(SO_4)_3 + 72\,H_2O \rightarrow 6\,AlK(SO_4)_2 \cdot 12\,H_2O$$

Kaliumsulfat   Aluminium-   Wasser   Alaun
              sulfat

Technisch wird der Alaun aus dem Alaunschiefer, einer mit Schwefelkies durchsetzten tonhaltigen Braunkohle, hergestellt. Alaun ist der Typus

---

[1] Natriumsulfid Na_2S ist als das Natriumsalz des Schwefelwasserstoffes H_2S aufzufassen, das den Charakter einer schwachen Säure hat. Die Natriumsulfidlösung ist haltbarer als Schwefelwasserstoffwasser und diesem in der Wirkung gleich. Beim Arbeiten in angesäuerten Lösungen wird ohnehin auf Grund des Gesetzes, daß stärkere Säuren schwächere Säuren aus ihren Verbindungen austreiben, Schwefelwasserstoff in Freiheit gesetzt.

der Doppelsalze, welche sowohl als natürlich vorkommende Mineralien, wie Karnallit $MgCl_2 \cdot KCl \cdot 6\,H_2O$, Dolomit $MgCa(CO_3)_2$ — hierher gehört auch der Alaunstein $K(AlO_3)_3(SO_4)_2$ —, als auch als künstliche Verbindungen, z. B. Pinksalz $SnCl_4 \cdot 2\,NH_4Cl$, weitverbreitet vorkommen. Die Doppelsalze sind Verbindungen, ihre Zusammensetzung ist eine konstante, die Vereinigung der Komponenten erfolgt nach bestimmten Gewichtsverhältnissen (Unterschied von Gemengen), trotz alledem sind die Eigenschaften der Komponenten erhalten geblieben, die wässerige Lösung gibt unverändert dieselben Ionenreaktionen (s. voriges Präparat) wieder, wie sie jede Komponente getrennt für sich gibt. Hierin unterscheiden sich die Doppelsalze von den komplexen Salzen, die in wässeriger Lösung andere Ionen haben als ihre Komponenten. Ihr bekanntester Vertreter, das Kaliumferrozyanid (gelbes Blutlaugensalz), zeigt keine Eisen- und Zyanreaktionen mehr, denn während Alaun

$$K_2SO_4 \cdot Al_2(SO_4)_3 \cdot 24\,H_2O = 2\,AlK(SO_4)_2 \cdot 12\,H_2O$$

seine ursprünglichen Ionen zeigt:

$$K^{\cdot} \qquad Al^{\cdots} \qquad SO_4'',$$

ist das Kaliumferrozyanid $K_4Fe(CN)_6$ wie folgt ionisiert:

$$K_4Fe(CN)_6 \rightarrow 4\,K^{\cdot} + \underset{\text{komplexes Ion}}{Fe(CN)_6''''}$$

Alaun im engeren Sinne ist das vorliegende Aluminium-Kaliumsulfat. Alaune im weiteren Sinne sind Doppelsalze, in denen das Aluminium durch andere dreiwertige Metalle, wie Chrom = Chromalaun, Eisen = Eisenalaun, das Kalium durch andere Alkalimetalle, Natrium, Rubidium, Zäsium oder Ammonium ersetzt ist.

Eigenschaften. Alaun kristallisiert mit 12 Molekülen Kristallwasser und bildet farblose, durchscheinende, oktaedrische Kristalle. Er löst sich in etwa 9 Teilen Wasser, in Weingeist ist er fast unlöslich. In wässeriger Lösung reagiert Alaun sauer.

Es ist jedenfalls eine merkwürdige Erscheinung, daß viele neutrale Salze in wässeriger Lösung sauer oder alkalisch reagieren, je nachdem eine schwache Base und eine starke Säure, oder umgekehrt eine starke Base und eine schwache Säure sich zu einem Salz vereinigt haben. Diese Erscheinung findet ihre Erklärung in der Ionentheorie (s. dort). Wasser ist, wenn auch nur außerordentlich gering, in $H^{\cdot}$- und OH'-Ionen gespalten, die in gleicher Zahl vorhanden sind und sich daher in ihrer Wirkung kompensieren. In einer wässerigen Aluminiumsulfatlösung haben wir folgende Ionen:

$$Al^{\cdots} \qquad HSO_4' \qquad SO_4'' \qquad H^{\cdot} \qquad OH'$$

Aluminiumhydroxyd $Al(OH)_3$ ist eine schwache Base. Es werden daher in obiger Lösung sich zuviel $Al^{\cdots}$-Ionen vorfinden, als das Gleichgewicht:

$$Al^{\cdots} + (OH)_3''' \rightleftarrows Al(OH)_3$$

verträgt. Die Aluminiumionen werden sich daher mit den OH'-Ionen des Wassers zu ungespaltenem Aluminiumhydroxyd vereinigen. Die Folge wird sein, daß H·-Ionen im Überschuß sind und den sauren Charakter bedingen, denn sie vermögen sich nicht mit den HSO_4'- bzw. SO_4''-Ionen zu ungespaltenen H_2SO_4-Molekeln zu vereinigen, da letztere Säure eine starke Säure, d. h. stark dissoziiert ist.

Ein Beispiel des umgekehrten Falles bildet das Kaliumzyanid KCN. In seiner wässerigen Lösung haben wir folgende Ionen:

$$K^· \quad CN' \quad H^· \quad OH'$$

Da Zyanwasserstoffsäure HCN eine schwache Säure ist, werden sich mehr CN'-Ionen vorfinden, als dem Gleichgewicht entspricht:

$$H^· + CN' \rightleftarrows HCN$$

Die CN'-Ionen verbinden sich mit den H·-Ionen des Wassers zu ungespaltenen HCN-Molekülen. Das Wasser nimmt daher, vermöge des Überschusses an OH'-Ionen alkalische Reaktion an, denn letztere verbinden sich nicht mit den K·-Ionen, weil KOH eine starke Base ist. Die Erscheinung, daß Wasser derartige Salze teilweise in freie Base und freie Säure spaltet, nennt man Hydrolyse, die Spaltung selbst hydrolytische Spaltung.

Prüfung. Die ersten drei Reaktionen sind Identitätsreaktionen auf die $Al^{···}$-, $K^·$- und SO_4''-Ionen. Eine wässerige Alaunlösung gibt:

1. als Identitätsreaktion auf Aluminium
mit Natronlauge einen weißen gallertartigen Niederschlag von Aluminiumhydroxyd, der sich in überschüssiger Natronlauge wieder löst:

$$Al_2(SO_4)_3 + 6\,NaOH \rightarrow 2\,Al(OH)_3 + 3\,Na_2SO_4$$

Aluminiumsulfat — Natriumhydroxyd — Aluminiumhydroxyd — Natriumsulfat

$$Al(OH)_3 + 3\,NaOH \rightarrow Al(ONa)_3 + 3\,H_2O$$

Aluminiumhydroxyd — Natriumhydroxyd — Natriumaluminat — Wasser

Das Aluminiumhydroxyd hat also sowohl den Charakter einer schwachen Base wie den einer schwachen Säure, aus dem Natriumsalz, dem Natriumaluminat, wird es bereits durch Kohlensäure oder Ammoniumchlorid wieder abgeschieden:

$$Al(ONa)_3 + 3\,NH_4Cl \rightarrow Al(OH)_3 + 3\,NaCl + 3\,NH_3$$

Natriumaluminat — Ammoniumchlorid — Aluminiumhxdroxyd — Natriumchlorid — Ammoniak

Stoffe, die zugleich Säuren- und Basencharakter äußern, nennt man amphoter.

2. als Identitätsreaktion auf Kalium
mit Weinsäurelösung innerhalb einer halben Stunde bei zeitweiligem kräftigem Schütteln einen kristallinischen Niederschlag von Weinstein (Kaliumbitartrat):

$$\begin{array}{ccc}
\text{COOH} & & \text{COOH} \\
| & & | \\
2\ (\text{CHOH})_2 + \text{K}_2\text{SO}_4 \rightarrow 2\ (\text{CHOH})_2 + \text{H}_2\text{SO}_4 \\
| & & | \\
\text{COOH} & & \text{COOK}
\end{array}$$

Weinsäure Kaliumsulfat Weinstein Schwefelsäure

3. als Identitätsreaktion auf Sulfate

mit Bariumnitratlösung einen weißen, in Säuren unlöslichen Niederschlag von Bariumsulfat:

$$\text{K}_2\text{SO}_4 + \text{Ba(NO}_3)_2 \rightarrow \text{BaSO}_4 + 2\ \text{KNO}_3$$

Kalium-   Bariumnitrat   Barium-   Kaliumnitrat
sulfat   sulfat

4. Identitätsreaktion:

Beim Erhitzen auf dem Platinblech schmilzt der Alaun zunächst im Kristallwasser und hinterläßt unter Verlust seines Kristallwassers eine voluminöse Masse $=$ den **gebrannten Alaun** $(\text{KAl(SO}_4)_2$ (Alumen ustum).

5. auf Schwermetallsalze:

Die wässerige, mit 3 Tropfen verdünnter Essigsäure angesäuerte Lösung $(1 + 19)$ darf durch 3 Tropfen Natriumsulfidlösung nach kräftigem Umschütteln nicht verändert werden. Kupfer, Blei, Zink usw. werden durch Natriumsulfid in essigsaurer Lösung als Sulfide gefällt $(\text{H}_2\text{S}$-Wirkung s. S. 64, Fußnote):

$$\text{CuSO}_4 + \text{H}_2\text{S} \rightarrow \text{CuS} + \text{H}_2\text{SO}_4$$

Kupfer-   Schwefel-   Kupfer-   Schwefel-
sulfat   wasserstoff   sulfid   säure

6. auf Kalziumsalze:

Die gleiche Lösung wie zu 5 darf durch 1 ccm Ammoniumoxalatlösung nicht verändert werden. Kalksalze fallen als weißes, in Essigsäure unlösliches, in starken Säuren, wie Salzsäure, lösliches Kalziumoxalat aus:

$$\text{Ca Salz} + \begin{array}{c}\text{COONH}_4 \\ | \\ \text{COONH}_4\end{array} \rightarrow \begin{array}{c}\text{COO} \\ | \\ \text{COO}\end{array}\!\!\Big\rangle\text{Ca} + \text{NH}_4\ \text{Salz}$$

Ammonium-   Kalzium-
oxalat   oxalat

7. auf Eisensalze:

Die mit einigen Tropfen Salzsäure versetzte wässerige Alaunlösung $(1 + 19)$ darf durch 0,5 ccm Kaliumferrozyanidlösung höchstens schwach gebläut werden. Eisenoxydsalze geben mit Kaliumferrozyanid Berlinerblau $=$ Ferriferrozyanid:

$$3\ \text{K}_4\text{Fe(CN)}_6 + 2\ \text{Fe}_2(\text{SO}_4)_3 \rightarrow \text{Fe}_4(\text{FeCy}_6)_3{}^* + 6\ \text{K}_2\text{SO}_4$$

Kaliumferrozyanid   Ferrisulfat   Ferriferrozyanid   Kaliumsulfat
                                  Berlinerblau

---

* Cy $=$ Abkürzung für CN.

8. auf Arsenverbindungen:

Ein Gemisch von 1 g gepulvertem Alaun und 3 ccm Natriumhypophosphitlösung darf nach viertelstündigem Erhitzen im siedenden Wasserbade keine dunklere Färbung annehmen.

Arsenverbindungen werden in salzsaurer Lösung — das Reagens ist salzsauer — von Natriumhypophosphit unter Abscheidung elementaren Arsens reduziert:

$$As_2O_3 + 3\ NaH_2PO_2 \rightarrow 3\ NaH_2PO_3 + 2\ As$$

| Arsenige Säure | Natriumhypophosphit | Natriumphosphit (primär) | Arsen |

$$As_2O_5 + 5\ NaH_2PO_2 \rightarrow 5\ NaH_2PO_3 + 2\ As$$

| Arsensäure | Natriumhypophosphit | Natriumphosphit (primär) | Arsen |

Natriumhypophosphit — NaH_2PO_2 — ist im Sinne der Substitution das neutrale Salz der einwertigen, stark reduzierenden unterphosphorigen Säure: H_3PO_2. Die phosphorige Säure — H_3PO_3 — ist zweiwertig und bildet demgemäß primäre und sekundäre Salze (s. S. 75).

9. auf Ammoniumsalz bzw. Ammoniakalaun (s.o.):

Übergießt man in einem Becherglase etwas Alaun mit Natronlauge und überdeckt dasselbe mit einem Uhrglase, das auf der Unterseite ein Stückchen mit Wasser angefeuchtetes gelbes Kurkumapapier trägt, so darf beim Stehen und beim Erwärmen keine Rotbraunfärbung des Kurkumapapiers eintreten, andernfalls findet Ammoniakentwicklung statt und läßt auf Gegenwart von Ammoniumsalzen schließen, da starke Basen aus letzteren Ammoniak in Freiheit setzen:

$$NH_4Al(SO_4)_2 \cdot 12\ H_2O + NaOH \rightarrow AlNa(SO_4)_2 \cdot 12\ H_2O + NH_3 + H_2O$$

| Ammoniakalaun | Natriumhydroxyd | Natriumalaun | Ammoniak | Wasser |

5. Liquor Kalii arsenicosi — Fowlersche Lösung.

Darstellung. In einem kleinen Kölbchen werden 1 g arsenige Säure, 1 g Kaliumbikarbonat und 2 g Wasser zusammengebracht und auf einer Asbestplatte bei kleiner Flamme bis zur völligen Lösung gekocht. Unter Kohlensäureentwicklung ist in wenigen Minuten völlige Lösung erzielt. Diese Lösung spült man mit so viel Wasser in eine Mischung von 3 g Lavendelspiritus und 12 g Weingeist, daß das Gesamtgewicht 100 g beträgt.

Betrachtung. Die Alkalisalze der arsenigen Säure leiten sich meist von der metarsenigen Säure ab. Die letztere unterscheidet sich von der arsenigen Säure durch ein Minus von 1 H_2O:

$$H_3AsO_3 - H_2O \rightarrow HAsO_2$$

| Arsenige Säure | Wasser | Metarsenige Säure |

So bildet auch der vorliegende Liquor eine Lösung von metarsenigsaurem Kalium = Kaliummetarsenit. Der Reaktionsverlauf ist folgender:

$$As_2O_3 + 2\,KHCO_3 \rightarrow 2\,KAsO_2 + 2\,CO_2 + H_2O$$

Arsenige   Kalium-   Kalium-   Kohlen-   Wasser
Säure   bikarbonat   metarsenit   säure

Das Arsentrioxyd[1] besitzt sowohl basische wie saure Eigenschaften. Die ersteren sind allerdings sehr schwach, in starken Säuren löst sich arsenige Säure, z. B. in Salzsäure, zu Arsentrichlorid $AsCl_3$, welches durch Wasser aber wieder in seine Komponenten gespalten wird. Die sauren Eigenschaften dagegen sind stärker; wie unser Präparat zeigt, vermag arsenige Säure Kohlensäure aus ihren Salzen zu vertreiben.

Eigenschaften. Fowlersche Lösung ist klar, farblos und reagiert infolge hydrolytischer Spaltung (s. dort) trotz eines geringen Gehaltes an ungebundener arseniger Säure alkalisch, da wir es mit einem Salze zu tun haben, das aus einer starken Base und einer schwächeren Säure zusammengesetzt ist. Der Gehalt an arseniger Säure beträgt rund 1 %.

Prüfung.

1. **Identitätsreaktion auf Arsen:**

Arsen gehört zu den Elementen, die aus schwach saurer Lösung durch Schwefelwasserstoff als Sulfide gefällt werden. Demgemäß gibt die mit Salzsäure angesäuerte Fowlersche Lösung mit Schwefelwasserstoffwasser oder Natriumsulfidlösung gelbe Fällung von Arsentrisulfid:

$$2\,KAsO_2 + 3\,H_2S + 2\,HCl \rightarrow As_2S_3 + 2\,KCl + 4\,H_2O$$

Kalium-   Schwefel-   Chlor-   Arsen-   Kalium-   Wasser
metarsenit   wasserstoff   wasser-   trisulfid   chlorid
stoff

2. **auf Arsentrisulfid:**

Letzteres kann in der arsenigen Säure als Verunreinigung auftreten und würde bei dem Darstellungsverfahren in Kaliumsulfarsenit übergehen und als solches dem Präparat beigemengt sein:

$$As_2S_3 + 4\,KHCO_3 \rightarrow K_3AsS_3 + KAsO_2 + 4\,CO_2 + 2\,H_2O$$

Arsensulfid   Kalium-   Kalium-   Kaliummet-   Kohlen-   Wasser
bikarbonat   sulfarsenit   arsenit   säure

Die durch Säure in Freiheit gesetzte Sulfosäure H_3AsS_3 ist unbeständig und zerfällt sofort in Schwefelwasserstoff und Arsentrisulfid:

a)
$$K_3AsS_3 + 3\,HCl \rightarrow H_3AsS_3 + 3\,KCl$$

Kaliumsulf-   Chlor-   Sulfarsenige   Kalium-
arsenit   wasserstoff   Säure   chlorid
unbeständig

b)
$$2\,H_3AsS_3 \rightarrow As_2S_3 + 3\,H_2S$$

Sulfarsenige   Arsen-   Schwefel-
Säure   trisulfid   wasserstoff

Der Schwefelwasserstoff würde dann weiter auf das Kaliummetarsenit im Sinne der Prüfung 1 einwirken.

Beim Versetzen der Fowlerschen Lösung mit Salzsäure darf daher keine gelbe Fällung oder Färbung eintreten.

---

[1] Der arsenigen Säure, auch Arsentrioxyd genannt, kommt bei gewöhnlicher Temperatur die Molekularformel As_4O_6 zu. As_2O_3 ist die empirische Formel (s. d.).

3. auf Arsensäure:

Arsenige Säure und deren Salze geben mit Silbernitrat einen gelben Niederschlag von Silberarsenit Ag_3AsO_3, Arsensäure und deren Salze einen rotbraunen Niederschlag von Silberarsenat Ag_3AsO_4. Beide Niederschläge sind in Salpetersäure und Ammoniakflüssigkeit löslich. Fowlersche Lösung soll daher nach dem Neutralisieren mit Salpetersäure mit Silbernitratlösung einen blaßgelben, aber keinen rotbraunen Niederschlag geben. Letzterer kann in einer alten Fowlerschen Lösung eintreten, in der mit der Zeit ein Teil des Kaliumarsenits durch Oxydation in Kaliumarsenat übergegangen ist.

4. Gehaltsbestimmung:

Oxydationsmittel, wie Chlor, Brom, Jod, Kaliumpermanganat usw., führen arsenige Säure As_2O_3 in Arsensäure As_2O_5 über. Auf dieser Eigenschaft basiert die Gehaltsbestimmung des Arzneibuches, das die Fowlersche Lösung mit Jodlösung titrieren läßt. (Jodometrische Bestimmung s. Maßanalyse.) Die Oxydation erfolgt nach folgender Gleichung:

$$As_2O_3 + 4\,J + 2\,H_2O \rightleftharpoons As_2O_5 + 4\,HJ$$

Arsentrioxyd Jod Wasser   Arsen- Jod-
Mol.-Gew, 198   pentoxyd wasser-
stoff

Dieser Prozeß ist aber ein rücklaufender, indem die gebildete Jodwasserstoffsäure die Arsensäure wieder zu arseniger Säure reduziert. Man hat daher zur Verhinderung dieses rücklaufenden Prozesses für die Gegenwart eines Neutralisationsmittels — zweckmäßig Natriumbikarbonat — zu sorgen, welches die Jodwasserstoffsäure bindet:

$$NaHCO_3 + HJ \rightarrow NaJ + CO_2 + H_2O$$

Natrium- Jod- Natrium- Kohlen- Wasser
bikarbonat wasser- jodid   säure
stoff

Zur Ausführung der Gehaltsbestimmung mischt man in einem Erlenmeyer-Kolben 5 g Fowlersche Lösung mit 2 g Natriumbikarbonat und 20 g Wasser, setzt als Indikator Stärkelösung zu (s. Gehaltsbestimmung der Natriumhypochloritlösung) und titriert mit $N/_{10}$-Jodlösung bis zur eben eintretenden Blaufärbung. Die Oxydation bzw. Titration ist also beendet, wenn keine Entfärbung der Jodlösung mehr eintritt. Der erste überschüssige Tropfen Jodlösung färbt die Stärke blau. Zur Titration sollen 10 bis 10,1 ccm $N/_{10}$-Jodlösung verbraucht werden.

Berechnung:

Es seien 10 ccm $N/_{10}$-Jodlösung verbraucht. 1 Liter $N/_{10}$-Jodlösung entspricht nach obiger Umsetzungsgleichung $\dfrac{19,8}{4} = 4,95$ g As_2O_3.

1 ccm $N/_{10}$-Jodlösung entspricht $= 0,00495$ g As_2O_3.

Der Prozentgehalt an As_2O_3 beträgt mithin:

$$\frac{10 \cdot 0,00495 \cdot 100}{5} = 0,99.$$

6. Cuprum sulfuricum — Kupfersulfat.

Darstellung. Eine blanke Kupferplatte von etwa 50 g wird in kleine Stücke zerhauen und in einem geräumigen Kolben mit einem Gemisch von 80 g reiner Schwefelsäure und 300 g Wasser übergossen. Man erwärmt auf dem Wasserbade und fügt in kleinen Anteilen 135 g reine Salpetersäure (25 %) zu. Die Temperatur wird nun allmählich im Sandbade zum Sieden gesteigert. Es erfolgt lebhafte Einwirkung unter Entwicklung von Stickoxyden. Wenn keine Einwirkung mehr erfolgt, wird heiß in eine Porzellanschale filtriert und zur Vertreibung der Salpetersäure auf dem Drahtnetz bis zum Auftreten weißer Schwefelsäuredämpfe eingeengt. Nach dem Erkalten löst man den Rückstand unter Erwärmen mit etwa 300 g Wasser, filtriert heiß und stellt zum Kristallisieren beiseite. Die Kristalle werden zwischen Filtrierpapier getrocknet. Die aus der Mutterlauge durch weiteres Einengen erhaltenen Kristalle finden als rohes Kupfervitriol Verwendung.

Betrachtung. Kupfer zeigt den Mineralsäuren gegenüber ein verschiedenes Verhalten. In Salpetersäure löst sich Kupfer leicht, verdünnte Salz- und verdünnte Schwefelsäure greifen Kupfer nicht an, ebensowenig konzentrierte Schwefelsäure bei gewöhnlicher Temperatur. Beim Erhitzen mit letzterer findet jedoch Auflösung statt. Es bildet sich hierbei zunächst Kupferoxyd CuO, während ein Teil der Schwefelsäure zu schwefliger Säure SO_2 reduziert wird. In einem weiteren Teil unveränderter Schwefelsäure löst sich dann das Kupferoxyd zu Kupfersulfat auf:

a)
$$Cu + H_2SO_4 \rightarrow CuO + SO_2 + H_2O$$
Kupfer　Schwefel-　Kupfer-　Schwefel-　Wasser
säure　　oxyd　　dioxyd

b)
$$CuO + H_2SO_4 \rightarrow CuSO_4 + H_2O$$
Kupfer-　Schwefel-　Kupfer-　Wasser
oxyd　　säure　　sulfat

Bequemer für die Darstellung ist aber das oben angegebene Verfahren. Es wird einerseits die Bildung des die Atmungsorgane stark angreifenden Schwefeldioxyds, andererseits die teilweise Bildung von Kupfersulfid vermieden, wie sie bei der Behandlung von Kupfer mit konzentrierter Schwefelsäure erfolgt.

Die Umsetzung nach unserem Darstellungsverfahren geschieht im Sinne folgender Gleichung:

$$3\,Cu + 3\,H_2SO_4 + 2\,HNO_3 \rightarrow 3\,CuSO_4 + 2\,NO + 4\,H_2O$$
Kupfer　Schwefel-　Salpeter-　Kupfer-　Stickstoff-　Wasser
säure　　säure　　sulfat　　oxyd

Statt der Schwefelsäure erleidet nun die Salpetersäure eine Reduktion zu Stickstoffoxyd NO ($2\,HNO_3 \rightarrow H_2O + 2\,NO + 3\,O$). Das Stickstoffoxyd ist ein farbloses Gas, wird aber durch den Luftsauerstoff sofort zu dem rotbraunen Stickstoffdioxyd oxydiert:

$$NO + O \rightarrow NO_2$$

Stick-   Sauer-   Stick-
stoff-   stoff   stoff-
oxyd   dioxyd

Eigenschaften. Kupfersulfat bildet blaue, wenig verwitternde Kristalle mit 5 Mol. Kristallwasser = $CuSO_4 \cdot 5\,H_2O$. Es löst sich leicht in Wasser, ist jedoch wie die meisten anorganischen Salze in Weingeist unlöslich. In wässeriger Lösung ist Kupfersulfat zum Teil hydrolytisch gespalten und reagiert sauer (s. Alumen).

Prüfung.

1. Die wässerige Lösung von Kupfersulfat gibt:

a) als **Identitätsreaktion auf Sulfat**
mit Bariumnitratlösung einen weißen, in Säuren unlöslichen Niederschlag von Bariumsulfat:

$$CuSO_4 + Ba(NO_3)_2 \rightarrow BaSO_4 + Cu(NO_3)_2$$

Kupfer-   Barium-   Barium-   Kupfersulfat   nitrat   sulfat   nitrat

b) als **Identitätsreaktion auf Kupfer**
mit Ammoniakflüssigkeit einen bläulichen Niederschlag von Kupferhydroxyd $Cu(OH)_2$, der sich im Überschuß des Fällungsmittels zu der dunkelblauen **Kupfersulfat-Ammoniakverbindung** $Cu(NH_3)_4 SO_4$ löst:

$$CuSO_4 + 2\,NH_3 + 2\,H_2O \rightarrow Cu(OH)_2 + (NH_4)_2SO_4$$

Kupfer-   Ammoniak   Wasser   Kupfer-   Ammoniumsulfat   hydroxyd   sulfat

$$Cu(OH)_2 + (NH_4)_2SO_4 + 2\,NH_3 \rightarrow Cu(NH_3)_4SO_4 + 2\,H_2O$$

Kupfer   Ammonium-   Ammoniak   Kupfersulfat-   Wasser
hydroxyd   sulfat   Ammoniak

Außer Kupfer besitzen noch mehrere Elemente, vor allem Chrom, Zink, Silber, Kobalt, Nickel und die Metalle der Platingruppe, die Fähigkeit, mit Ammoniak und Säureresten komplexe Verbindungen — **Metallammoniakverbindungen** — zu bilden. Vornehmlich durch Untersuchungen **Werners** ist dieses Gebiet erweitert worden. Während die NH_3-Gruppen in **direkter** Bindung mit dem Metallatom aufgefaßt werden, sind die Säurereste in vielen Fällen **ionogen**. Im Kupfersulfat-Ammoniak sind demnach ein zweiwertig positives Kupfer-Tetramin-Ion und das zweiwertig negative SO_4-Ion anzunehmen:

$$[Cu(NH_3)_4]^{\cdot\cdot} + SO_4''$$

Die von der gewöhnlichen Bindungsart abweichende direkte Metallbindung macht eine Erweiterung des Valenzbegriffes notwendig. Man bezeichnet sie als **koordinative Bindung.** Zu den koordinativen Verbindungen sind auch die sogenannten komplexen Salze, wie $K_2[HgJ_4]$ — s. S. 137 — und $K_4[Fe(CN)_6]$ — gelbes Blutlaugensalz — zu rechnen.

2. auf **Eisen** und **Zink**:

Schwefelwasserstoff fällt Kupfer aus saurer, Zink und Eisen dagegen nur aus neutraler bzw. ammoniakalischer Lösung als Sulfide aus (aus essigsaurer Lösung fällt Zink ebenfalls aus). Fällt man daher aus einer mit 10 ccm verdünnter Schwefelsäure angesäuerten Lösung von 0,2 g Kupfersulfat in 10 ccm Wasser mittels 2 ccm Natriumsulfidlösung (H_2S-Wirkung s. S. 64, Fußnote) alles Kupfer als Kupfersulfid aus:

$$CuSO_4 + H_2S \rightarrow CuS + H_2SO_4,$$

Kupfer- Schwefel- Kupfer- Schwefel-
sulfat wasserstoff sulfid säure

so darf das nach kräftigem Schütteln erhaltene farblose Filtrat durch überschüssige Ammoniakflüssigkeit höchstens grünlich gefärbt, aber nicht getrübt werden. Eisen würde als schwarzes Eisensulfid FeS, Zink als weißes Zinksulfid ZnS ausfallen. Spuren Eisen, die eine grünliche Verfärbung erzeugen, sind also zulässig.

Die Eigentümlichkeit, daß Kupfer durch Schwefelwasserstoffwasser aus **saurer** Lösung gefällt wird, Zink und Eisen dagegen nicht, findet nach der Ionentheorie folgende Erklärung:

Kupfersulfid ist in Wasser wenig löslich, in dieser Lösung haben wir zwischen dem dissoziierten und undissoziierten Anteil folgendes Gleichgewicht:

$$Cu^{\cdot\cdot} + S'' \rightleftarrows CuS$$

Bezeichnen wir mit a und b die Ionen, mit c den ungespaltenen Anteil, so gilt die Gleichung:

$$a \cdot b = c \cdot k \qquad\qquad k = \text{Konstante,}$$

d. h. das Produkt der Ionen $a \cdot b$, das **Löslichkeitsprodukt**, hat für eine gesättigte Lösung einen bestimmten Wert. Wenn nun in einer Lösung $Cu^{\cdot\cdot}$- und S''-Ionen vorhanden sind, so wird CuS sich nur dann ausscheiden, wenn die Ionen in solcher Zahl vorhanden sind, daß das Löslichkeitsprodukt überschritten ist.

Schwefelwaserstoff ist in wässeriger Lösung nur zu einem geringen Teil dissoziiert. Bringen wir neue $H^{\cdot}$-Ionen in eine solche Lösung, z. B. durch Ansäuern, so müssen notwendigerweise S''-Ionen verschwinden, wenn k in der Gleichung:

$$\frac{a \cdot b}{H_2 \cdot S''} = \frac{c \cdot k}{H_2 S}$$

konstant bleiben soll, d. h. durch Ansäuern wird die Ionisation des Schwefelwasserstoffs zurückgedrängt. Aber auch jetzt noch, wenn nicht zu stark angesäuert ist, ist die Konzentration der S''-Ionen groß genug, um in einer Kupfersalzlösung mit den $Cu^{\cdot\cdot}$-Ionen den Wert des Löslichkeitsproduktes:

$$Cu^{\cdot\cdot} + S'' \rightleftarrows CuS$$

zu überschreiten, d. h. Kupfer aus seiner Lösung auszuscheiden. In dem Maße, wie CuS sich abscheidet, werden neue S''-Ionen in Lösung treten und weiter $Cu^{\cdot\cdot}$-Ionen als CuS abscheiden und so fort, m. a. W.: das Kupfer wird in schwach saurer Lösung durch Schwefelwasserstoff quantitativ gefällt.

Bei Zink- — Zn — und Eisen- — Fe — Salz werden in saurer Lösung
durch Schwefelwasserstoff die Werte der betr. Löslichkeitsprodukte nicht
erreicht. Selbst in neutraler Lösung ist die bei den Umsetzungen:

$$Zn(Fe)SO_4 + H_2S \rightarrow Zn(Fe)S + H_2SO_4$$

Zink-(Eisen-) Schwefel- Zink-(Eisen-) Schwefel-
sulfat   wasserstoff   sulfid   säure

frei werdende Mineralsäure stark genug, die H_2S-Ionisation so weit zurückzudrängen, daß der Wert des Löslichkeitsproduktes für ZnS nur teilweise,
für FeS nicht erreicht wird. M. a. W.: in neutraler Lösung fällt Schwefelwasserstoff Zink unvollständig, Eisen nicht aus. Sorgt man aber dafür,
daß die H·-Ionen der Säure verschwinden, indem man durch Ammoniakzusatz NH_3 in die Lösung bringt, das sich mit den H··-Ionen zu NH_4·-Ionen
verbindet, dann vermögen die S″-Ionen des Schwefelwasserstoffs Zn und
Fe quantitativ als ZnS und FeS zu fällen:

$$Zn(Fe)SO_4 + H_2S + 2\,NH_3 \rightarrow Zn(Fe)S + (NH_4)_2S$$

Zink-(Eisen-) Schwefel- Ammoniak Zink-(Eisen-) Ammonium-
sulfat   wasserstoff   sulfid   sulfid

3. auf Kalzium- und Magnesiumsalze:

Das unter 2 nach dem Versetzen mit Natriumsulfidlösung erhaltene
farblose und mit überschüssiger Ammoniakflüssigkeit versetzte Filtrat darf
durch Natriumphosphatlösung höchstens schwach getrübt werden. Das
Natriumphosphat des Deutschen Arzneibuches ist ein sekundäres Salz
(s. unter Kalziumphosphat). Bei Gegenwart von Ammoniak fällt Kalzium
als tertiäres Salz aus, Magnesium scheidet sich als Ammonium-Magnesium-
phosphat ab:

a) $3\,CaSO_4 + 2\,Na_2HPO_4 + 2\,NH_3 \rightarrow 2\,Na_2SO_4 + (NH_4)_2SO_4 + Ca_3(PO_4)_2$

Kalzium-   Natrium-   Ammoniak   Natrium-   Ammonium-   Kalzium-
sulfat   phosphat   sulfat   sulfat   phosphat
(tertiär)

b) $MgSO_4 + Na_2HPO_4 + NH_3 \rightarrow MgNH_4PO_4 + Na_2SO_4$

Magnesium-   Natrium- Ammoniak Ammonium-   Natrium-
sulfat   phosphat   Magnesium- sulfat
phosphat

7. Calcium phosphoricum — Kalziumphosphat.

Darstellung. 20 g weißer Marmor werden in einer Porzellanschale
allmählich mit 100 g verdünnter Salzsäure (12,5 %) übergossen und nach
Beendigung der Kohlensäureentwicklung noch kurze Zeit auf dem Wasserbade erwärmt, bis die Salzsäure nicht mehr einwirkt und Lackmuspapier
nur noch schwach gerötet wird. Man gibt nun 0,3 g Bromwasser und 0,1 g
gefälltes Kalziumkarbonat zu und erwärmt bis zum Verschwinden des
Bromgeruches. Man filtriert in ein Becherglas, fügt nach dem Erkalten
1 g Phosphorsäure hinzu und fällt unter stetigem Umrühren mit einer
klaren abgekühlten Lösung von 61 g Natriumphosphat in 300 g Wasser
das Kalziumphosphat aus. Der Niederschlag ist zunächst fein verteilt und
wird erst bei längerem Umrühren kristallinisch. Er wird auf einem Filter

oder leinenen Tuche mit destilliertem Wasser bis zur Chlorfreiheit ausgewaschen — das Abtropfende darf nach dem Ansäuern mit Salpetersäure durch Silbernitrat nur noch opalisierend getrübt werden —, nach starkem Auspressen bei 35 bis 40° getrocknet und durch ein Sieb gegeben.

Betrachtung. Das vorliegende Kalziumphosphat ist vorwiegend ein sekundäres Salz. Die Salze mehrwertiger Säuren bezeichnet man als primär, sekundär oder tertiär, je nachdem ein, zwei oder drei der substituierbaren Wasserstoffatome mehrbasischer Säuren durch Metalle ersetzt sind. Die hier in Betracht kommende Phosphorsäure, zum Unterschiede von anderen Phosphorsäuren auch Orthophosphorsäure genannt, ist eine dreibasische Säure:

$$O = P\overset{v}{\underset{}{\diagdown}}\begin{matrix} OH \\ OH \\ OH \end{matrix}$$

Orthophosphorsäure

Beim sekundären Kalziumphosphat sind zwei Wasserstoffatome der Phosphorsäure durch das zweiwertige Kalziumatom ersetzt, so daß ihm folgende Strukturformel zukommt:

$$O = P\overset{v}{\diagdown}\begin{matrix} OH \\ O \\ O \end{matrix}\diagup Ca$$

Sekundäres Kalziumphosphat

Die natürlich vorkommenden Kalziumphosphate sind durchweg tertiäre Salze = Trikalziumphosphate, so **Phosphorit** $Ca_3(PO_4)_2$, **Apatit** $3\,Ca_3(PO_4)_2 + CaCl_2$ (oder CaF_2), **Vivianit** $Fe_3(PO_4)_2 + 8\,H_2O$ usw. Trikalziumphosphat bildet auch einen wesentlichen Bestandteil unseres Knochensystems.

Bei unserer Darstellung führten wir den Marmor — Kalziumkarbonat im hexagonal-rhomboedrischen System — mittels Salzsäure in lösliches Kalziumchlorid über:

$$CaCO_3 + 2\,HCl \rightarrow CaCl_2 + CO_2 + H_2O$$

Kalziumkarbonat	Chlorwasserstoff	Kalziumchlorid	Kohlensäure	Wasser

Aus dieser Lösung wurde weiterhin mit sekundärem Natriumphosphat sekundäres Kalziumphosphat gefällt:

$$CaCl_2 + Na_2HPO_4 \rightarrow CaHPO_4 + 2\,NaCl$$

Kalziumchlorid	Sekundäres Natriumphosphat	Sekundäres Kalziumphosphat	Natriumchlorid

Da der Marmor oft eisenhaltig ist, behandelten wir vor der Fällung die Kalziumchloridlösung mit Bromwasser zur Überführung der Eisenoxydul(II)- in die zur Fällung geeignete Eisenoxyd(III)form:

$$2\,FeO + 2\,Br + H_2O \rightarrow Fe_2O_3 + 2\,HBr$$

Eisenoxydul (II)	Brom	Wasser	Eisenoxyd (III)	Bromwasserstoff

Mittels des zugefügten Kalziumkarbonats wird das dreiwertige Eisen gefällt, und zwar in dem Sinne, daß das an sich in Wasser unlösliche Kalziumkarbonat durch die verbliebene Restsäure in lösliches Kalziumhydrokarbonat (-bikarbonat) übergeführt wird, durch welches das Eisen hydrolytisch als Hydroxyd ausgeschieden wird:

a) $$2\ CaCO_3 + 2\ HCl \rightarrow CaCl_2 + Ca(HCO_3)_2$$

Kalziumkarbonat — Chlorwasserstoff — Kalziumchlorid — Kalziumhydrokarbonat

b) $$2\ FeCl_3 + 3\ Ca(HCO_3)_2 \rightarrow 2\ Fe(HCO_3)_3 + 3\ CaCl_2$$

Eisenchlorid — Kalziumhydrokarbonat — Eisenhydrokarbonat (unbeständig) — Kalziumchlorid

c) $$2\ Fe(HCO_3)_3 \rightarrow 2\ Fe(OH)_3 + 6\ CO_2$$

Eisenhydrokarbonat — Eisenhydroxyd — Kohlendioxyd

Die vor der Fällung zugesetzte Phosphorsäure soll noch vorhandenes Kalziumbikarbonat entfernen.

Von den phosphorsauren Salzen der **Erdalkalien** (Kalzium, Strontium, Barium) sind nur die primären in Wasser löslich.

Die Phosphorsäure ist eine mittelstarke Säure. Sie dissoziiert nicht, wie man erwarten könnte, in $3\ H^{\cdot}- + PO_4'''$-Ionen, sondern vornehmlich in $H^{\cdot}- + H_2PO_4'$-Ionen. Diese Erscheinung zeigen alle mehrbasischen Säuren, selbst die starke Schwefelsäure dissoziiert zunächst nur in $H^{\cdot} + HSO_4'$, die gänzliche Dissoziation in $2\ H^{\cdot} + SO_4''$ erfolgt erst sekundär bei ganz starker Verdünnung. Das Anion H_2PO_4' dissoziiert aber noch zu einem geringen Teil weiter, wobei die H_2PO_4'-Ionen im Gleichgewichtszustande bedeutend vorherrschen:

$$H_2PO_4' \rightleftarrows H^{\cdot} + HPO_4''$$

In wässeriger Lösung ist sekundäres Natriumphosphat zum großen Teil in $2\ Na^{\cdot} + HPO_4''$ dissoziiert. Die Konzentration der HPO_4''-Ionen ist aber größer, als das Gleichgewicht $H_2PO_4' \rightleftarrows H^{\cdot} + HPO_4''$ verträgt, es erfolgt daher hydrolytische Spaltung (s. d.), indem die überschüssigen HPO_4''-Ionen sich mit den $H^{\cdot}$-Ionen des zum geringen Teil dissoziierten Wassers zu ungespaltenen H_2PO_4'-Ionen vereinigen:

$$HPO_4'' + H^{\cdot} + OH' \rightleftarrows H_2PO_4' + OH'$$

Es entsteht nun ein Überschuß an OH'-Ionen, die die schwach alkalische Reaktion der wässerigen Natriumphosphatlösung bedingen. Die Konzentration der HPO_4''-Ionen ist aber stark genug, um bei Anwesenheit von $Ca^{\cdot\cdot}$-Ionen das Löslichkeitsprodukt (s. d.) zwischen diesen beiden zu überschreiten, d. h. beim Versetzen von wässeriger Kalziumchloridlösung mit Natriumphosphat fällt sekundäres Kalziumphosphat aus:

$$Ca^{\cdot\cdot} + HPO_4'' \rightarrow CaHPO_4$$

In starken Säuren, z. B. Mineralsäuren, sind die sekundären und tertiären Erdalkaliphosphate löslich. Schüttelt man sekundäres Kalziumphosphat mit Wasser an, so haben wir in der Lösung[1] zwischen dem dissoziierten und undissoziierten Anteil folgendes Gleichgewicht:

$$CaHPO_4 \rightleftarrows Ca^{\cdot\cdot} + HPO_4''$$

Säuern wir nun mit starken Säuren an, so bringen wir $H^{\cdot}$- Ionen hinein. Es sind jetzt mehr $H^{\cdot}$- Ionen vorhanden, als die Gleichgewichte der Systeme:

$$H_3PO_4 \rightleftarrows H^{\cdot} + H_2PO_4'$$
$$H_2PO_4' \rightleftarrows H^{\cdot} + HPO_4''$$

vertragen können. Um das gestörte Gleichgewicht wiederherzustellen, werden HPO_4''- und H_2PO_4'- Ionen verschwinden, indem sie sich mit den zugeführten $H^{\cdot}$- Ionen zu ungespaltenen H_3PO_4-Molekeln vereinigen. Dadurch wird nun weiterhin auch obiges Gleichgewicht $CaHPO_4 \rightleftarrows Ca^{\cdot\cdot} + HPO_4''$ gestört, und es müssen, um auch dieses wiederherzustellen, weitere Teile des Kalziumphosphats in Lösung gehen. Fügt man nun so viel Säure hinzu, daß die Ionisation der Phosphorsäure fast gänzlich zurückgedrängt wird, so erfolgt völlige Lösung, die als Ionenreaktion folgendermaßen kurz zu formulieren ist:

$$CaHPO_4 + 2\,H^{\cdot} \rightarrow Ca^{\cdot\cdot} + H_3PO_4$$

Eigenschaften. Kalziumphosphat bildet ein weißes, leichtes, kristallinisches, in Wasser wenig, in Essigsäure schwer, in Salz- und Salpetersäure leicht und ohne Aufbrausen (zugleich Prüfung auf Kalziumkarbonat) lösliches Pulver. Es kristallisiert mit 2 Mol. Kristallwasser.

Prüfung.

1. Identitätsreaktion auf Kalzium:

Kalziumsalzlösungen geben mit Ammoniumoxalat in Essigsäure unlösliches Kalziumoxalat, welches von stärkeren Säuren, wie Salz- und Salpetersäure, gelöst wird. Kocht man daher Kalziumphosphat mit verdünnter Essigsäure und filtriert vom Ungelösten ab, so gibt das Filtrat — Kalziumazetatlösung bzw. primäres Kalziumphosphat — mit Ammoniumoxalatlösung einen weißen Niederschlag:

$$\begin{array}{l}CH_3COO \\ CH_3COO\end{array}\!\!>\!Ca \;+\; \begin{array}{l}COONH_4 \\ | \\ COONH_4\end{array} \;\longrightarrow\; \begin{array}{l}COO \\ | \\ COO\end{array}\!\!>\!Ca \;+\; 2\,CH_3COONH_4$$

Kalziumazetat　　Ammoniumoxalat　　Kalziumoxalat　　Ammoniumazetat

2. Identitätsreaktion auf orthophosphorsaures Salz:

Silbernitrat dient als Unterscheidungsmerkmal zwischen Orthophosphorsäure einerseits und Meta- — ($H_3PO_4 — H_2O$) und Pyrophosphorsäure ($2\,H_3PO_4 — H_2O$) andererseits. Die Salzlösungen der Orthophosphorsäure geben mit Silbernitrat gelbes Silbersalz = Ag_3PO_4,

---

[1] Wir müssen also hier, wie S. 61 schon erwähnt, eine geringe Löslichkeit voraussetzen.

die der Meta- und Pyrophosphorsäure w e i ß e s Silbersalz $= AgPO_3$ bzw.
$Ag_4P_2O_7$.

Beim Befeuchten mit Silbernitratlösung färbt sich Kalziumphosphat
deshalb gelb:

$$CaHPO_4 + 3\,AgNO_3 \rightarrow Ag_3PO_4 + Ca(NO_3)_2 + HNO_3$$

Kalzium-   Silbernitrat   Silber-   Kalzium-   Salpetersäure
phosphat   phosphat   nitrat

3. auf Arsenverbindungen

als Verunreinigungen der Ausgangsmaterialien. Ein Gemisch von 1 g
Kalziumphosphat und 3 ccm Natriumhypophosphitlösung darf nach
viertelstündigem Erhitzen im siedenden Wasserbade keine dunklere Färbung annehmen. Arsenverbindungen werden zu elementarem Arsen
reduziert (s. S. 68).

4. auf Sulfate:

Die mit Hilfe von Salpetersäure hergestellte wässerige Lösung von
Kalziumphosphat (1 + 19) darf durch Bariumnitratlösung nicht sofort
verändert werden.

Sulfate geben in Säuren unlösliches weißes Bariumsulfat:

$$H_2SO_4 + Ba(NO_3)_2 \rightarrow BaSO_4 + 2\,HNO_3$$

Schwefel-   Barium-   Barium-   Salpetersäure   nitrat   sulfat   säure

5. auf Chloride:

Die Lösung nach 4 darf durch Silbernitratlösung höchstens opalisierend
verändert werden.

Chloride geben in Säuren unlösliches weißes Silberchlorid, ihr
Nachweis ließe auf unvollständiges Auswaschen des Kalziumphosphats
schließen:

$$NaCl + AgNO_3 \rightarrow AgCl + NaNO_3$$

Natrium-   Silber-   Silber-   Natriumchlorid   nitrat   chlorid   nitrat

Spuren sind wie auch bei 4 zulässig.

6. auf Schwermetallsalze:

Die Lösung nach 4 gibt mit überschüssiger Ammoniakflüssigkeit einen
weißen Niederschlag von tertiärem Kalziumphosphat:

$$3\,Ca(NO_3)_2 + 3\,H_3PO_4 + 9\,NH_3 \rightarrow Ca_3(PO_4)_2 + (NH_4)_3PO_4 + 6\,NH_4NO_3$$

Kalziumnitrat   Phosphor-   Ammoniak   Tertiäres   Ammonium-   Ammonium-
                 säure   Kalzium-   phosphat   nitrat
                                          phosphat

Dieser Niederschlag darf durch 3 Tropfen Natriumsulfidlösung nicht
dunkler gefärbt werden. Schwermetallsalze geben meist schwarzes Metall-
sulfid (MeS).

7. auf richtige Zusammensetzung:

Beim Glühen geht das sekundäre Kalziumphosphat in das Kalziumsalz
der Pyrophosphorsäure über. (Tertiäres Kalziumphosphat verändert sich

nicht, weil in Ermangelung freier Wasserstoffatome kein Wasseraustritt erfolgen kann:)

$$2\,(CaHPO_4 \cdot 2\,H_2O) \rightarrow 5\,H_2O + Ca_2P_2O_7$$

Sekund. Kalziumphosphat Wasser Mol.- Kalzium-
Mol.-Gew. = 344   Gew. = 90   pyrophosphat Mol.-Gew. = 254

Der Gewichtsverlust beträgt $344:90 = 100:x$; $x = \dfrac{9000}{344} = 26{,}16\,^0/_0$.

Das Arzneibuch nimmt Rücksicht auf einen kleinen Gehalt an tertiärem Kalziumphosphat und schreibt einen Gewichtsverlust von 25 bis 26,2 % vor.

8. Magnesium carbonicum — Basisches Magnesiumkarbonat.

Darstellung. Man stellt einerseits eine Lösung von 125 g kristallisiertem Magnesiumsulfat in etwa 1 Liter kaltem Wasser, andererseits eine Lösung von 150 g kristallisiertem Natriumkarbonat in 1 Liter Wasser her. In einer Schale oder einem geräumigen Becherglase wird dann unter Umrühren die Natriumkarbonatlösung zu der Magnesiumsulfatlösung gegeben. Es erfolgt sofort weißer Niederschlag und Entwicklung von Kohlensäure. Man erhitzt etwa 15 Minuten zum Sieden, wäscht den Niederschlag einige Male zunächst durch Dekantieren, dann nach dem Sammeln auf einem leinenen Tuche so lange mit heißem Wasser aus, bis das abtropfende Wasser keine Sulfatreaktion mehr gibt. — Mit Bariumnitratlösung darf nach dem Ansäuern mit Salpetersäure keine Trübung erfolgen. — Der Niederschlag wird dann im Trockenschrank (nicht über 100°) getrocknet und in feines Pulver verwandelt.

Betrachtung. Kohlensaures Magnesium findet sich in der Natur weitverbreitet in den Mineralien **Magnesit** $MgCO_3$ und **Dolomit** $MgCa(CO_3)_2$. Von diesen Verbindungen unterscheidet sich das durch Fällung erhaltene kohlensaure Magesium durch seine Zusammensetzung.

Wie bei Alaun (s. d.) näher erörtert, erleiden Salze aus schwachen Basen oder schwachen Säuren in wässeriger Lösung hydrolytische Spaltung. Letztere ist je nach dem Stärkegrade der Komponenten eine geringere oder größere; sie kann sich, wenn nur eine Komponente — Base oder Säure — schwach ist, nur in der sauren oder alkalischen Reaktion der wässerigen Lösungen solcher Neutralsalze äußern, sie führt aber in dem Maße, wie die eine oder gleichzeitig beide Komponenten schwächer werden, durch alle Zwischenstufen hindurch über teilweise (Bi. subnitr.) zur völligen Zersetzung. (Ferrikarbonat in Ferrihydroxyd s. Fe. oxydat. cum Saccharo.)

Magnesium bekundet in seinen Oxydverbindungen einen schwach basischen Charakter, ebenso ist die Kohlensäure eine schwache Säure. Das nach der Umsetzung:

$$MgSO_4 + Na_2CO_3 \rightarrow MgCO_3 + Na_2SO_4$$

Magnesium-   Natrium-   Magnesium-   Natrium-
sulfat   karbonat   karbonat   sulfat

zu erwartende neutrale Magnesiumkarbonat $MgCO_3$ erleidet daher vornehmlich bei höherer Temperatur eine hydrolytische Spaltung derart, daß zufolge unserer Herstellungsbedingungen unter Kohlensäureentwicklung ein basisches Salz von der ungefähren Zusammensetzung $Mg(OH)_2 \cdot 3Mg CO_3 \cdot 3H_2O$ resultiert. Da die frei werdende Kohlensäure einen Teil des Magnesiumkarbonats als doppeltkohlensaures Magnesium:

$$MgCO_3 + CO_2 + H_2O \rightarrow Mg(HCO_3)_2$$

Magnesium-   Kohlen-   Wasser   Magnesium-
karbonat   säure   bikarbonat

in Lösung halten kann, so hat man durch längeres Kochen (s. Darstellung) die Kohlensäure auszutreiben.

Eigenschaften. Das „kohlensaures oder auch basisch kohlensaures Magnesium" genannte Präparat bildet ein weißes Pulver, das in Wasser fast unlöslich, in kohlensäurehaltigem Wasser (s. o.) und in wässerigen Ammonsalzlösungen leichter löslich ist. Beim Glühen entweichen Wasser und Kohlensäure, es hinterbleibt Magnesiumoxyd $MgO =$ Magnesia usta.

Prüfung.

1. Identitätsreaktion auf Magnesium:

Man löst Magnesiumkarbonat in verdünnter Schwefelsäure auf zu Magnesiumsulfat, es findet heftige Kohlensäureentwicklung statt:

$$Mg(OH)_2 \cdot 3 MgCO_3 + 4 H_2SO_4 \rightarrow 4 MgSO_4 + 3 CO_2 + 5 H_2O$$

Bas. Magnesiumkarbonat   Schwefel-   Magnesium-   Kohlen-   Wasser
säure   sulfat   säure

Nach Zusatz von Ammoniumchloridlösung und Ammoniakflüssigkeit — bei Abwesenheit von Ammonsalz wird durch Ammoniak Magnesiumhydroxyd gefällt — entsteht beim Versetzen mit Natriumphosphatlösung ein kristallinischer weißer Niederschlag von Ammoniummagnesiumphosphat:

$$MgSO_4 + Na_2HPO_4 + NH_3 \rightarrow MgNH_4PO_4 + Na_2SO_4$$

Magnesium-   Natrium-   Ammoniak   Ammonium-   Natrium-
sulfat   phosphat   Magnesium-   sulfat
phosphat

Beim Glühen geht Ammoniummagnesiumphosphat unter Ammoniak- und Wasserverlust in Magnesiumpyrophosphat über. Letzteres ist die geeignetste Wägungsform bei der gravimetrischen (gewichtsanalytischen) Magnesiumbestimmung:

$$2 MgNH_4PO_4 \rightarrow Mg_2P_2O_7 + 2 NH_3 + H_2O$$

Ammonium-   Magnesium-   Ammoniak   Wasser
Magnesiumphosphat   pyrophosphat

Die Erscheinung, daß in ammoniumsalzhaltigen Magnesiumsalzlösungen durch Ammoniak kein Magnesiumhydroxyd $Mg(OH)_2$ gefällt wird, oder daß sich letzteres in Ammonsalzlösung löst, hat nach Ostwald folgende Erklärung:

Magnesiumhydroxyd ist in Wasser wenig löslich und zum geringen Teil in $Mg^{\cdot\cdot}$- und OH'-Ionen dissoziiert. Bringt man nun in die Lösung ein Ammonsalz, wie Ammoniumchlorid, das reichliche $NH_4^{\cdot}$- — Ammonium — Ionen aufweist, so werden sich letztere mit den OH'-Ionen des Magnesiumhydroxyds zu undissoziiertem NH_4OH bzw. zu $NH_3 + H_2O$ vereinigen. Das Gleichgewicht zwischen dem gelösten und ungelösten Magnesiumhydroxyd ist durch das Verschwinden der OH'-Ionen gestört. Um dasselbe wiederherzustellen, werden neue Mengen des Magnesiumhydroxyds in Lösung gehen und so fort, bis alles Magnesiumhydroxyd gelöst ist. Das Ausbleiben der Fällung durch Ammoniak bei Gegenwart von Ammonsalzen begründet im gleichen Sinne das Massenwirkungsgesetz (s. S. 155) damit, daß die durch das Ammonsalz hineingebrachte große Zahl der $NH_4^{\cdot}$-Ionen die OH'-Ionenkonzentration des Ammoniaks so weit verringert, daß sie zur Fällung nicht mehr ausreicht.

2. auf Alkalikarbonate:

Erhitzt man 2 g Magnesiumkarbonat mit 50 g heißem, frisch abgekochtem, also kohlensäurefreiem Wasser zum Sieden, so darf die noch heiß abfiltrierte Flüssigkeit Lackmuspapier nur schwach bläuen (herrührend von geringen Mengen gelösten Magnesiumkarbonats). Alkalikarbonate würden der Lösung eine stark alkalische Reaktion erteilen.

3. auf fremde Salze:

Das Filtrat nach 2 darf beim Verdampfen höchstens 0,01 g Rückstand hinterlassen. Ein größerer Rückstand deutet auf fremde Salze.

4. auf Schwermetallsalze:

Die mit Hilfe von verdünnter Essigsäure hergestellte wässerige Lösung (1 + 19) darf durch 3 Tropfen Natriumsulfidlösung nicht sofort verändert werden. Schwermetalle fallen als Sulfide aus (H_2S-Wirkung s. S. 64, Fußnote):

$$Me\ Salz + H_2S \rightarrow MeS + Säure$$

Metallsalz   Schwefel-   Metall-
wasserstoff   sulfid

5. auf Sulfat:

Die Lösung nach 4 darf durch Bariumnitratlösung innerhalb einiger Minuten nicht sofort getrübt werden. Sulfate geben mit Bariumsalzen in Säuren unlösliches Bariumsulfat:

$$Na_2SO_4 + Ba(NO_3)_2 \rightarrow BaSO_4 + 2\,NaNO_3$$

Natriumsulfat Bariumnitrat Bariumsulfat Natriumnitrat

Spuren von Sulfat sind statthaft; ein größerer Gehalt rührt von ungenügendem Auswaschen des Magnesiumkarbonatniederschlages her.

6. auf Chloride:

Die Lösung nach 4 darf nach dem Ansäuern mit Salpetersäure durch Silbernitratlösung innerhalb 5 Minuten nur opalisierend getrübt werden. Chloride geben mit Silbernitratlösung in Säuren unlösliches Silberchlorid:

$$MgCl_2 + 2\,AgNO_3 \rightarrow 2\,AgCl + Mg(NO_3)_2$$

Magnesium-   Silbernitrat   Silber-   Magnesium-
chlorid   chlorid   nitrat

Spuren von Chloriden sind zulässig. Das Ansäuern mit Salpetersäure soll die Ausfällung des Silbers als Silberazetat verhindern. Letzteres ist in Salpetersäure löslich.

7. auf Eisensalze:

Beim Versetzen von 20 ccm einer mit Hilfe verdünnter Salzsäure hergestellten wässerigen Lösung des Präparates (1 + 19) mit 0,5 ccm Kaliumferrozyanidlösung darf höchstens schwache Bläuung eintreten. Kaliumferrozyanid — gelbes Blutlaugensalz — ist ein Reagens auf Eisenoxydsalze und setzt sich mit letzteren zu Ferriferrozyanid — Berlinerblau — um:

$$4\,FeCl_3 + 3\,K_4FeCy_6 \rightarrow Fe_4(FeCy_6)_3 + 12\,KCl$$

Ferrichlorid   Kaliumferro-   Ferriferrozyanid   Kalium-
                  zyanid   Berlinerblau   chlorid

8. Gehaltsbestimmung:

Beim Glühen von 0,2 g Magnesiumkarbonat in einem Porzellan- oder Platintiegel müssen mindestens 0,08 g Rückstand — MgO — hinterbleiben = 24 % Mg, wie aus den Gleichungen hervorgeht:

$$Mg(OH)_2 \cdot 3\,MgCO_3 \cdot 3\,H_2O \rightarrow 4\,MgO + 3\,CO_2 + 4\,H_2O$$

Bas. Magnesiumkarbonat   Magnesium- Kohlen-   Wasser
Mol.-Gew.: 365,4   oyxd   säure
                                Mol.-Gew.: 161,3

$$365,4 : 161,3 = 0,2 : x; \quad x = \frac{161,3 \cdot 0,2}{365,4} = 0,08 \; MgO.$$

Der Prozentgehalt an Mg bei einem Glührückstand von 0,08 g MgO für 0,2 g angewandte Substanz (= 40 % MgO) berechnet sich:

$$MgO : Mg = 40 : x; \quad x = \frac{24,32 \cdot 40}{40,32} = 24,1$$

Mol.-   Atom-
Gew.:   Gew.:
40,32   24,32

9. auf Kalziumsalze:

Der bei der Gehaltsbestimmung nach 8 erhaltene Glührückstand muß nach dem Schütteln mit 8 ccm Wasser ein Filtrat geben, das durch Ammoniumoxalatlösung innerhalb 5 Minuten höchstens opalisierend getrübt wird. Kalksalze, im Glührückstande als CaO vorhanden — falls Beimengung von Kalziumkarbonat vorliegt — und beim Behandeln mit Wasser Ca(OH)₂ — Kalkwasser — bildend, geben mit Ammoniumoxalat in Essigsäure unlösliches, weißes Kalziumoxalat:

$$Ca(OH)_2 + \begin{matrix} COONH_4 \\ | \\ COONH_4 \end{matrix} \rightarrow \begin{matrix} COO \\ | \\ COO \end{matrix}\!\!\Big\rangle Ca + 2\,NH_3 + 2\,H_2O$$

Kalzium-   Ammonium-   Kalzium-   Ammoniak   Wasser
hydroxyd   oxalat   oxalat

9. Ammonium chloratum — Ammoniumchlorid; Salmiak.

Darstellung. In einer Porzellanschale gibt man zu 36 g Salzsäure (25proz.) allmählich unter Umrühren 45 g Ammoniakflüssigkeit (10proz.) bzw. so viel, daß die Mischung deutlich nach Ammoniak riecht und Lackmuspapier bläut. Beim Zusammenbringen beider Flüssigkeiten beobachtet man die Bildung weißer Nebel von Ammoniumchlorid. Nunmehr wird auf dem Wasserbade zur völligen Trockne eingedampft. Ausbeute: stark 13 g = rund 100 %.

Betrachtung. Ammoniakflüssigkeit oder Salmiakgeist, d. i. die wässerige Lösung des Ammoniakgases NH_3, reagiert alkalisch und ist 'eine Lauge. Demnach hat man in dieser Lösung OH'-Ionen anzunehmen, und der Vorgang beim Lösen von Ammoniak in Wasser wäre folgendermaßen zu formulieren:

$$\text{III.}\quad N{\Large\langle}\!\!\begin{array}{l}H\\H\\H\end{array} + H_2O \to \text{V.}\quad N{\Large\langle}\!\!\begin{array}{l}H\\H\\H\\H\\OH\end{array}$$

Ammoniak   Wasser   Ammonium-
hydroxyd

Das Ammoniak mit dreiwertigem Stickstoff geht hierbei in die Ammoniumbase mit fünfwertigem Stickstoff über. Die einwertige Gruppe „$-NH_4$" heißt **Ammoniumgruppe** und ist gleichsam den einwertigen Alkalimetallen Kalium und Natrium an die Seite zu stellen. Sie bildet wie diese Metalle mit Säuren Salze, die man **Ammoniumsalze** nennt. Die Salzbildung aus Ammoniak und Säure, bei unserem Präparate Salzsäure, wird oft als bloßer Additionsvorgang:

$$NH_3 + HCl \to NH_4Cl$$

Ammoniak Chlor- Ammonium-
wasser- chlorid
stoff

formuliert, sie ist in Wirklichkeit ein Sättigungsvorgang zwischen Ammoniumhydroxyd und Säure entsprechend der üblichen Salzbildung aus Base und Säure:

$$N{\Large\langle}\!\!\begin{array}{l}H\\H\\H\\H\\OH\end{array} + \quad H|Cl \to N{\Large\langle}\!\!\begin{array}{l}H\\H\\H\\H\\Cl\end{array} + H_2O$$

Ammonium- Chlor- Ammonium- Wasser
hydroxyd wasserstoff chlorid

Im Einklang mit dieser Auffassung steht die von Baker gemachte Feststellung, daß getrocknetes NH_3 - und HCl - Gas sich nicht vereinigen. Nach der heutigen Strukturlehre ist NH_4Cl als eine **Verbindung zweiter Ordnung** anzusehen. Die Verbindungen zweiter Ordnung kommen dadurch zustande, daß Moleküle einfach gesättigter Verbindungen, in unserem Falle NH_3 und HCl, sich durch Äußerung sogenannter Nebenvalenzen noch weiter miteinander verbinden (Näheres über Verbindungen zweiter und höherer Ordnung, wie auch über Haupt- und Nebenvalenzen siehe die Lehrbücher).

Eigenschaften. Ammoniumchlorid bildet ein weißes kristallinisches, in Wasser leicht, in Weingeist schwer lösliches Pulver. Die kalt bereitete wässerige Lösung reagiert schwach sauer durch hydrolytische Spaltung infolge des schwach basischen Charakters des Ammoniumhydroxyds. Ammoniumchlorid ist wie alle Ammoniumsalze beim Erhitzen leichtflüchtig und gibt hierbei, ohne zu schmelzen, ein weißes Sublimat. Der Salmiakdampf ist teilweise dissoziiert in NH_3 und HCl. Auf diesem Verhalten beruht die Verwendung des Salmiaks als Lötmittel; die das Löten hindernden oberflächigen Metalloxyde werden durch den Chlorwasserstoff als Metallchloride verflüchtigt.

Prüfung.

1. **Identitätsreaktion:**

a) **auf Ammoniumsalz:**

Die wässerige Lösung von Ammoniumchlorid entwickelt beim Erwärmen mit Natronlauge Ammoniak, erkenntlich am Geruch oder mittels Kurkuma-, oder roten Lackmuspapiers. Wie stärkere Säuren schwächere Säuren, so machen stärkere Basen — hier Natriumhydroxyd — schwächere Basen — Ammoniumhydroxyd, das in NH_3 und H_2O zerfällt, — aus ihren Verbindungen frei:

$$NH_4Cl + NaOH \rightarrow NH_3 + H_2O + NaCl$$

Ammonium-   Natrium-   Ammoniak Wasser Natrium-
chlorid   hydroxyd   chlorid

b) **auf Chlorid:**

Die Lösung nach a) gibt mit Silbernitratlösung einen weißen, in Säuren unlöslichen, in Ammoniak zu $Ag(NH_3)_2Cl$ (s. Metallammoniakverbindungen) löslichen Niederschlag von Silberchlorid:

$$NH_4Cl + AgNO_3 \rightarrow AgCl + NH_4NO_3$$

Ammonium-   Silber-   Silber-   Ammonium-
chlorid   nitrat   chlorid   nitrat

2. **auf Schwermetallsalze:**

Die mit 3 Tropfen verdünnter Essigsäure versetzte wässerige Lösung von Ammoniumchlorid (1 + 19) darf durch 3 Tropfen Natriumsulfidlösung nicht verändert werden. Schwermetalle fallen als Metallsulfide aus (H_2S-Wirkung s S.64[1]):

$$Me\ Salz + H_2S \rightarrow MeS + Säure$$

Schwefel- Metall-
wasserstoff sulfid

3. auf Sulfate:

Die Lösung nach 2. darf durch Bariumnitratlösung nicht verändert werden. Sulfate geben weißes, in Säuren unlösliches Bariumsulfat:

$$(NH_4)_2SO_4 + Ba(NO_3)_2 \rightarrow BaSO_4 + 2\,NH_4NO_3$$

Ammoniumsulfat   Bariumnitrat   Bariumsulfat   Ammoniumnitrat

4. auf Kalziumsalze:

Die Lösung nach 2. darf durch Ammoniumoxalatlösung nicht verändert werden. Kalziumsalze geben in Essigsäure unlösliches weißes Kalziumoxalat:

$$CaCl_2 + \begin{array}{c} COONH_4 \\ | \\ COONH_4 \end{array} \rightarrow \begin{array}{c} COO \\ | \\ COO \end{array}\!\!\Big\rangle Ca + 2\,NH_4Cl$$

Kalziumchlorid   Ammoniumoxalat   Kalziumoxalat   Ammoniumchlorid

5. auf Rhodansalze:

Die mit einigen Tropfen Salzsäure versetzte wässerige Lösung von Ammoniumchlorid (1 + 19) darf durch Eisenchloridlösung nicht gerötet werden. Die Rhodanwasserstoffsäure gibt ein blutrotes Fe-(III)Salz (s. Gehaltsbestimmung von Silbernitrat):

$$3\,CNSNH_4 + FeCl_3 \rightarrow Fe(CNS)_3 + 3\,NH_4Cl$$

Ammoniumrhodanid   Eisenchlorid   Eisen (III)-rhodanid   Ammoniumchlorid

6. auf Eisensalze:

Die Lösung nach 5 darf durch 0,5 ccm Kaliumferrozyanidlösung nicht sofort gebläut werden. Eisen-(III)Salze (Ferrisalze) geben mit Kaliumferrozyanid Ferriferrozyanid (Berlinerblau):

$$4\,FeCl_3 + 3\,K_4FeCy_6 \rightarrow Fe_4(FeCy_6)_3 + 12\,KCl$$

Eisenchlorid   Kaliumferrozyanid   Ferriferrozyanid   Kaliumchlorid

7. auf Arsenverbindungen:

Ein Gemisch von 1 g Ammoniumchlorid und 3 ccm Natriumhypophosphitlösung darf nach viertelstündigem Erhitzen im siedenden Wasserbade keine dunklere Färbung annehmen. Arsenverbindungen werden zu Arsen reduziert:

$$As_2O_3 + 3\,NaH_2PO_2 \rightarrow 3\,NaH_2PO_3 + 2\,As$$

Arsenige Säure   Natriumhypophosphit   Natriumphosphit   Arsen

8. auf empyreumatische und nicht flüchtige Stoffe:

Man dampft in einem Tigel 1 g Ammoniumchlorid mit 1 ccm Salpetersäure auf dem Wasserbade zur Trockne ein. Der Rückstand muß weiß sein und darf höchstens am Rande einen gelben Anflug (von Spuren Eisen herrührend) zeigen; er muß bei höherer Temperatur sich verflüchtigen, ohne einen wägbaren Rückstand zu hinterlassen.

10. Liquor Aluminii acetici — Essigsaure Tonerdelösung; Aluminiumazetatlösung.

Darstellung. 100 g eisenfreies Aluminiumsulfat löst man in 270 g kaltem Wasser, filtriert in eine geräumige Steinschale und bringt durch Wasserzusatz auf die Dichte 1,152 $\frac{15°}{15°}$ bzw. Dichte 1,149 $\frac{20°}{4°}$ (DAB 6). Bei Innehaltung obiger Gewichtsverhältnisse ist nur eine geringe Menge Wasser erforderlich. In 367 g dieser Lösung trägt man allmählich unter stetigem Umrühren eine Anreibung von 46 g Kalziumkarbonat mit 60 g Wasser ein. Es findet heftige Kohlensäureentwicklung statt. Sobald diese beendet ist, bringt man zu der etwas dicklichen Mischung in kleinen Anteilen unter ständigem Umrühren 120 g verdünnte Essigsäure, wobei wiederum Kohlensäureentwicklung stattfindet. Die Temperatur darf hierbei nicht über 20° steigen. Man läßt nun mindestens 3 Tage lang unter öfterem Umrühren stehen, bis die Kohlensäureentwicklung gänzlich beendet ist. Nachdem sich der Niederschlag von Kalziumsulfat völlig abgesetzt hat, trennt man auf einem leinenen Tuche Niederschlag von Flüssigkeit, ohne hierbei auszuwaschen, und bringt die Flüssigkeit nach dem Filtrieren mit Wasser auf die Dichte von mindestens 1,044 $\frac{15°}{15°}$ bzw. von mindestens 1,042 $\frac{20°}{4°}$ (DAB 6).

Betrachtung. Der chemische Prozeß bei der Darstellung spielt sich in zwei Phasen ab:

1. Das Aluminiumsulfat wird durch das in ganz geringem Überschuß angewandte Kalziumkarbonat unter Kohlensäureentwicklung als $^2/_3$ basisch kohlensaures Aluminium gefällt:

$$Al_2(SO_4)_3 + 3\,CaCO_3 + 2\,H_2O \rightarrow Al_2(OH)_4CO_3 + 3\,CaSO_4 + 2\,CO_2$$

Aluminium sulfat	Kalzium- karbonat	Wasser	$^2/_3$ basisch. Aluminiumkarbonat	Kalzium- sulfat	Kohlen- säure

Das zu erwartende neutrale Aluminiumkarbonat $Al_2(CO_3)_3$ erleidet wegen der schwach basischen und schwach sauren Eigenschaften seiner Komponenten hydrolytische Spaltung (s. d.) unter Bildung obiger Verbindung. Das bei der Umsetzung entstandene Kalziumsulfat fällt mit aus.

2. Das $^2/_3$ basisch kohlensaure Aluminium löst sich in der im weiteren Verlauf der Darstellung zugesetzten Essigsäure unter Kohlensäureentwicklung zu $^1/_3$ basisch Aluminiumazetat auf:

$$Al_2(OH)_4CO_3 + 4\,CH_3COOH \rightarrow 2\,Al(OH)(CH_3COO)_2 + 3\,H_2O + CO_2$$

$^2/_3$ bas. Aluminium- karbonat	Essigsäure	$^1/_3$ bas. Aluminiumazetat	Wasser	Kohlen- säure

Die unserem Präparate zugrunde liegende chemische Verbindung bezeichnet man entweder als $^1/_3$ basisch essigsaures Aluminium oder als basisches Aluminium-$^2/_3$-azetat, d. h. ein Molekül der Verbindung enthält eine Hydroxyl = (OH) und zwei Azetat = (CH_3COO)-Gruppen. Richtiger wäre demnach das Präparat als Liquor Aluminii subacetici — Basisch Aluminiumazetatlösung — zu bezeichnen.

Die essigsaure Tonerdelösung ist eins der diffizilsten Präparate des Arzneibuches. Zur Erlangung eines dauernd haltbaren Liquors ist es erforderlich, die vorgeschriebenen Gewichtsmengen, die ungefähr mit den theoretischen Reaktionswerten — Äquivalenten — übereinstimmen, genau einzuhalten und auf Reinheit (Eisenfreiheit) der Ausgangsmaterialien, des Kalziumkarbonats und des Aluminiumsulfats, zu achten. Ein schon etwas über die zulässige Grenze hinausgehender Eisengehalt wirkt als ionenbildende Substanz auf die essigsaure Tonerdelösung als kolloidale Lösung (s. Liquor ferri oxychlorati dialysati) derart ein, daß das Aluminium als unlösliches basisches Azetat abgeschieden wird in Verbindung mit basischen Eisenazetaten. Des weiteren ist der schwankende Gehalt des Aluminiumsulfats zu berücksichtigen, das Arzneibuch schreibt ein solches mit 18 Mol. Kristallwasser vor, es finden sich aber einwandfreie Handelswaren, die einen geringeren Wassergehalt — 16% — aufweisen. Hierdurch ändern sich natürlich die Reaktionswerte des Kalziumkarbonats und der Essigsäure.

Durch einen Überschuß an Kalziumkarbonat und Essigsäure wird ferner Kalziumazetat in das Präparat gelangen, welches sich häufig in Handelswaren vorfindet und, außer daß es als grobe Verunreinigung zu betrachten ist, Zersetzung in demselben Sinne bewirken kann wie die Eisenbeimengungen.

Der essigsauren Tonerde finden sich stets geringe Mengen Aluminiumsulfat und Kalziumsulfat beigemengt. Das rührt daher, daß einerseits die Fällung des Aluminiumsulfats durch Kalziumkarbonat nach 1 nicht ganz quantitativ verläuft, andererseits, daß Kalziumsulfat teilweise löslich ist.

Durch einen Zusatz von 0,1 bis 0,2% Borsäure läßt sich die Haltbarkeit erhöhen oder eine trübe gewordene Aluminiumazetatlösung klären. Es liegt dann aber keine Arzneibuchware mehr vor.

Eigenschaften. Aluminiumazetatlösung bildet eine klare, farblose, schwach nach Essigsäure riechende, sauer reagierende Flüssigkeit von süßlich zusammenziehendem Geschmack.

Prüfung.

1. Identitätsreaktion auf $^2/_3$ Azetat:
Beim Erhitzen von 10 ccm Aluminiumazetatlösung mit einer Lösung von 0,2 g Kaliumsulfat in 10 ccm Wasser im siedenden Wasserbade erfolgt Koagulierung unter Ausscheidung von Aluminiumhydroxyd:

$$3\,Al(CH_3COO)_2(OH) + 3\,K_2SO_4 \rightarrow Al_2(SO_4)_3 + 6\,CH_3COOK + Al(OH)_3$$

$^1/_3$ bas. Aluminiumazetat   Kaliumsulfat   Aluminiumsulfat   Kaliumazetat   Aluminiumhydroxyd

Beim Abkühlen findet der rückwirkende Prozeß statt, die Lösnug wird wieder flüssig und klar, das Aluminiumhydroxyd gelöst. Wir haben es hier also mit einer reversiblen Reaktion (s. d.) zu tun, deren Gleichgewicht bei Temperaturerhöhung nach rechts, bei Temperaturerniedrigung nach links verschoben ist.

2. auf Arsenverbindungen:

Eine Miscung von 1 ccm Aluminiumazetatlösung und 3 ccm Natriumhypophosphitlösung darf nach viertelstündigem Erhitzen im siedenden Wasserbade keine dunklere Färbung annehmen. Arsenverbindungen werden zu elementarem Arsen reduziert (s. S. 68).

3. auf Eisensalze:

Eine Mischung von 6 ccm Aluminiumazetatlösung mit 14 ccm Wasser darf durch 0,5 ccm Kaliumferrozyanidlösung höchstens schwach gebläut werden. Eisenoxydsalze geben mit Kaliumferrozyanid Ferriferrozyanid = Berlinerblau:

$$4\,Fe(CH_3COO)_3 + 3\,K_4FeCy_6 \rightarrow Fe_4(FeCy_6)_3 + 12\,CH_3COOK$$

Ferriazetat   Kaliumferro-   Ferriferrozyanid   Kaliumazetat
zyanid   Berlinerblau

Spuren von Eisen sind zulässig (s. o.).

4. auf Schwermetall-, vor allem Blei- und Kupfersalze:

Eine Mischung von 5 ccm Aluminiumazetatlösung und 1 ccm verdünnter Essigsäure darf durch drei Tropfen Natriumsulfidlösung (H_2S-Wirkung s. S. 64, Fußnote) nicht dunkel gefärbt werden.

Blei und Kupfer z. B. fallen als schwarze Metallsulfide aus, Spuren verursachen Bräunung der Flüssigkeit:

$$Pb(Cu)(CH_3COO)_2 + H_2S \rightarrow Pb(Cu)S + 2\,CH_3COOH$$

Blei-Kupferazetat   Schwefel- Blei-Kupfer-   Essigsäure
wasserstoff   sulfid

5. auf Aluminium-, Kalzium-, Magnesiumsulfat:

Beim Vermischen der essigsauren Tonerde mit 2 Raumteilen Weingeist darf sofort nur Opaleszenz eintreten. Ein Niederschlag ist durch eins oder mehrere dieser Salze, die in Weingeist unlöslich sind, bedingt. Geringe Mengen Aluminium- und Kalziumsulfat finden sich stets vor (s. o.).

6. auf Kalziumazetat:

Der oben erwähnte häufige Befund an Kalziumazetat in Handelswaren wird von der Prüfungsvorschrift des Arzneibuches nicht berührt. Das Kalziumazetat ist aber als grobe Verunreinigung zu betrachten, es empfiehlt sich darum, auf dieses zu prüfen. Zu dem Zwecke werden 10 ccm Aluminiumazetatlösung mit 5 ccm einer 10 prozentigen wässerigen Aluminiumsulfatlösung versetzt. Einwandfreier Liquor gibt selbst nach zwei Stunden keine Veränderung, während ein solcher mit merklichem Kalziumazetatgehalt schon nach einigen Minuten einen Niederschlag von Kalziumsulfat gibt:

$$6\,Ca(CH_3COO)_2 + 2\,Al_2(SO_4)_3 \rightarrow 6\,CaSO_4 + 4\,Al(CH_3COO)_3$$

Kalziumazetat   Aluminiumsulfat   Kalziumsulfat   Aluminiumazetat

7. Gehaltsbestimmung:

In einem 300-ccm-Becherglase werden 5 g Aluminiumazetatlösung mit 1 g Ammoniumchlorid und, nachdem dieses gelöst ist, unter Umrühren mit einem Glasstab mit 2,5 ccm Ammoniakflüssigkeit versetzt. Nach Zusatz von 250 g heißem Wasser wird auf dem Drahtnetz zum Sieden erhitzt und 1 Minute lang im Sieden erhalten. Es scheidet sich Aluminiumhydroxyd aus:

$$Al(CH_3COO)_2(OH) + 2 NH_3 + 2 H_2O \rightarrow Al(OH)_3 + 2 CH_3COONH_4$$

Bas. Aluminium-²⁄₃-azetat   Ammoniak   Wasser   Aluminium-   Ammoniumazetat
hydroxyd

Das zugesetzte Ammoniumchlorid soll das Mitausfallen der stets in geringer Menge vorhandenen Kalziumsalze als $Ca(OH)_2$ verhindern.

Nach dem Absetzen des Niederschlages gießt man die Flüssigkeit durch ein quantitatives Filter, wäscht den Niederschlag durch fünfmaliges Dekantieren mit heißem Wasser aus und bringt ihn dann quantitativ auf das Filter. Der Niederschlag samt Filter wird noch feucht in einen gewogenen Tiegel gebracht und zuerst bei dreiviertel aufgelegtem Deckel über kleiner Flamme getrocknet und schließlich geglüht, bis der Rückstand rein weiß geworden ist. Nach dem Erkalten im Exsikkator (nur bis zum Erkalten, nicht länger, im Exsikkator lassen, da Aluminiumoxyd hygroskopisch ist) wird sofort gewogen. Der Glührückstand besteht aus Aluminiumoxyd:

$$2 Al(OH)_3 \rightarrow Al_2O_3 + 3 H_2O$$

Aluminium-   Aluminium-   Wasser
hydroxyd   oxyd

und soll mindestens 0,133 g betragen.

Der Prozentgehalt an basischem Aluminiumazetat berechnet sich daraus wie folgt:

$$Al_2O_3 : 2 Al(CH_3COO)_2(OH) = 0,133 : x;$$

Mol.-Gew.:   Mol.-Gew.: 324,06
101,94

$$x = \frac{20 \cdot 0,133 \cdot 324,06}{101,94} = 8,5.$$

In vielen organischen Verbindungen haben wir vorzügliche Metallreagenzien von hoher Empfindlichkeit für den Nachweis und von großer Genauigkeit, Einfachheit bei oft erheblicher Zeitersparnis für die quantitative Analyse. Der Farbstoff Morin (Pentaoxy-flavon) aus gelbem Brasilholz (Morus tinctoria) gestattet in charakteristischer kräftiger grüner Fluoreszens den Nachweis von Spuren Aluminium in neutraler oder essigsaurer Lösung. Im 8-Oxychinolin (C_9H_7ON), auch

Oxin genannt, haben wir ein Reagens, das sich außer für Zink, Magnesium usw. zur Bestimmung von Aluminium vorzüglich eignet. Das meist hohe Molekulargewicht der organischen Metallreagenzien verbürgt die Genauigkeit der Bestimmungen. So enthält der grünlichgelbe kristalline Niederschlag mit Aluminium nur 5,87 % Aluminium.

Die Gehaltsbestimmung der Aluminiumazetatlösung mittels Oxychinolin gestaltet sich nach Holdermann-Eschenbrenner wie folgt:

Reagenzlösung: 4 g 8-Oxychinolin werden in 10 ccm Essigsäure (mindestens 96 prozentig) gelöst. Die Lösung wird mit 70 ccm warmem Wasser verdünnt und tropfenweise mit Ammoniakflüssigkeit bis zur beginnenden Trübung versetzt. Nach dem Auffüllen mit Wasser auf 100 ccm und nach dem Erkalten wird filtriert. Das Reagens ist unbegrenzt haltbar.

In einem Becherglase werden etwa 2 g Aluminiumazetatlösung genau gewogen, mit 1 ccm Essigsäure und etwa 100 ccm Wasser versetzt und im Wasserbade auf 60 bis 65° erwärmt. Darauf wird mit überschüssiger (20 bis 30 ccm) Reagenzlösung gefällt. Die Flüssigkeit über dem Niederschlag muß gelb gefärbt sein, andernfalls ist weitere Reagenzlösung zuzufügen. Man erhitzt zum Sieden, setzt eine Lösung von 4 g Natriumazetat in 15 ccm Wasser zu, bringt nach zwei- bis dreiminütigem Kochen den Niederschlag quantitativ auf ein getrocknetes und gewogenes Filter oder besser in einen Glasfiltertiegel und wäscht zunächst mit heißem, dann mit kaltem Wasser bis zur Farblosigkeit des Filtrats aus. Nach drei- bis vierstündigem Trocknen bei 110° und nachfolgendem Erkalten wird gewogen. Nach dem Ansatz:

$$2\,(C_9H_6NO)_3Al : Al_2O_3 : 2\,Al(CH_3COO)_2(OH) = 1 : X$$

Aluminium-oxychinolat	Aluminium-oxyd	Bas. Aluminium-azetat
Mol.-Gew.: 918,34	Mol.-Gew.: 101,94	Mol.-Gew.: 324,06

entspricht 1 g getrocknetes Aluminium-8-Oxychinolin

$$= 0,1110 \text{ g Aluminiumoxyd,}$$
$$= 0,3529 \text{ g bas. Aluminiumazetat.}$$

1 g Aluminiumazetatlösung muß mindestens 0,2408 g Aluminium-8-Oxychinolin hinterlassen, entsprechend

$$0,2408 \times 0,3529 \times 100 = 8,5 \text{ % bas. Aluminiumazetat.}$$

11. Liquor Plumbi subacetici — Bleiessig.

In einem Mörser verreibt man 100 g Bleiglätte mit 300 g Bleiazetat, bringt diese Mischung in eine Flasche und übergießt sie mit 1 Liter destilliertem Wasser. Man läßt wohlverschlossen etwa eine Woche unter häufigem Umschütteln stehen, bis das Gemisch gleichmäßig weiß oder rötlichweiß geworden ist und die feste Masse sich ganz oder fast ganz gelöst hat. Man läßt absetzen und filtriert. Die Dichte soll sein 1,235 bis 1,240 bei $\frac{15°}{15°}$, entsprechend 1,232 bis 1,237 $\frac{20°}{4°}$ (DAB 6).

Betrachtung. Bleiazetat vermag sich mit Bleioxyd (Bleiglätte) je nach den Versuchsbedingungen zu verschiedenen basischen Salzen zu verbinden. Es sind $1/2$-, 1-, 2-, 5fach basische Bleiazetatverbindungen bekannt. Im vorliegenden Präparate ist das halbbasische Salz enthalten, man nennt es auch basisch Blei-$2/3$-Azetat, weil ein Molekül der Verbindung zwei Bleiazetatgruppen und drei Bleiatome enthält.

Die Umsetzung erfolgt im Sinne folgender Gleichung:

$$2\,(CH_3COO)_2Pb \cdot 3\,H_2O + PbO \rightarrow [(CH_3COO)_2Pb]_2 \cdot PbO \cdot H_2O + 5\,H_2O$$

$$\text{Bleiazetat} \qquad \text{Bleiglätte} \qquad \text{Basisch Blei-}2/3\text{-azetat} \qquad \text{Wasser}$$
$$\text{Bleioxyd}$$

Eigenschaften. Bleiessig ist eine klare, farblose Flüssigkeit von süßem und adstringierendem Geschmack, die, wie das Wort „basisch" schon andeutet, alkalisch reagiert, Lackmuspapier bläut, aber doch noch zu schwach basisch ist, um Phenolphthaleinlösung zu röten. Bleiessig ist gut verschlossen, am besten in kleinen Flaschen, aufzubewahren, denn bei Luftzutritt fällt die Kohlensäure der Luft Blei als basisches Bleikarbonat (Bleiweiß) aus, verändert somit Wirkungskraft und die Dichte des Bleiessigs.

Prüfung.

1. **Identitätsreaktion:**

Bleiessig gibt mit überschüssiger Eisenchloridlösung eine rötliche Mischung, die sich beim Stehen in einen weißen Niederschlag — Bleichlorid — und eine dunkelrote Flüssigkeit — $1/3$ basisches Ferriazetat — trennt:

$$3\,[(CH_3COO)_2Pb]_2 \cdot PbO \cdot H_2O + 6\,FeCl_3 \rightarrow 9\,PbCl_2 + 6\,Fe(CH_3COO)_2(OH)$$

$$\text{Basisch Blei-}2/3\text{-azetat} \qquad \text{Ferrichlorid} \quad \text{Bleichlorid} \qquad 1/3 \text{ bas. Ferriazetat}$$

Der weiße Niederschlag von Bleichlorid löst sich in einer genügenden Menge heißen Wassers auf, während die abfiltrierte dunkelrote Flüssigkeit beim Erhitzen $2/3$ basisches Ferriazetat abscheidet:

$$6\,Fe(CH_3COO)_2(OH) + 6\,H_2O \rightleftarrows 6\,Fe(CH_3COO)(OH)_2 + 6\,CH_3COOH$$

$$1/3 \text{ bas. Ferriazetat} \qquad \text{Wasser} \qquad 2/3 \text{ bas. Ferriazetat} \qquad \text{Essigsäure}$$

Man ersieht hieraus, daß die hydrolytische Spaltung (s. d.) mit Temperaturerhöhung an Stärke gewinnt, das Gleichgewicht der reversiblen Reaktion (s. d.) verschiebt sich mehr und mehr nach rechts, bei Siedehitze scheidet sich aus Eisenazetatlösung durch Hydrolyse $2/3$ basisches Ferriazetat aus.

2. **auf Eisen- und Kupfersalze:**

Sie können als Beimengungen der Ausgangsmaterialien in das Präparat gelangt sein. Kupfersalze würden sich schon durch ihren bläulichen Farbenton — Bleiessig muß farblos sein — zu erkennen geben, Einsensalze dadurch, daß beim Versetzen von 1 ccm Bleiessig mit 3 ccm verdünnter Essigsäure eine dunkelrote Färbung entsteht durch Bildung von Ferriazetat, das leicht der hydrolytischen Spaltung in basisches Ferriazetat bzw. Ferrihydroxyd unterliegt (s. o.).

12. Sulfur praecipitatum — Gefällter Schwefel; Schwefelmilch.

Darstellung. In einem eisernen Kessel werden 12,5 g gebrannter Kalk mit 75 g Wasser gelöscht, zu einem Brei verrieben und nach Zusatz von 25 g Schwefel und 250 g Wasser unter beständigem Umrühren mit einem Holzspatel und unter Ersatz des verdampfenden Wassers eine Stunde lang gekocht. Die entstandene rotgelbe Lösung wird durch einen Spitzbeutel gegossen, der Rückstand nochmals mit etwa 150 g Wasser eine halbe Stunde lang gekocht und die Auskochung durch denselben Spitzbeutel zur ersten Kolatur gegossen. Der Rückstand wird einige Male mit heißem Wasser nachgewaschen. Nach mehrtägigem Stehen in einer verschlossenen Flasche filtriert man in eine weithalsige Flasche, verdünnt mit Wasser auf 600 g und setzt zur Fällung des Schwefels unter Umrühren so viel (etwa 95 g) einer 6- bis 7proz. Salzsäure (1 Teil 25proz. Salzsäure mit 2 bis 3 Teilen Wasser) hinzu, bis die überstehende Flüssigkeit noch eben hellgelb erscheint und noch alkalisch reagiert. Bei der Fällung entwickelt sich reichlich Schwefelwasserstoff, man hat dieselbe daher im Freien vorzunehmen. Der abgeschiedene Schwefel wird zunächst durch Dekantieren und schließlich im Spitzbeutel solange mit destilliertem Wasser gewaschen, bis das Abtropfende nicht mehr alkalisch reagiert und chlorfrei ist, d. h. nach dem Ansäuern mit Salpetersäure mit Silbernitratlösung keine Trübung gibt. Der Schwefel wird sanft gepreßt und bei 20 bis 30° getrocknet.

Betrachtung. Vom festen Schwefel kennt man zwei kristallisierte und zwei amorphe Formen. Der Schwefel kristallisiert rhombisch und monoklin, als amorpher Schwefel ist er entweder weich und in Schwefelkohlenstoff löslich oder pulverförmig und in Schwefelkohlenstoff unlöslich. Diese verschiedenen Modifikationen bezeichnet man auch als die allotropen Zustände des Schwefels.

Als eine weitere Form sei der kolloide Schwefel (s. Kolloide) erwähnt, der eine solche feine Verteilung zeigt, daß er sich in Wasser löst. Unter anderem kann er durch geeignete Maßnahmen aus Natriumthiosulfat durch Behandeln mit Schwefelsäure erhalten werden:

$$Na_2S_2O_3 + H_2SO_4 \rightarrow Na_2SO_4 + S + SO_2 + H_2O$$

Natrium- thiosulfat	Schwefel- säure	Natrium- sulfat	Schwe- fel	Schwefel- dioxyd	Wasser

Wir haben es bei unserem Präparat mit dem in Schwefelkohlenstoff löslichen amorphen Schwefel zu tun. Er wird erhalten bei der Zersetzung von Polysulfiden (CaS.n, K_2S.n, Na_2S.n usw.) durch Säuren.

Die Polysulfide werden durch Kochen von Schwefel mit einer Base erhalten, in unserem Falle Kalziumpolysulfid durch Kochen von Schwefel mit der Base Kalziumhydroxyd, welch letztere aus gebranntem Kalk, Kalziumoxyd, durch Behandeln mit Wasser, Löschen des Kalks, erhalten wird, wobei ein Teil Wasser bei der entwickelten Wärme dampfförmig entweicht:

$$CaO + H_2O \rightarrow Ca(OH)_2$$

Kalzium-   Wasser   Kalziumoxyd   hydroxyd

Beim Kochen mit Schwefel bildet sich als Polysulfid vornehmlich Kalziumpentasulfid — CaS_5 —, daneben findet auch noch Bildung von Kalziumthiosulfat — CaS_2O_3 — statt, welches sich beim Kochen teilweise in Schwefel und Kalziumsulfit, bzw durch Oxydation des letzteren in Kalziumsulfat spaltet:

a)
$$CaS_2O_3 \rightarrow CaSO_3 + S$$

Kalzium-   Kalzium- Schwefel
thiosulfat   sulfit

b)
$$CaSO_3 + O \rightarrow CaSO_4$$

Kalzium- Sauer- Kalziumsulfit   stoff   sulfat

Die im weiteren Verlauf der Darstellung erfolgende Zersetzung des Kalziumpentasulfids durch Salzsäure geschieht nach folgender Gleichung:

$$CaS_5 + 2\,HCl \rightarrow CaCl_2 + H_2S + 4\,S$$

Kalzium-   Chlor-   Kalzium- Schwefel- Sulfur-
pentasulfid   wasser-   chlorid   wasser-   praecipit.
              stoff   stoff

Ein Überschuß an Salzsäure ist streng zu vermeiden, die ursprünglich rotgelbe Farbe des Kalziumpentasulfids muß am Ende der Fällung als hellgelb vorherrschen. Etwa vorhandenes Arsen wird hierdurch in Lösung gehalten. Ein Zuviel an Salzsäure zersetzt ferner das Kalziumthiosulfat in Schwefel und Schwefeldioxyd SO_2, welch letzteres sich mit dem bei der Fällung auftretenden Schwefelwasserstoff weiterhin zu Schwefel umsetzt:

a)
$$CaS_2O_3 + 2\,HCl \rightarrow CaCl_2 + H_2O + S + SO_2$$

Kalzium-   Chlor-   Kalzium- Wasser Schwe- Schwefel-
thiosulfat   wasserstoff   chlorid   fel   dioxyd

b)
$$SO_2 + 2\,H_2S \rightarrow 2\,H_2O + 3\,S$$

Schwefel- Schwefel-   Wasser Schwefel
dioxyd   wasserstoff

Die Ausbeute an Schwefel würde allerdings vergrößert werden, aber der bei den letzten Vorgängen gebildete Schwefel ist wegen seiner zähen und kompakten Eigenschaft nicht verwertbar und direkt als Verunreinigung zu betrachten.

Eigenschaften. Die Schwefelmilch ist, wie schon erwähnt, amorph, in Schwefelkohlenstoff löslich und von gelblich-weißem Aussehen. Aus der Lösung in Schwefelkohlenstoff wird bei langsamem Verdunsten die rhombische Form erhalten.

Prüfung.

1. Identitätsreaktion:

Der gefällte Schwefel, wie natürlich auch die anderen Formen, verbrennt an der Luft mit bläulicher Flamme zu Schwefeldioxyd = dem Anhydrid der schwefligen Säure, einem stechend riechenden Gase:

$$S + 2\,O \rightarrow SO_2$$

Schwe-   Sauer-   Schwefel-
fel   stoff   dioxyd

2. auf freie Säure und Alkalikarbonate:

Mit Wasser angefeuchteter gefällter Schwefel darf weder sauer noch alkalisch reagieren, Lackmuspapier weder röten noch bläuen. Bei mangelhafter feuchter Aufbewahrung und Einwirkung des Sonnenlichtes wird der Schwefel teilweise oxydiert. Freie Säure kann ferner von der Fällung her (s. d.) anwesend sein. Alkalikarbonate können zugegen sein, wenn das Präparat aus Kalium- oder Natriumpolysulfiden (hergestellt aus dem entsprechenden Alkalikarbonat und Schwefel, siehe das folgende Präparat Kalium sulfuratum) gewonnen ist.

3. auf Schwefelwasserstoff:

von der Fällung bei ungenügendem Auswaschen herrührend. Wird 1 g Schwefelmilch mit 10 ccm Wasser von 40 bis 50° geschüttelt, so darf das Filtrat durch Beiazetatlösung nicht verändert werden. Bleisalze geben mit Schwefelwasserstoff schwarzes Bleisulfid PbS:

$$Pb(CH_3COO)_2 + H_2S \rightarrow PbS + 2\,CH_3COOH$$

Bleiazetat   Schwefel   Bleisulfid   Essigsäure
            wasserstoff

4. auf Salzsäure:

von der Fällung bei ungenügendem Auswaschen herrührend. Das Filtrat nach 3 darf durch Silbernitratlösung höchstens opalisierend getrübt werden. Spuren von Salzsäure sind also zulässig. Halogenwasserstoffsäuren (mit Ausnahme von Fluor) oder deren Salze geben mit Silbernitrat in Säuren unlösliches Silberhaloid AgHlg:

$$HCl + AgNO_3 \rightarrow AgCl + HNO_3$$

Chlor-   Silber-   Silber-   Salpeter-
wasserstoff   nitrat   chlorid   säure

5. auf Arsen- und Selenverbindungen:

Arsen und Selen sind häufige Begleiter des natürlich vorkommenden Schwefels.

1 g gefällter Schwefel wird in einer Porzellanschale mit 10 ccm roher Salpetersäure (61 bis 65%) auf dem Wasserbade eingedampft. Hierbei wird Arsen zu Arsensäure, Selen zu Selensäure oxydiert. Der Rückstand wird mit 5 ccm Salzsäure ausgezogen und filtriert. 2 ccm des Filtrats werden mit 3 ccm Natriumhypophosphitlösung ¼ Stunde lang im siedenden Wasserbade erhitzt. Bei Anwesenheit von Arsen- und Selenverbindungen erfolgt hierbei Reduktion zu elementarem Arsen — Braunfärbung — bzw. Selen — Rotfärbung — (s. S. 68).

6. **auf mineralische Beimengungen:**

Dieselben geben sich zu erkennen, wenn beim Verbrennen der Schwefelmilch mehr als 0,5 % Rückstand hinterbleibt.

13. Kalium sulfuratum — Schwefelleber.

Darstellung. In einer eisernen Schale mischt man 30 g gepulvertes Kaliumkarbonat und 15 g Schwefel, bedeckt die Schale und erhitzt auf mäßigem Feuer. Die Masse sintert zusammen und schmilzt allmählich zu einer zähen, braunen Masse. Man vermeide Überhitzung, die Masse soll nicht dünnflüssig werden. Es findet reichliche Kohlensäureentwicklung statt. Von Zeit zu Zeit rührt man mit einem eisernen Spatel um; sobald der Schwefel sich aber entzündet, deckt man wieder zu. Wenn die Kohlensäureentwicklung fast ganz nachgelassen hat und eine Probe sich klar ohne Schwefelabscheidung in Wasser löst, nimmt man die Schale vom Feuer, gießt den Inhalt auf eine glatte Stein- oder Eisenplatte und zerschlägt die erstarrte, aber noch heiße Masse mit einem Hammer in kleine Stücke. Letztere bringt man sofort in gut getrocknete Flaschen, die man sorgfältig verschließt.

Betrachtung. Beim Kochen von Schwefel mit Basen bilden sich, wie wir beim vorigen Präparat sahen, Polysulfide. Bei unserem Darstellungsverfahren, beim Erhitzen von 2 Teilen Kaliumkarbonat und 1 Teil Schwefel, entstehen unter Kohlensäureentwicklung vornehmlich Kaliumtrisulfid und Kaliumthiosulfat:

$$3\,K_2CO_3 + 8\,S \rightarrow 2\,K_2S_3 + K_2S_2O_3 + 3\,CO_2$$

Kalium- Schwefel Kalium- Kalium- Kohlen-
karbonat trisulfid thiosulfat dioxyd

Bei stärkerem Erhitzen der Masse bis zur Dünnflüssigkeit würde das Kaliumthiosulfat in Kaliumpentasulfid und Kaliumsulfat übergehen:

$$4\,K_2S_2O_3 \rightarrow 3\,K_2SO_4 + K_2S_5$$

Kalium- Kaliumsulfat Kaliumthiosulfat pentasulfid

Das Kaliumpentasulfid würde weiterhin in Kaliumtrisulfid und Schwefel, der zu Schwefeldioxyd verbrennt, zerlegt werden:

$$K_2S_5 + 4\,O \rightarrow K_2S_3 + 2\,SO_2$$

Kalium- Sauer- Kalium- Schwefel-
pentasulfid stoff trisulfid dioxyd

Da die letzten beiden Prozesse zum kleinen Teil neben dem ersten Hauptprozeß einherlaufen, so ist die Schwefelleber als ein Gemisch aus Kaliumtrisulfid, Kaliumthiosulfat und wenig Kaliumsulfat zu betrachten.

Eigenschaften. Schwefelleber bildet, frisch bereitet, lederbraune, später gelbgrüne Stücke, die sich in zwei Teilen Wasser zu einer fast klaren, gelbgrünen, Lackmuspapier bläuenden Flüssigkeit lösen. Die Schwefelleber riecht kräftig nach Schwefelwasserstoff. Die Lösung wird durch verdünnte Säuren zersetzt in Schwefel und Schwefelwasserstoff (s. Sulf. praec.), und zwar erfolgt die Zersetzung des Kaliumtrisulfids nach folgender Gleichung:

$$K_2S_3 + 2\,HCl \rightarrow 2\,KCl + H_2S + 2\,S$$

Kalium-   Chlor-   Kalium- Schwefel- Schwe-
trisulfid wasserstoff chlorid wasserstoff fel

Das Kaliumthiosulfat der Schwefelleber wird durch die Säure zunächst in Schwefel und Schwefeldioxyd zerlegt. Letzteres setzt sich mit dem aus Kaliumtrisulfid entwickelten Schwefelwasserstoff sogleich zu Schwefel und Wasser um:

a)
$$K_2S_2O_3 + 2\,HCl \rightarrow 2\,KCl + H_2O + SO_2 + S$$

Kalium-   Chlor-   Kalium- Wasser Schwefel- Schwe- .
thiosulfat wasserstoff chlorid   dioxyd fel

b)
$$SO_2 + 2\,H_2S \rightarrow 3\,S + 2\,H_2O$$

Schwefel- Schwefel- Schwefel Wasser
dioxyd wasserstoff

In gleicher Weise wirkt auch die Kohlensäure der Luft ein, darum wird aus Schwefelleber beim Liegen an der feuchten Luft Schwefelwasserstoff entwickelt:

$$K_2S_3 + CO_2 + H_2O \rightarrow K_2CO_3 + H_2S + 2\,S$$

Kalium- Kohlen- Wasser Kalium- Schwefel- Schwe-
trisulfid dioxyd   karbonat wasserstoff fel

Prüfung.

1. Identitätsreaktion:

Erhitzt man die wässerige Lösung der Schwefelleber (1 + 19) mit überschüssiger Essigsäure, so erfolgt, wie oben gesehen, unter Schwefelabscheidung reichlich Schwefelwasserstoffentwicklung:

$$K_2S_3 + 2\,CH_3COOH \rightarrow 2\,CH_3COOK + H_2S + 2\,S$$

Kalium-   Essigsäure   Kaliumazetat Schwefel- Schwe-
trisulfid   wasserstoff fel

In dem Filtrat scheidet sich nach dem Erkalten beim Versetzen mit Weinsäurelösung als Identitätsreaktion auf Kaliumsalz Kaliumbitartrat (Weinstein) aus:

$$CH_3COOK + HOOC \cdot (CHOH)_2 \cdot COOH \rightarrow HOOC \cdot (CHOH)_2 \cdot COOK + CH_3COOH$$

Kaliumazetat   Weinsäure   Kaliumbitartrat   Essigsäure

14. Stibium sulfuratum aurantiacum — Goldschwefel; Antimonpentasulfid.

Darstellung. Die Herstellung dieses Präparates zerfällt in zwei Teile:

1. Gewinnung des Natriumthioantimonats, des Schlippeschen Salzes, durch Behandeln von Antimontrisulfid mit Natronlauge und Schwefel.

2. Zersetzen des Schlippeschen Salzes mittels einer Säure zu Goldschwefel.

Die Natronlauge bereitet man sich zweckmäßig selbst durch Umsetzung von Kalkmilch mit Soda. In einer Schale löscht man 52 g gebrannten Kalk (s. Sulf. praecip.) und rührt mit etwa 250 g Wasser zu einem gleichmäßigen Brei an. Man fügt eine heiße Lösung von 150 g Soda in 450 g Wasser zu (Fällung von Kalziumkarbonat) und kocht einige Minuten. In die siedende Flüssigkeit trägt man nun ein Gemisch von 72 g schwarzem Antimontrisulfid und 18 g sublimiertem Schwefel ein und kocht unter Ersatz des verdampfenden Wassers etwa $2^{1}/_{2}$ Stunden. Die schwarze Farbe des Antimontrisulfids ist indessen verschwunden. Die Flüssigkeit wird koliert, der Rückstand mit etwa 200 g Wasser nochmals $^{1}/_{2}$ Stunde gekocht, ebenfalls koliert, und beide vereinigten Kolaturen werden filtriert. Das Filtrat wird auf dem Wasserbade eingeengt und zur Kristallisation etwa 12 Stunden an einem kühlen Ort beiseite gestellt. Die Mutterlauge wird zur weiteren Kristallisation nochmals eingeengt. Die farblosen Kristalle — S c h l i p p e s c h e s S a l z— (Ausbeute etwa 100 g) werden auf einer Nutsche oder einem Filter mit ganz verdünnter Natronlauge nachgewaschen.

Zum zweiten Prozeß übergehend, werden die Kristalle in etwa 300 g heißem Wasser gelöst, nach dem Filtrieren mit Wasser auf $1^{1}/_{2}$ bis 2 Liter verdünnt und einem in einer geräumigen Porzellanschale befindlichen, erkalteten Gemisch von 40 g konzentrierter reiner Schwefelsäure und 800 g Wasser allmählich unter Umrühren zugesetzt. (Operation an einem zugigen Ort oder im Abzug vorzunehmen.) Unter heftiger Schwefelwasserstoffentwicklung fällt der Goldschwefel rot aus. Der Niederschlag wird zunächst durch Dekantieren, dann auf dem Filter so lange mit Wasser gewaschen, bis er schwefelsäurefrei ist — das Ablaufende darf mit Bariumnitratlösung keine Trübung geben — und dann bei mäßiger Temperatur getrocknet. Ausbeute etwa 35 g.

Betrachtung. Die Umsetzung zwischen Kalziumhydroxyd und Natriumkarbonat geschieht nach folgender Gleichung:

$$\underset{\substack{\text{Kalzium-}\\\text{hydroxyd}}}{Ca(OH)_2} + \underset{\substack{\text{Natrium-}\\\text{karbonat}}}{Na_2CO_3} \rightarrow \underset{\substack{\text{Kalzium-}\\\text{karbonat}}}{CaCO_3} + \underset{\substack{\text{Natrium-}\\\text{hydroxyd}}}{2\,NaOH}$$

In Parallele mit den Sauerstoffsäuren des Arsens und Antimons: $H_3As(Sb)O_3$ und $H_3As(Sb)O_4$ kennen wir die entsprechenden schwefelhaltigen Säuren: $H_3As(Sb)S_3$ thioarsenige - thioantimonige Säure und $H_3As(Sb)S_4$ Thioarsen-Thioantimonsäure, die aber nur in Form ihrer Salze beständig sind. Wie sich ferner die Anhydride der Sauerstoffsäuren des Arsens und Antimons mit Alkalien zu den Alkalisalzen der betreffenden Sauerstoffsäuren verbinden, so lösen sich auch die Tri- und Pentasulfide des Arsens und Antimons in den entsprechenden Schwefelverbindungen der Alkalien, Kalium-Natriumsulfid, zu dem Kalium-Natriumsalz der thio-

arsenigen, bzw. thioantimonigen oder Thioarsen-, bzw. Thioantimonsäure auf:

$$Sb_2S_3 + 3\ K_2S \rightarrow 2\ K_3SbS_3$$

Antimon-   Kalium-   Kaliumtrisulfid   sulfid   thioantimonit

$$Sb_2S_5 + 3\ K_2S \rightarrow 2\ K_3SbS_4$$

Antimon-   Kalium-   Kaliumpentasulfid   sulfid   thioantimonat

Die Thioarsenate und -antimonate können aber auch aus dem Trisulfid erhalten werden, wenn man statt der einfachen mehrfach Schwefel-
alkalien einwirken läßt:

$$Sb_2S_3 + 2\ Na_2S_2 \rightarrow Na_3SbS_4 + NaSbS_3$$

Antimon-   Natrium-   Natriumthio- Natriumthio-
trisulfid   disulfid   antimonat metantimonat

Die Reaktion ist dahin aufzufassen, daß Sb_2S_3 durch den überschüssigen Schwefel in Sb_2S_5 übergeführt wird analog der Oxydation von Sb_2O_3
zu Sb_2O_5.

Diese Bedingungen sind bei unserem Präparat gegeben, denn wie wir
schon beim Präparate Sulfur praecipitatum sahen, entstehen beim Kochen
von Natronlauge mit Schwefel Natriumpolysulfide, welche im obigen Sinne
auf Antimontrisulfid einwirken. Nebenher entsteht bei unserem Her-
stellungsverfahren auch noch die Sauerstoffverbindung, das Natrium-
metantimonat, welches ungelöst im Rückstande verbleibt. Die Gesamt-
reaktion bei der Herstellung des Schlippeschen Salzes verläuft im Sinne
folgender Gleichung:

$$18\ NaOH + 4\ Sb_2S_3 + 8\ S \rightarrow 5\ Na_3SbS_4 + 3\ NaSbO_3 + 9\ H_2O$$

Natrium-   Antimon- Schwefel   Natrium-   Natriummet- Wasser
hydroxyd   trisulfid   thioantimonat antimonat
                      (Schlippesches Salz)

Durch Säuren wurden aus den Thiosalzen die Thiosäuren in Freiheit
gesetzt; diese sind aber, wie schon erwähnt, unbeständig und zerfallen in
Schwefelwasserstoff und das entsprechende Sulfid. Die aus dem Schlippeschen Salz durch Schwefelsäure in Freiheit gesetzte Thioantimonsäure
zerfällt augenblicklich in Schwefelwasserstoff und Antimonpentasulfid
= Goldschwefel:

a)

$$2\ Na_3SbS_4 + 3\ H_2SO_4 \rightarrow 2\ H_3SbS_4 + 3\ Na_2SO_4$$

Natrium-   Schwefel-   Thioantimon- Natriumsulfat
thioantimonat   säure   säure
(Schlippesches Salz)   unbeständig

b)

$$2\ H_3SbS_4 \rightarrow Sb_2S_5 + 3\ H_2S$$

Thioantimon-   Antimon- Schwefelsäure   pentasulfid wasserstoff
        Goldschwefel

F. Kirchhof faßt den reinen Goldschwefel als Antimonthioantimonat
auf und gibt ihm die Formel Sb_2S_4.

Die ältere Nomenklatur bezeichnet die obigen Thioverbindungen als
Sulfverbindungen, z. B. Natriumsulfantimonat für Schlippesches Salz.

Eigenschaften. Der Goldschwefel bildet ein feines, orangerotes, fast geruchloses Pulver, welches in Wasser, Alkohol und Äther unlöslich ist. Unter dem Einfluß von Licht und Feuchtigkeit erleidet der Goldschwefel Oxydation zu Antimonoxyd und Schwefelsäure, er ist daher vor Licht geschützt und trocken aufzubewahren.

Prüfung.

1. Identitätsreaktion:

Beim Erhitzen des Goldschwefels im Reagenzrohr sublimiert Schwefel, und schwarzes Antimontrisulfid hinterbleibt:

$$Sb_2S_5 \rightarrow Sb_2S_3 + 2\,S$$

Antimon- Antimon- Schwefel
pentasulfid trisulfid

2. auf Arsenverbindungen:

In einer kleinen Porzellanschale werden 0,5 g Goldschwefel allmählich in 5 ccm rohe Salpetersäure eingetragen und auf dem Wasserbade zur Trockne eingedampft. Arsenverbindungen werden hierbei zu Arsensäure oxydiert. Der Rückstand wird mit 5 ccm verdünnter Salzsäure (12,5 %) ausgezogen. Erhitzt man 2 ccm des Filtrats mit 4 ccm Natriumhypophosphitlösung $^1/_4$ Stunde lang im siedenden Wasserbade, so darf keine dunklere Färbung eintreten. Arsenverbindungen werden zu elementarem Arsen reduziert (s. S. 68).

3. auf Salz- und Schwefelsäure:

Sie kommen als Fällungsmittel in Frage und können nicht hinreichend entfernt sein, sie sind in diesem Falle als Natriumsalz anwesend. Eine Ausschüttelung von 1 g Goldschwefel mit 20 g Wasser darf nach dem Filtrieren

 a) als Reaktion auf Chlorid

durch Silbernitratlösung:

$$NaCl + AgNO_3 \rightarrow AgCl + NaNO_3$$

Natrium- Silber- Silber- Natriumchlorid nitrat chlorid nitrat

 b) als Reaktion auf Sulfat

durch Bariumnitratlösung:

$$Na_2SO_4 + Ba(NO_3)_2 \rightarrow BaSO_4 + 2\,NaNO_3$$

Natrium- Barium- Barium- Natriumsulfat nitrat sulfat nitrat

nicht mehr als schwach getrübt werden. Spuren sind also zulässig.

4. auf Natriumthiosulfat:

Es kann zugegen sein, wenn bei der Fällung nicht genügend Säure verwendet ist. Seine Gegenwart gibt sich durch eine bräunliche Trübung oder Fällung — Silbersulfid Ag_2S — bei Prüfung 3a zu erkennen. Die Umsetzung erfolgt im Sinne folgender Gleichung:

a)
$$Na_2S_2O_3 + 2\,AgNO_3 \rightarrow Ag_2S_2O_3 + 2\,NaNO_3$$

Natrium-thiosulfat   Silbernitrat   Silber-thiosulfat weiß   Natrium-nitrat

b)
$$Ag_2S_2O_3 + H_2O \rightarrow Ag_2S + H_2SO_4$$

Silber-thiosulfat weiß   Wasser   Silber-sulfid schwarz   Schwefel-säure

15. Zincum sulfuricum — Zinksulfat.

Darstellung. In einem Kolben gibt man zu einer Mischung von 15 g
Schwefelsäure mit 85 g Wasser (Schwefelsäure in das Wasser gießen,
nicht umgekehrt!) 12 g gewöhnliches metallisches Zink. Unter heftiger
Wasserstoffentwicklung geht die Lösung vor sich, später erwärmt man
etwas auf dem Wasserbade. Beimengungen des Zinks, wie Blei, Kadmium,
Kupfer, Arsen, bleiben als ungelöster Schlamm zurück. Eisen ist dagegen
fast stets mit in Lösung gegangen. Eine Probe gibt mit einer Lösung von
rotem Blutlaugensalz — Kaliumferrizyanid — grünlich bis bläuliche
Färbung (Turnbulls-Blau = Ferroferrizyanid). Zur Überführung des
Ferrosulfats in die zur Abscheidung geeignete Oxydform — Ferrisulfat —
wird die vom Schlamm abfiltrierte Lösung mit 5 ccm 3prozentiger Wasser-
stoffsuperoxydlösung versetzt und 24 Stunden lang in einem verschlossenen Gefäße stehengelassen. Die Flüssigkeit wird nun in einer Porzellanschale auf dem Wasserbade erhitzt und so viel einer Anreibung von Zinkoxyd in Wasser zugeführt, bis alles Eisen ausgefällt ist. Das Filtrat wird
nach Zusatz von etwas Schwefelsäure (um die Bildung von basischem
Zinksulfat zu verhindern) auf dem Wasserbade eingeengt und zur Kristallisation bei Seite gestellt. Die erhaltenen Kristalle werden zwecks
Reinigung rekristallisiert.

Betrachtung. Chemisch reines Zink entwickelt mit reiner verdünnter
Schwefelsäure bei gewöhnlicher Temperatur keinen Wasserstoff. Bringt
man jedoch einen Platindraht mit dem Zink in Berührung, so beobachtet
man an ersterem Entwicklung von Wasserstoff. In demselben Sinne wirken die Beimengungen des Zinks, wie Eisen usw., so daß gewöhnliches
unreines Zink schon bei gewöhnlicher Temperatur mit verdünnter Schwefelsäure reagiert.

Nach einer Hypothese von Nernst ist jedes Metall bestrebt, in Berührung mit Wasser oder einer Lösung positive Metallionen in Lösung
zu treiben mit einer für die einzelnen Metalle verschieden großen Kraft,
die man als Lösungsdruck oder Lösungstension der Metalle bezeichnet. Für Zink ist die Lösungstension beträchtlich größer als für
Kupfer, Platin, Eisen usw. In dem Maße, wie Zink z. B. seine + Metallionen in Lösung bringt, wird es selbst elektrisch negativ, und es wird sich
bald ein Gleichgewicht einstellen. Sorgt man aber dafür, daß die negative Elektrizität des Zinkstabes abgeleitet wird, z. B. durch den Platindraht,

so kann das Zink aufs neue Kationen (s. Ionentheorie) in Lösung bringen. An dem negativen Platindraht haben nun aber die + Wasserstoffionen der Schwefelsäure Gelegenheit, sich zu entladen und in den atomistischen Zustand überzugehen, d. h. Wasserstoff entweicht. (Theorie der Elemente, Umwandlung chemischer Energie in elektrische Energie.)

Die Bildung des Zinksulfats erfolgt also:

$$Zn + 2\,H^{\cdot\cdot} + SO_4'' \rightarrow Zn^{\cdot\cdot} + SO_4'' + 2\,H$$
$$\text{Schwefelsäure} \qquad \text{Zinksulfat} \quad \text{Wasserstoff}$$

Im selbigen Sinne wird das dem Zink beigemengte Eisen zu Ferrosulfat gelöst. Letzteres wurde im weiteren Verlauf der Darstellung mittels Wasserstoffsuperoxyd oxydiert:

$$2\,FeSO_4 + H_2SO_4 + H_2O_2 \rightarrow Fe_2(SO_4)_3 + 2\,H_2O$$
$$\text{Ferrosulfat} \quad \text{Schwefel-} \quad \text{Wasserstoff-} \quad \text{Ferrisulfat} \quad \text{Wasser}$$
$$\text{säure} \qquad \text{superoxyd}$$

und durch Zinkoxyd als Eisenhydroxyd abgeschieden:

$$Fe_2(SO_4)_3 + 3\,ZnO + 3\,H_2O \rightarrow 2\,Fe(OH)_3 + 3\,ZnSO_4$$
$$\text{Ferrisulfat} \quad \text{Zinkoxyd} \quad \text{Wasser} \quad \text{Ferrihydroxyd} \quad \text{Zinksulfat}$$

Eigenschaften. Zinksulfat kristallisiert mit 7 Molekülen Kristallwasser $= ZnSO_4 \cdot 7\,H_2O$ und bildet farblose, an der Luft verwitternde Kristalle.

Es löst sich leicht in Wasser, in Weingeist ist es wie die meisten anorganischen Salze unlöslich. Seine wässerige Lösung reagiert infolge hydrolytischer Spaltung (s. d.) sauer. Zink zeigt als Base schwachen Charakter.

Prüfung.

1. **Identitätsreaktion auf Zinksalz $= Zn^{\cdot\cdot}$-Ionen:**

a) Zinkoxyd bekundet außer schwach basischem auch sauren Charakter. Versetzt man die wässerige Zinksulfatlösung mit wenig Natronlauge, so entsteht ein weißer Niederschlag von Zinkhydroxyd, der sich in überschüssiger Natronlauge zu Zinkatsalz löst. (Analogie mit Aluminium):

$$ZnSO_4 + 2\,NaOH \rightarrow Zn(OH)_2 + Na_2SO_4$$
$$\text{Zinksulfat} \quad \text{Natrium-} \quad \text{Zinkhydroxyd} \quad \text{Natrium-}$$
$$\text{hydroxyd} \qquad\qquad \text{sulfat}$$

$$Zn(OH)_2 + 2\,NaOH \rightarrow Zn(ONa)_2 + 2\,H_2O$$
$$\text{Zinkhydroxyd} \quad \text{Natrium-} \quad \text{Natriumzinkat} \quad \text{Wasser}$$
$$\text{hydroxyd}$$

b) Ebenso erzeugt Ammoniak in wässeriger Zinksuslfatlösung Fällung von Zinkhydroxyd, das sich im überschüssigen Ammoniak zu einer Zink-Ammoniakverbindung (s. Metallammoniakverbindung) löst (Unterschied von Aluminium):

$$ZnSO_4 + 2\,NH_3 + 2\,H_2O \rightarrow Zn(OH)_2 + (NH_4)_2SO_4$$
$$\text{Zinksulfat} \quad \text{Ammoniak} \quad \text{Wasser} \quad \text{Zinkhydroxyd} \quad \text{Ammoniumsulfat}$$

$$Zn(OH)_2 + (NH_4)_2SO_4 + 2\,NH_3 \rightarrow Zn(NH_3)_4SO_4 + 2\,H_2O$$
$$\text{Zinkhydroxyd} \quad \text{Ammonium-} \quad \text{Ammoniak} \quad \text{Zinksulfat-} \quad \text{Wasser}$$
$$\text{sulfat} \qquad\qquad \text{Ammoniak}$$

Sowohl aus der Lösung in Natronlauge wie in Ammoniak wird durch Schwefelwasserstoff bzw. Natriumsulfid Zink als weißes Zinksulfid ausgeschieden:

$$Zn(ONa)_2 + H_2S \rightarrow ZnS + 2\,NaOH$$

Natrium- Schwefel- Zink- Natriumzinkat wasserstoff sulfid hydroxyd

2. Identitätsreaktion auf Sulfat = SO_4''-Ionen:

Die wässerige Zinksulfatlösung gibt mit Bariumnitratlösung einen weißen, in Säuren unlöslichen Niederschlag von Bariumsulfat:

$$ZnSO_4 + Ba(NO_3)_2 \rightarrow BaSO_4 + Zn(NO_3)_2$$

Zinksulfat Bariumnitrat Bariumsulfat Zinknitrat

3. auf Blei-, Aluminium-, Eisensalze:

Diese Metalle würden bei der Prüfung 1b als in überschüssigem Ammoniak unlösliche Hydroxydverbindungen ausfallen:

$$Al_2(SO_4)_3 + 6\,NH_3 + 6\,H_2O \rightarrow 2\,Al(OH)_3 + 3\,(NH_4)_2SO_4$$

Aluminium- Ammoniak Wasser Aluminium- Ammoniumsulfat   hydroxyd sulfat

Setzt man weiter im Sinne der Identitätsreaktion 1b zu der klaren Lösung von 0,5 g Zinksulfat in einer Mischung von 10 ccm Wasser und 5 ccm Ammoniakflüssigkeit 1 Tropfen Natriumsulfidlösung hinzu, so muß eine rein weiße, auch beim Übersättigen mit Essigsäure keine andere Farbe annehmende Fällung von Zinksulfid — ZnS — entstehen. Von etwa vorhandenen fremden Schwermetallsalzen würden Blei- und Eisensalze den Niederschlag durch Bildung von Bleisufid — PbS — bzw. Eisensulfid — FeS — mehr oder weniger schwärzen. Aluminium gibt kein Sulfid.

4. auf Ammoniumsalze:

Diese entwickeln mit starken Basen Ammoniak. Beim Behandeln von Zinksulfat mit Natronlauge darf sich kein Ammoniak entwickeln. Darüber gehaltenes, angefeuchtetes gelbes Kurkumapapier darf sich nicht braun färben:

$$(NH_4)_2SO_4 + 2\,NaOH \rightarrow 2\,NH_3 + Na_2SO_4 + 2\,H_2O$$

Ammonium- Natrium- Ammoniak Natrium- Wasser
sulfat hydroxyd sulfat

5. auf Nitrat:

2 ccm einer wässerigen Zinksulfatlösung (1 + 9) werden mit der gleichen Raummenge konzentrierter Schwefelsäure gemischt und nach dem Abkühlen mit 1 ccm Ferrosulfatlösung vorsichtig überschichtet. Bei Gegenwart von Nitraten entsteht an der Berührungsstelle beider Flüssigkeiten ein dunkelbrauner Ring.

Es findet folgende Reaktion statt:

Ein Teil Ferrosulfat reduziert die Salpetersäure zu Stickstoffoxyd:

$$6\,FeSO_4 + 3\,H_2SO_4 + 2\,HNO_3 \rightarrow 3\,Fe_2(SO_4)_3 + 2\,NO + 4\,H_2O$$

Ferrosulfat Schwefel- Salpeter- Ferrisulfat Stickstoff- Wasser
 säure säure oxyd

Das Stickstoffoxyd löst sich in Ferrosulfat mit dunkelbrauner Farbe wahrscheinlich zu einem komplexen Eisen-Stickstoffoxydion.

6. auf Chlorid:

Die wässerige Zinksulfatlösung $(1 + 9)$ darf durch Silbernitratlösung nicht getrübt werden. Chlorid gibt mit Silbernitrat in Säuren unlösliches Silberchlorid:

$$ZnCl_2 + 2\,AgNO_3 \rightarrow 2\,AgCl + Zn(NO_3)_2$$
Zinkchlorid   Silbernitrat   Silberchlorid   Zinknitrat

7. auf freie Schwefelsäure:

Schüttelt man 1 g Zinksulfat mit 5 ccm Weingeist häufiger während zehn Minuten, so darf das Filtrat nach dem Verdünnen mit 5 ccm Wasser nicht sauer reagieren. Zinksulfat ist in Alkohol unlöslich, Schwefelsäure löslich.

8. auf Arsenverbindungen:

Ein Gemisch von 1 g Zinksulfat und 3 ccm Natriumhypophosphitlösung darf nach viertelstündigem Erhitzen im siedenden Wasserbade keine dunklere Färbung annehmen. Arsenverbindungen werden zu elementaren Arsen reduziert (s. S. 68).

16. Kalium bromatum — Kaliumbromid.

Darstellung. In einem Erlenmeyer-Kolben übergießt man 16 g Brom mit 50 g Wasser und trägt unter ständigem Kühlen am besten mit Eiswasser in kleinen Anteilen 7,5 g Eisenpulver ein. Die Reaktion ist äußerst heftig unter bedeutender Wärmeentwicklung. Die Beendigung der Reaktion erkennt man an dem Verschwinden der braunroten Bromfarbe. Man filtriert die grünliche Eisenbromürlösung in einen Kolben von ungelöstem Eisen ab, wäscht den Rückstand mit etwas Wasser nach und fügt in kleinen Anteilen noch 5,3 g Brom hinzu. Die Lösung von Ferroferribromid gießt man unter Umrühren allmählich zu einer in einer Porzellanschale befindlichen heißen Lösung von 18,5 g Kaliumkarbonat in etwa 150 g Wasser. Die Flüssigkeit muß schwach alkalisch reagieren, andernfalls setzt man noch etwas Kaliumkarbonat zu. Man erhitzt noch einige Zeit zum Sieden, um den Niederschlag dichter zu machen, filtriert die Flüssigkeit in eine Porzellanschale und wäscht den Niederschlag einige Male mit heißem Wasser nach. Das Filtrat wird, wenn erforderlich, mit Bromwasserstoffsäure — letztere wird als Nebenprodukt bei der Bromierung aromatischer Kohlenwasserstoffe erhalten, siehe Bromkampfer — neutralisiert und zur Kristallisation eingeengt. Zur Erhaltung größerer Kristalle wendet man hier zweckmäßig die Kristallisation durch langsames Verdunsten an. Die Kristalle werden zwischen Fließpapier bei mäßiger Wärme getrocknet.

Betrachtung. Die Halogene verbinden sich entsprechend ihrer Bezeichnung wie mit vielen anderen Elementen auch mit Eisen direkt zu Eisenhaloidsalz. Die Intensität der Einwirkung nimmt mit steigendem Atomgewicht der Halogene ab und damit auch die Beständigkeit der betreffenden Verbindungen. Die Einwirkung von Jod auf Eisen haben wir bei **Sirupus ferri jodati** schon kennengelernt. In analoger Weise geschieht die Vereinigung von Brom und Eisen zu Eisenbromür, Eisen(II)-bromid:

$$Fe + 2\,Br \rightarrow FeBr_2$$
Eisen   Brom   Eisenbromür

Bei weiterem Zusatz von Brom zur Eisenbromür-Verbindung wird ein Teil des Eisenbromürs zu Eisenbromid oxydiert, und es entsteht Ferroferribromid:

$$Fe \diagdown_{Br}^{Br}$$
$$Fe \diagdown_{Br}^{Br} + 2\,Br \rightarrow \left(Fe \diagdown_{\ \ Br}^{Br} \right) \cdot Fe \diagdown_{Br}^{Br}$$
$$Fe \diagdown_{Br}^{Br}$$
Ferrobromid   Brom   Ferroferribromid

Bei der nun folgenden Umsetzung mit Kaliumkarbonat sollte man die Bildung von Ferroferrikarbonat erwarten. Aus Gründen, die bei **Ferrum oxydatum cum Saccharo** näher erörtert werden, ist die Verbindung unbeständig und zerfällt in Kohlensäure und die entsprechenden Oxyde. Die Umsetzung zwischen Ferroferribromid und Kaliumkarbonat erfolgt im Sinne folgender Gleichung:

$$(FeBr_3)_2 \cdot FeBr_2 + 4\,K_2CO_3 + 8\,H_2O \rightarrow$$
Ferroferribromid   Kalium-   Wasser
karbonat

$$\rightarrow [Fe(OH)_3]_2 \cdot Fe(OH)_2 + 8\,KBr + 4\,CO_2 + 4\,H_2O$$
Hydrat des Eisenoxyduloxyds Kalium- Kohlen- Wasser
bromid säure

Eine weitere Darstellung des Kaliumbromids geschieht durch Eintragen von Brom in Kalilauge unter Erwärmen. Das gemäß untenstehender Gleichung neben Kaliumbromid sich bildende Kaliumbromat wird durch Kohlenpulver reduziert:

$$6\,KOH + 6\,Br \rightarrow 5\,KBr + KBrO_3 + 3\,H_2O$$
Kalium-   Brom   Kalium-   Kalium-   Wasser
hydroxyd   bromid   bromat

$$KBrO_3 + 3\,C \rightarrow KBr + 3\,CO$$
Kalium- Kohlen- Kalium- Kohlen-
bromat   stoff   bromid oxyd

Technisch geschieht die Gewinnung des Kaliumbromids u. a. vornehmlich aus den bromhaltigen **Staßfurter Abraumsalzen**. Diese an Kalium-, Magnesiumsalzen, Bromiden usw. reichen Abraumsalze lagern über den Steinsalzschichten und haben ihren Namen daher, daß sie, früher als wertlos betrachtet, abgeräumt werden mußten, um zum Steinsalz gelangen zu können. Heute haben die Abraumsalze große wirtschaftliche Bedeutung.

Eigenschaften. Kaliumbromid bildet farblose, würfelförmige, glänzende Kristalle, in Wasser leicht, in Weingeist schwerer löslich.

Versetzt man eine wässerige Kaliumbromidlösung mit Chlorwasser oder mit Chloraminlösung nach dem Ansäuern mit Salzsäure (Chlorwirkung s. S. 55), so findet Ausscheidung von Brom statt, welches beim Schütteln mit Chloroform in letzteres mit braunroter Farbe übergeht. Auch bei den anderen Halogenen beobachten wir analoge Erscheinungen. In der Reihenfolge ihrer Gruppierung in der siebenten Gruppe des „Periodischen Systems" (s. d.) treiben die Halogene die nächstfolgenden mit höherem Atomgewicht aus ihren Wasserstoffverbindungen aus.

Beim Präparat Zincum sulfuricum wurde dargelegt, daß die Elemente mit einer gewissen Lösungstension ihre Ionen in Lösung senden. Ein Ion kann mithin nur dann wieder aus der Lösung austreten, wenn eine der Lösungstension entgegengesetzte, ihr aber überlegene Kraft darauf einwirkt. Dies ist das Grundwesen der Elektrolyse (s. d.). Die hierbei tätigen Kräfte sind elektromotorische Kräfte, deren Spannungen für die einzelnen Ionen verschieden groß sind. Die Zersetzungsspannungen unter Bezugnahme auf normale Lösungen (der Wert für H ist gleich 0,0 gesetzt) sind für einige Ionen folgende:

Kationen	Anionen
$Ag^{\cdot} = -0{,}77$	$J' = 0{,}52$
$Cu^{\cdot\cdot} = -0{,}32$	$Br' = 0{,}99$
$Zn^{\cdot\cdot} = +0{,}77$	$Cl' = 1{,}41$

In der Reihenfolge von unten nach oben treibt das vorhergehende Element das nächstfolgende aus seiner Lösung aus. Bringt man in eine Kupfersulfatlösung einen Zinkstab, so setzt sich auf letzterem Kupfer metallisch ab. Zink besitzt eine bedeutend größere Lösungstension als Kupfer und treibt daher zahlreiche + Zn-Ionen in Lösung. Dabei wird der Zinkstab selbst negativ elektrisch mit einer Spannung, die genügt, die + Cu-Ionen aus der Lösung auszutreiben. Im selbigen Sinne wirken die Halogene gemäß ihrer Stellung in der Spannungsreihe aufeinander ein, und zwar derart, daß Brom und Jod von Chlor, Jod von Brom und Chlor aus ihren Lösungen ausgetrieben werden. Versetzt man z. B. eine Kaliumbromidlösung mit Chlorwasser, so treibt das Chlor negativ geladene Cl-Ionen in Lösung mit einer Lösungstension, die größer ist als die des Broms. Es wird dadurch positive Elektrizität verfügbar, die vermöge ihrer Spannung Bromionen elektroneutralisiert und somit aus der Lösung ausscheidet:

$$Cl \rightarrow Cl' +$$

$$Br \underset{+}{\cdots} \rightarrow Br$$

Prüfung.

1. Indentitätsreaktion auf Kalium = K·-Ionen:

Die wässerige Lösung von Kaliumbromid gibt mit Weinsäure einen kristallinischen Niederschlag von Weinstein:

$$\underset{\substack{\text{Weinsäure}}}{\overset{\displaystyle \text{COOH} \atop \displaystyle |}{\underset{\displaystyle | \atop \displaystyle \text{COOH}}{(\text{CHOH})_2}}} + \underset{\substack{\text{Kalium-}\\\text{bromid}}}{\text{KBr}} \rightarrow \underset{\substack{\text{Kalium-}\\\text{bitrartrat}\\\text{Weinstein}}}{\overset{\displaystyle \text{COOH} \atop \displaystyle |}{\underset{\displaystyle | \atop \displaystyle \text{COOK}}{(\text{CHOH})_2}}} + \underset{\substack{\text{Bromwasser-}\\\text{stoff}}}{\text{HBr}}$$

2. auf Natrium:

Erhitzt man etwas Kaliumbromid am Platindraht in der Bunsenflamme, so muß letztere die violette Kaliumflamme geben. Die gelbe Natriumflamme darf nur vorübergehend auftreten.

3. auf Alkalikarbonate:

Dieselben können von der Herstellung herrühren und geben sich durch alkalische Reaktion zu erkennen. Angefeuchtetes rotes Lackmuspapier darf durch Kaliumbromid nicht **sofort** gebläut werden.

4. auf Kaliumbromat:

Letzteres kann einem Präparate beigemengt sein, das durch Eintragen von Brom in Kalilauge gewonnen wird (s. o.).

Kaliumbromat würde sich beim Versetzen der wässerigen Kaliumbromidlösung mit verdünnter Schwefelsäure durch Gelbfärbung — Bromausscheidung — zu erkennen geben, hiermit geschütteltes Chloroform löst das ausgeschiedene Brom mit braunroter Farbe auf. Durch Schwefelsäure aus ihren Salzen in Freiheit gesetzte Bromwasserstoffsäure und Bromsäure wirken nämlich in folgender Weise aufeinander ein:

$$\underset{\substack{\text{Bromwasser-}\\\text{stoff}}}{5\,\text{HBr}} + \underset{\text{Bromsäure}}{\text{HBrO}_3} \rightarrow \underset{\text{Brom}}{6\,\text{Br}} + \underset{\text{Wasser}}{3\,\text{H}_2\text{O}}$$

5. auf Kaliumjodid:

Versetzt man 10 ccm der wässerigen Kaliumbromidlösung (1 + 19) mit 3 Tropfen Eisenchloridlösung, so erfolgt bei Anwesenheit von Kaliumjodid nach einigem Stehen Jodausscheidung, die sich bei Zusatz von Stärkelösung durch Blaufärbung letzterer zu erkennen gibt.

Auf Seite 62 ist ausgeführt, daß dem Ferriion die Oxydationswirkung auf die Jodide zukommt. Das Jod hat, wie oben gesehen, eine geringere Lösungstension als Brom, die Jodionen haben also eher Neigung, wieder in den elementaren Zustand überzugehen als die Bromionen. Die Spannung der beim Übergang der Ferriionen in Ferroionen verfügbar werdenden positiven Elektrizität reicht wohl aus, Jodionen, nicht aber Bromionen zu elektroneutralisieren. Darum wird Kaliumbromid durch Ferrichlorid nicht verändert.

$$FeCl_3 + KJ \rightarrow FeCl_2 + KCl + J$$

Eisen- Kalium- Eisen- Kalium- Jod
chlorid jodid chlorür chlorid

6. auf Schwermetallsalze und Sulfate:

Die wässerige Kaliumbromidlösung (1 + 19) darf nicht verändert werden

a) durch 3 Tropfen Natriumsulfidlösung nach dem Ansäuern mit 3 Tropfen verdünnter Essigsäure (H_2S-Wirkung, s. S. 64 Fußnote). Viele Schwermetalle, z. B. Kupfer, Blei, scheiden sich als dunkel-schwarz gefärbte Sulfide aus:

$$MeBr_2 + H_2S \rightarrow MeS + 2\,HBr$$

Metall- Schwefel- Metall- Bromwasser-
bromid wasserstoff sulfid stoff

b) durch Bariumnitratlösung. Sulfate geben weißes, in Säuren unlösliches Bariumsulfat:

$$K_2SO_4 + Ba(NO_3)_2 \rightarrow BaSO_4 + 2\,KNO_3$$

Kalium- Bariumnitrat Barium- Kaliumnitrat
sulfat sulfat

7. auf Eisensalze:

20 ccm der mit einigen Tropfen Salzsäure angesäuerten wässerigen Kaliumbromidlösung (1 + 19) dürfen durch 0,5 ccm Kaliumferrozyanidlösung nicht sofort gebläut werden. Kaliumferrozyanid gibt mit Eisenoxydsalzen bei Spuren Grünfärbung, bei merklicheren Mengen Blaufärbung bzw. Niederschlag unter Bildung von Ferriferrozyanid = Berlinerblau. Durch den Salzsäurezusatz werden etwaige Eisenbeimengungen (Eisenhydroxyd) in Lösung gebracht:

$$4\,FeCl_3 + 3\,K_4FeCy_6 \rightarrow Fe_4(FeCy_6)_3 + 12\,KCl$$

Eisen- Kalium- Ferriferrozyanid Kaliumchlorid ferrozyanid Berlinerblau chlorid

8. auf Arsenverbindungen:

Ein Gemisch von 1 g Kaliumbromid und 3 ccm Natriumhypophosphitlösung darf nach viertelstündigem Erhitzen im siedenden Wasserbade keine dunklere Färbung annehmen. Arsenverbindungen werden zu elementarem Arsen reduziert (s. S. 68).

9. Wertbestimmung:

Das Arzneibuch verwendet die Methode nach Fr. Mohr. Diese Methode dient zur Bestimmung der Haloidsalze mit Ausnahme der Fluorsalze in neutralen Lösungen und benutzt als Indikator Kaliumchromat.

Läßt man zu einer mit Kaliumchromat versetzten Haloidsalzlösung, z. B. Kaliumbromidlösung, Silbernitratlösung zuträufeln, so entsteht eine Fällung von rotem Silberchromat, die aber beim Umrühren sofort verschwindet, indem das Silberchromat sich mit dem Haloidsalz zu Silberhaloid und Kaliumchromat umsetzt:

a) $\qquad$ $K_2CrO_4 + 2\,AgNO_3 \rightarrow Ag_2CrO_4 + 2\,KNO_3$
　　　　　　Kalium-　　Silbernitrat　　Silber-　　Kaliumnitrat
　　　　　　chromat　　　　　　　　　chromat

b) $\qquad$ $Ag_2CrO_4 + 2\,KBr \rightarrow 2\,AgBr + K_2CrO_4$
　　　Silberchromat　Kalium-　Silberbromid　Kalium-
　　　　　　　　　　bromid　　　　　　　chromat

Erst wenn alles Halogen in Silberhaloid übergeführt ist, ruft der nächste Tropfen Silbernitratlösung eine rote Fällung von Silberchromat hervor. Der Endpunkt der Reaktion ist scharf. Wegen der Löslichkeit des Silberchromats in Salpetersäure und Ammoniak kann die Methode nach M o h r nur in neutralen Lösungen Anwendung finden.

Zur Bestimmung des Bromgehaltes in Kaliumbromid trocknet man etwa 5 g des letzteren bei 100° etwa ½ Stunde lang. Von der getrockneten Substanz wägt man in einem Bechergläschen genau 4 g ab, löst in etwas Wasser und füllt in einem 500 ccm Kolben mit Wasser bis zur Marke auf. 50 ccm dieser Lösung (= 0,4 g Kaliumbromid) pipettiert man in einen Erlenmeyer-Kolben und titriert nach Zusatz einiger Tropfen Kaliumchromatlösung bis zum Farbenumschlag. Es sollen bis zu diesem Punkte höchstens 33,9 ccm $N/_{10}$-Silbernitratlösung verbraucht werden.

Wenn ein *reines* 100proz. Kaliumbromid vorläge, wären 33,6 ccm $N/_{10}$-Silbernitratlösung erforderlich. Das Deutsche Arzneibuch gestattet aber einen Gehalt an Kaliumchlorid bis zu 1,5%, das naturgemäß mittitriert wird, aber nicht als Kaliumbromid berechnet werden darf. Das Arzneibuch sagt: „Je 0,2 ccm $N/_{10}$-Silbernitratlösung, die über den für reines Kaliumbromid zu berechnenden Wert von 33,6 ccm hinausgehen, entsprechen 1% Kaliumchlorid, wenn sonstige Verunreinigungen fehlen."

Hierzu kommt man durch folgende Überlegung:

$$1\ \text{ccm}\ N/_{10}\text{-Silbernitratlösung zeigt an:} \begin{cases} 0{,}011902\ \text{g KBr} \\ 0{,}007456\ \text{g KCl} \end{cases}$$

Bestände das Präparat je zur Hälfte aus KBr und KCl, so wären für 0,4 g Substanz erforderlich:

a) $0{,}011902 : 1 = 0{,}2 : x = 16{,}84$ ccm N/10 AgNO₃ für 0,2 g KBr
b) $0{,}007456 : 1 = 0{,}2 : x = \underline{26{,}08}$ ccm N/10 AgNO₃ für 0,2 g KCl

$\qquad\qquad\qquad\quad$ 42,92 ccm N/10 AgNO₃ für 0,4 g KBr + 50% KCl

Ein solches Präparat würde also gegenüber reinem Kaliumbromid 42,92 — 33,6 = 9,32 ccm $N/_{10}$-Silbernitratlösung mehr beanspruchen. Wenn diese 9,32 ccm Mehrverbrauch 50% Kaliumchlorid anzeigen, dann zeigen 0,2 ccm Mehrverbrauch $\dfrac{50 \cdot 0{,}2}{9{,}32}$ = rund 1% Kaliumchlorid an.

Bei der Konzedierung eines Gehaltes von 1,5% Kaliumchlorid geht man von der Annahme aus, daß zur Herstellung des Kaliumbromids ein

Handelsbrom mit einem Chlorgehalt von 1 % verwandt ist. Aus 100 g eines solchen Broms erhält man gemäß der stöchiometrischen Berechnung:

$$Br : KBr = 99 : x = 147,43 \text{ g KBr}$$
A.-G. M.-G.
79,92 119,02

$$Cl : KCl = 1 : x = \underline{2,10 \text{ g KCl}}$$
A.-G. M.-G.
35,46 74,56   149,53 g Gesamtsalz.

Das entspricht einem Kaliumbromid mit einem Chlorgehalt von 1,4 %. Das Deutsche Arzneibuch läßt, wie gesagt, 1,5 % zu.

17. Kalium jodatum — Kaliumjodid.

Darstellung. Aus 12 g Eisenpulver, 150 ccm Wasser und 40 g Jod stellt man in der bei Sirupus Ferri jodati (S. 57) angegebenen Weise eine Ferrojodidlösung dar. Das vom überschüssigen Eisen abgesonderte Filtrat wird unter Umrühren allmählich in eine siedende Lösung von 35 g Kaliumbikarbonat in 300 ccm Wasser eingetragen. Das Gemisch muß schließlich noch schwach alkalisch reagieren. Andernfalls muß noch etwas Kaliumbikarbonatlösung zugefügt werden. Bei stark alkalischer Reaktion dagegen ist noch etwas Ferrojodidlösung oder Jodwasserstoffsäure zuzusetzen, die u. a. durch Einleiten von Schwefelwasserstoff in Lugolsche Lösung (Jod-Kaliumjodidlösung), gelindes Erwärmen zum Vertreiben des Schwefelwasserstoffgases und Filtrieren vom abgeschiedenen Schwefel erhalten werden kann. Nach kurzem Weiterkochen wird vom Ferrokarbonatniederschlag abfiltriert, der Niederschlag wird gut nachgewaschen. Das Filtrat wird auf dem Wasserbade bis zur Bildung einer Kristallhaut eingeengt. Nach zweitägigem Stehen werden die ausgeschiedenen Kristalle abgesaugt und die Mutterlauge zur weiteren Kristallisation eingedampft. Bei stark alkalischer Reaktion ist die Mutterlauge zuvor mit Jodwasserstoffsäure zu neutralisieren. Erforderlichenfalls kann das Kaliumjodid durch Umkristallisieren gereinigt werden.

Betrachtung. Das durch Vereinen von Eisen und Jod additiv zustande gekommene Ferrojodid:

$$Fe + 2 J \rightarrow FeJ_2$$
Eisen Jod Ferrojodid

setzt sich mit Kaliumbikarbonat wie folgt um:

$$FeJ_2 + 2 KHCO_3 \rightarrow 2 KJ + FeCO_3 + H_2O + CO_2$$
Ferrojodid Kalium- Kaliumjodid Ferro- Wasser Kohlen-
            bikarbonat   karbonat   dioxyd

Eigenschaften. Kaliumjodid bildet farblose würfelförmige, in Wasser unter starker Abkühlung leicht, in Weingeist schwerer lösliche Kristalle. Eine wässerige konzentrierte Kaliumjodidlösung löst Jod leicht auf (Lugolsche Lösung s. o. und S. 56), die zu therapeutischen Zwecken und als Reagens verwendet wird.

Prüfung.

1. Identitätsreaktionen:

a) auf Kaliumsalz = K·-Ionen.

Wie bei Kalium bromatum Prüfung 1 (s. d. S. 106),

b) auf Jodid = J'-Ionen.

Die wässerige Lösung von Kaliumjodid $(1 + 49)$ gibt mit einigen Tropfen Salzsäure und Chloraminlösung (Chlorwirkung s. S. 55) Jodausscheidung. Chloroform färbt sich beim Ausschütteln violettrot, Stärkelösung wird gebläut:

$$KJ + Cl \rightarrow KCl + J$$
Kalium-   Chlor   Kalium-   Jod
jodid   chlorid

2. auf Natrium: ⎫ Wie bei Kalium bromatum
3. auf Alkalikarbonate: ⎭ Prüfung 2 und 3 (s. d. S. 106).
4. auf Kaliumjodat:

Die mit ausgekochtem Wasser kalt bereitete Kaliumjodidlösung $(1 + 49)$ darf nach Zusatz je einiger Tropfen Stärkelösung und verdünnter Schwefelsäure nicht sofort gebläut werden. Die durch Schwefelsäure frei gewordene Jodsäure und Jodwasserstoffsäure würden wie folgt miteinander reagieren:

$$5 HJ + HJO_3 \rightarrow 6 J + 3 H_2O$$
Jod-   Jodsäure   Jod   Wasser
wasserstoff

Die Stärke dient als Indikator auf das ausgeschiedene Jod. Eine Blaufärbung könnte auch durch Kupfer- und Eisensalze bedingt sein.

5. auf Schwermetallsalze und Sulfate:

Wie bei Kalium bromatum Prüfung 6.

6. auf Zyanwasserstoffsäure (Kaliumzyanid):

Werden 5 bis 10 ccm einer wässerigen Kaliumjodidlösung $(1 + 19)$ mit einem Kriställchen Ferrosulfat, 1 Tropfen Eisenchloridlösung und etwa 1 ccm Natronlauge gelinde erwärmt, so darf nach dem Übersättigen mit Salzsäure keine Berlinerblaureaktion eintreten. Kaliumzyanid würde mit Ferrosulfat in alkalischer Lösung Kaliumferrozyanid geben, das nach dem Ansäuern mit Salzsäure sich mit dem Ferrichlorid zu Berlinerblau umsetzt. Die Salzsäure soll das durch die Natronlauge gefällte Ferro- und Ferrihydroxyd lösen:

a)
$$6 KCy + FeSO_4 \rightarrow K_4FeCy_6 + K_2SO_4$$
Kalium-   Ferrosulfat   Kaliumferro-   Kaliumzyanid   zyanid   sulfat

b)
$$4 FeCl_3 + 3 K_4FeCy_6 \rightarrow Fe_4(FeCy_6)_3 + 12 KCl$$
Ferrichlorid   Kaliumferro-   Ferriferrozyanid   Kaliumchlorid
zyanid   (Berlinerblau)

7. auf Eisensalze:

Wie bei Kalium bromatum Prüfung 7.

8. auf Salpetersäure (Nitrate):

Beim Erwärmen von 1 g Kaliumjodid mit 5 ccm Natronlauge und je 0,5 g Zinkfeile und Eisenpulver darf sich kein Ammoniak entwickeln. Als ausgeprägt amphoteres Element (s. S. 66) entwickelt Zink außer mit verdünnter Salz- und Schwefelsäure auch mit Laugen Wasserstoff, der in seiner naszenten Form Nitrat zu Ammoniak reduziert:

$$Zn + 2\,NaOH \rightarrow Zn(ONa)_2 + 2\,H$$

Zink   Natrium-   Natriumzinkat   Wasser-
hydroxid   stoff

$$KNO_3 + 8\,H \rightarrow NH_3 + KO\dot{H} + 2\,H_2O$$

Natrium-   Wasser-   Ammoniak   Kalium-   Wasser
nitrat   stoff   hydroxyd

Das Eisen fördert die Wasserstoffentwicklung. Zur Reduktion von Nitraten in alkalischer Lösung, vor allem auch zu ihrer quantitativen Bestimmung, eignet sich besonders die Devardasche Legierung, die aus Zink, Kupfer und Aluminium besteht.

9. auf Thioschwefelsäure (Thiosulfat):
Chlor- und Bromwasserstoffsäure (Chloride, Bromide):

Eine Lösung von 0,2 g Kaliumjodid in 8 ccm Ammoniakflüssigkeit wird mit 13 ccm $N/_{10}$-Silbernitratlösung versetzt und 1 Minute kräftig geschüttelt. Silberjodid, in Ammoniak unlöslich, scheidet sich aus:

$$KJ + AgNO_3 \rightarrow AgJ + KNO_3$$

Kalium-   Silber-   Silberjodid   Kaliumjodid   nitrat   nitrat

Das klare Filtrat wird mit Salpetersäure übersättigt.

Thiosulfat würde sich durch eine Dunkelfärbung (Silbersulfid) des Filtrats zu erkennen geben. Silbernitrat setzt sich mit Thiosulfat zu Silberthiosulfat um, das in Ammoniak löslich ist, nach dem Übersäuern aber in Silbersulfid und Schwefelsäure zerfällt:

$$K_2S_2O_3 + 2\,AgNO_3 \rightarrow Ag_2S_2O_3 + 2\,KNO_3$$

Kalium-   Silbernitrat   Silberthiosulfat   Kaliumthiosulfat   nitrat

$$Ag_2S_2O_3 + H_2O \rightarrow Ag_2S + H_2SO_4$$

Silber-   Wasser   Silbersulfid   Schwefel-
thiosulfat   säure

Ein unzulässig hoher Gehalt an Chloriden und Bromiden gibt sich durch eine Trübung, bestehend aus ammoniaklöslichem Silberchlorid bzw. Silberbromid, zu erkennen, die innerhalb 5 Minuten stärker wird, als sie eine Mischung von 0,6 ccm $N/_{100}$-Salzsäure, 8 ccm Wasser und 1 ccm Salpetersäure mit 1 ccm $N/_{10}$-Silbernitratlösung innerhalb der gleichen Zeit zeigt.

0,6 ccm $N/_{100}$-Salzsäure zeigen:

$$0,6 \times 0,000745 = 0,000447\ \text{g Kaliumchlorid bzw.}$$
$$0,6 \times 0,00119\ = 0,000714\ \text{g Kaliumbromid in 0,2 g Kaliumjodid}$$
$$= 0,22\,\%\ \text{Kaliumchlorid bzw.}$$
$$0,36\,\%\ \text{Kaliumbromid an.}$$

Da 1 ccm $N/_{10}$-Silbernitratlösung $= \dfrac{166,02}{10\,000}$ (Mol.-Gew. von KJ) $=$
0,016602 g Kaliumjodid entspricht, benötigen 0,2 g Kaliumjodid nach dem
Ansatz: $$1:0,016602 = X:0,2$$
zur Fällung 12,05 ccm $N/_{10}$-Silbernitratlösung. DAB 6 läßt 13 ccm zusetzen,
weil ein chlorid- bzw. bromidhaltiges Kaliumjodid infolge niedrigeren
Mol.-Gewichtes von Kaliumchlorid bzw. -bromid mehr Silbernitratlösung
zur Fällung benötigt als reines Kaliumjodid.

18. Ferrum oxydatum cum Saccharo — Ferrum oxydatum saccharatum — Eisenzucker.

Darstellung. In einem geräumigen Gefäße, am besten einem Becherglase, verdünnt man 30 g Eisenchloridlösung mit 150 g Wasser und versetzt unter Umrühren allmählich mit einer kalten filtrierten Lösung von
26 g Natriumkarbonat in 150 g Wasser. Man beobachtet, daß anfangs der
entstehende Niederschlag sich wieder löst, man wartet daher vor jedem
neuen Zusatz von Natriumkarbonatlösung die Wiederauflösung des Niederschlages ab. Schließlich gelingt die Lösung nicht mehr. Den Eisen-
hydroxydniederschlag wäscht man am besten durch Dekantieren mit
Wasser bis zur fast völligen Chlorfreiheit aus (das Waschwasser darf nach
dem Verdünnen mit der 5 fachen Menge Wasser und nach dem Ansäuern
mit Salpetersäure durch Silbernitratlösung nur opalisierend getrübt·wer-
den), preßt ihn in einem leinenen Tuche gelinde und vermischt ihn in einer
Porzellanschale mit 50 g gepulvertem Zucker. Man erwärmt auf dem
Wasserbade und setzt so viel Natronlauge (etwa 3,5 g höchstens 5 g) zu,
als zur völligen Lösung erforderlich ist, und dampft die klare Lösung zur
Trockne ein. Mit gepulvertem Zucker bringt man das Gewicht auf 100 g[1].

---

[1] A r t l wählt zur Herstellung von Eisenpräparaten den Weg über Ferrihydrogenkarbonat und fällt mit Natriumhydrogenkarbonat in konzentrierten
Lösungen. Das Absetzen und Auswaschen des festen, nicht schleimigen Niederschlages erfolgen besser und rascher.

In einem 3 Liter fassenden irdenen Topf werden 85 g gesiebtes $NaHCO_3$ mit
wenig H_2O verrührt und auf einmal mit 200 g $FeCl_3$-Lösung unter Umrühren mit
einem Holzspatel versetzt. Nach $^1/_4$ Stunde wird zunächst mit wenig H_2O verrührt, dann wird die Schale mit H_2O gefüllt und der Niederschlag chloridfrei
gewaschen.

Das gesammelte braune, sandige Ferrihydrogenkarbonat:
$$FeCl_3 + 3\,NaHCO_3 \rightarrow Fe(HCO_3)_3 + 3\,NaCl$$
läßt sich mit 25 g $FeCl_3$-Lösung und H_2O in eine Eisenoxychloridlösung (siehe
dialysierte Eisenoxychloridlösung) überführen, die sich vorzüglich zur Herstellung von Eisenalbuminatlösung eignet. Weiter bildet das Ferrihydrogenkarbonat eine gute Ausgangsbasis zur Herstellung von Ferrum oxydatum
saccharatum liq. mit Hilfe von Natriumzitrat oder Kaliumtartrat und Zucker
und schließlich zur Herstellung verschiedenster Ferrisalze. (A r t l, Apoth.-Ztg.
1918 (30) S. 179; B r a c h v o g e l, ebenda 1944 (29/30) S. 231; S c h e n k, Pharm.-
Zeitung 1923 (55) S. 534.)

Betrachtung. Beim Versetzen der Eisenchloridlösung mit Natriumkarbonatlösung sollte man die Bildung von Ferrikarbonat erwarten:

$$2\,FeCl_3 + 3\,Na_2CO_3 \rightarrow Fe_2(CO_3)_3 + 6\,NaCl$$
Ferrichlorid   Natrium-   Ferrikarbonat   Natrium-
             karbonat   unbeständig   chlorid

Das Ferriion hat aber äußerst schwach basische Eigenschaften, so daß
Salze von ganz schwachen Säuren, z. B. Kohlensäure, gar nicht existieren.
Ferrikarbonat wird sofort hydrolytisch gespalten (s. d.), wobei Kohlen-
säure entweicht:

$$Fe_2(CO_3)_3 + 3\,H_2O \rightarrow 2Fe(OH)_3 + 3\,CO_2$$
Ferrikarbonat   Wasser   Ferrihydroxyd   Kohlensäure

Der Einsenhydroxydniederschlag löst sich anfangs in der überschüssigen Eisenchloridlösung zu Eisenoxychlorid auf, erst wenn sämt-
liches Natriumkarbonat zugesetzt ist, ist die Fällung quantitativ.

Auf die Zuckerarten kann hier nur kurz eingegangen werden.

Die Zuckerarten (Kohlenhydrate) teilt man in zwei Hauptgruppen ein,
in solche, die sich in einfache Zuckerarten spalten lassen, und in solche,
die nicht weiter spaltbar sind. Letztere nennt man Monosaccharide
(die wichtigsten von der Formel: $C_6H_{12}O_6$). Aus diesen bauen sich die
Mehr- und Vielfachzuckerarten bis hinauf zur Stärke auf. Je nach der
Zahl der hierbei beteiligten Monosaccharid-Moleküle unterscheidet man
zwischen Oligo- (Di-, Trisaccharide) und Polysacchariden[1].

Der Rohrzucker (identisch mit dem Rübenzucker) ist ein Disaccharid
von der empirischen[2] Formel $C_{12}H_{22}O_{11}$. Er besteht zur Hälfte aus
Glukose (Traubenzucker) und Fruktose (Fruchtzucker). In seiner Strukturformel[2]:

```
          ┌──────────── O ─────────┐
CH₂OH — CH — CHOH — CHOH — CHOH — CH      Glukose.
                              ┌─ O ─┐
CH₂OH — CH — CHOH — CHOH — C — CH₂OH      Fruktose.
         └─────────── O ──────────┘
```

sehen wir zahlreiche Hydroxylgruppen. Eine solche Anhäufung von
Hydroxylgruppen ist für die Zuckerarten charakteristisch, sie erteilt ihnen
den Charakter mehrwertiger Alkohole und befähigt sie unter dem ver-
stärkenden Einfluß der Karbonylgruppe „C = O", die den Zuckerarten
noch den besonderen Charakter eines Aldehyds oder Ketons (s. d.) ver-

---

[1] ὀλίγος = wenig; πολύς = viel.

[2] Die empirische oder Bruttoformel gibt nur die atomistische Zusammensetzung des Moleküls wieder, wie H_2O, SO_2, die Konstitutions-
oder Strukturformel dagegen gibt ein Bild von der Art der Bindung der
einzelnen Atome untereinander im Molekül:

$$H_2O = \begin{array}{c} H \\ H \end{array}\!\!>\!\!O; \qquad SO_2 = S\!\!<\!\!\begin{array}{c} O \\ O \end{array}$$

leiht, mit Basen Verbindungen einzugehen unter Bildung von Saccha-
raten.

So löst sich auch Eisenhydroxyd bei Gegenwart von Natronlauge[1] in
Zucker zu Eisensaccharat; diese Verbindung ist als ein Alkoholat aufzufassen, indem die Hydroxylgruppen mit Eisenhydroxyd in Reaktion ge-
treten sind:

$$\text{Fe}\!\!\begin{cases}\text{OH} \\ \text{OH} \\ \text{OH}\end{cases} + \begin{array}{l}\text{H}\,|\,\text{OHC} \\ \text{H}\,|\,\text{OHC} \\ \text{H}\,|\,\text{OHC}\end{array} \rightarrow \text{Fe}\!\!\begin{cases}\text{OHC} \\ \text{OHC} \\ \text{OHC}\end{cases} + 3\,\text{H}_2\text{O}.$$

In dieser Verbindung sind die Eigenschaften des Eisenions teilweise
geschwunden, wir haben es mit einer komplexen (s. d.) Verbindung zu tun.
In wässeriger Lösung des Eisenzuckers bleiben charakteristische Eisen-
reaktionen aus, z. B. erzeugt Kaliumferrozyanid keine Veränderung, erst
nach dem Behandeln mit einer Säure, die die komplexe Verbindung zersetzt und das Eisensalz der zugesetzten Säure entstehen läßt, tritt die
Reaktion auf das Eisenion ein. Daß aber auch andere Eisenionreaktionen
eintreten, wie Fällung mit Ammoniumsulfid, zeigt an, daß auch Eisenionen, wenn auch äußerst gering, vorhanden sein müssen.

Gegenüber der vorstehenden Deutung wird auch die Auffassung vertreten, daß es sich lediglich um eine kolloide Form (s. Kolloide S. 123) des
Eisenhydroxyds handelt. Das Eisenhydroxyd löst sich infolge der Gegenwart des Zuckers in Wasser kolloid auf unter dem peptisierenden Einfluß
der Natronlauge. Die Kolloidtcilchen dieser Lösung sind negativ geladen.

Eigenschaften. Der Eisenzucker bildet ein rotbraunes Pulver von
süßem, schwachem Eisengeschmack. Mit 20 Teilen heißem Wasser gibt er
eine klare, rotbraune Lösung, die kaum alkalisch reagiert.

Prüfung.

1. auf Chlorid:
von der Darstellung herrührend bei ungenügendem Auswaschen. Die
wässerige Lösung (1 + 19) von Eisenzucker wird mit überschüssiger verdünnter Salpetersäure erhitzt, um die komplexe Verbindung zu zerstören.
Nach dem Erkalten darf in der Eisennitratlösung durch Silbernitratlösung
nur Opaleszenz eintreten. Spuren von Chlorid sind also statthaft. Halogene
geben mit Silbernitrat Silberhaloid, welches in Säuren unlöslich ist:

$$\text{NaCl} + \text{AgNO}_3 \rightarrow \text{AgCl} + \text{NaNO}_3$$
Natrium-   Silber-   Silber-   Natrium-
chlorid   nitrat   chlorid   nitrat

2. Gehaltsbestimmung:
1 g Eisenzucker wird in einem mit Glasstöpsel verschließbaren Erlenmeyer-Kolben in 10 ccm verdünnter Schwefelsäure unter Erwärmen auf

---

[1] Über die Rolle, die das Natriumhydroxyd spielt, ist nichts Genaueres
bekannt.

dem Wasserbade gelöst. Die rotbraune Farbe verschwindet allmählich ganz, die komplexe Eisensaccharatverbindung wird gesprengt, es bildet sich das Ferrisalz der Schwefelsäure. Daneben entsteht auch etwas Oxydulsalz = Ferrosulfat. Um letzteres zu Ferrisulfat zu oxydieren, wird nach dem Erkalten so viel Kaliumpermanganatlösung (0,5 %) zugesetzt, daß die rote Färbung einige Zeit bestehen bleibt:

$$10\ FeSO_4 + 8\ H_2SO_4 + 2\ KMnO_4 \rightarrow 5\ Fe_2(SO_4)_3 + K_2SO_4 + 2\ MnSO_4 + 8\ H_2O$$

Ferrosulfat	Schwefelsäure	Kaliumpermanganat	Ferrisulfat	Kaliumsulfat	Mangansulfat	Wasser

Wenn wieder Entfärbung eingetreten ist, setzt man 2 g Kaliumjodid zu und läßt eine Stunde verschlossen stehen. Es findet Jodausscheidung statt; die aus dem Kaliumjodid durch die überschüssige Schwefelsäure in Freiheit gesetzte Jodwasserstoffsäure HJ ist ein kräftiges Reduktionsmittel, sie führt Eisenoxydsalze in Eisenoxydulsalze über, selbst dabei Oxydation zu Jod erfahrend (siehe auch S. 62):

$$Fe_2(SO_4)_3 + 2\ HJ \rightarrow 2\ FeSO_4 + H_2SO_4 + 2\ J$$

Ferrisulfat	Jodwasserstoff	Ferrosulfat	Schwefelsäure	Jod
Mol.-Gew. 399,9, 111,7 Fe				

. Das ausgeschiedene Jod löst sich in der überschüssigen Kaliumjodidlösung mit rotbrauner Farbe auf und wird in der bei Sirup. Ferri jodati angegebenen Weise mit $N/_{10}$ Natriumthiosulfatlösung bis zur Entfärbung titriert (Indikator: Stärkelösung). Zur Bindung des augeschiedenen Jods sollen 5,01 bis 5,37 ccm der Natriumthiosulfatlösung (Feinbürette) verbraucht werden:

$$2\ J + 2\ Na_2S_2O_3 \rightarrow 2\ NaJ + Na_2S_4O_6$$

Jod At.-Gew. 126,9	Natriumthiosulfat	Natriumjodid	Natriumtetrathionat

Aus den letzten zwei Gleichungen geht hervor, daß einem Mol. Natriumthiosulfat ein Atom Jod und ein Atom Eisen äquivalent sind.

1 ccm $N/_{10}$-Natriumthiosulfatlösung ($^{1}/_{10}$ Mol.-Gew. auf 1 Liter) entspricht demnach

$$= 0,01269\ g\ Jod,$$
$$= 0,005584\ g\ Eisen.$$

Der Prozentgehalt an Eisen soll demnach betragen:

$$5,01\ bis\ 5,37 \cdot 0,00558 \cdot 100 = 2,8\ bis\ 3.$$

19. Ferrum carbonicum cum Saccharo — Ferrum carbonicum saccharatum — Zuckerhaltiges Ferrokarbonat.

Darstellung. In eine geräumige (etwa 3 Liter Inhalt) Flasche gibt man eine klare Lösung von 35 g Natriumbikarbonat in 500 g Wasser von etwa 50°. (höhere Temperatur führt das Natriumbikarbonat unter Kohlensäureentwicklung teilweise in Natriumkarbonat über) und filtriert hierzu eine Lösung von 50 g Ferrosulfat in 200 g siedendem Wasser. Unter Kohlensäureentwicklung entsteht ein grauweißer Niederschlag von Ferrokarbonat, der sich allmählich durch Oxydation graugrün färbt. Um letztere möglichst einzuschränken, füllt man die Flasche sofort mit kochendem Wasser bis oben an, schüttelt um und setzt lose verschlossen zum Absetzen beiseite. Nach völligem Absetzen wird durch Einstellen der Flasche in ein Wasserbad (Asbest- oder Holzunterlage) bis zur völligen Umsetzung auf 80° erhitzt, und darauf die klare Flüssigkeit abgehebert, die Flasche dann wiederum mit abgekochtem, heißem Wasser gefüllt, nach abermaligem Absetzen die Flüssigkeit abgehebert und dieses Dekantierverfahren so oft wiederholt, bis die Flüssigkeit fast ganz sulfatfrei geworden ist, d. h. durch Bariumnitratlösung nach dem Ansäuern mit Salpetersäure kaum noch getrübt wird. Den von Flüssigkeit möglichst befreiten Niederschlag bringt man alsdann in eine tarierte Porzellanschale, die eine Mischung aus 10 g gepulvertem Milchzucker und 30 g Zuckerpulver enthält, verdampft das Gemisch im Dampfbade zur Trockne, zerreibt es zu Pulver und mischt noch so viel Zuckerpulver hinzu, daß das Gesamtgewicht 100 g beträgt. Das Präparat ist in gut verschließbaren Gefäßen aufzubewahren.

Betrachtung. Vom Eisen kennt man zwei Reihen von Verbindungen, die sich von $\overset{II}{Fe}O$ — Ferroverbindungen — und von $\overset{III}{Fe_2}O_3$ — Ferriverbindungen — ableiten. Erstere gehen durch Oxydation, zum Teil an der Luft, bald in letztere über. Beim vorigen Präparate, Ferrum oxydatum cum Saccharo, sahen wir, daß das dreiwertige Ferriion eine derart schwache Base ist, daß seine Verbindung mit der schwachen Kohlensäure, das Ferrikarbonat, bei gewöhnlicher Temperatur gänzlich unbeständig ist. Im Gegensatz hierzu vermag das zweiwertige Ferroion vermöge seiner stärker basischen Eigenschaften ein Ferrokarbonat zu bilden. Letzteres geht durch Oxydation sehr rasch in die dreiwertige Form und somit in Ferrioxyd über, Fe_2O_3, welches dem fertigen Präparate auch bei sorgsamer Darstellung bis zu 25 % des Gesamteisengehaltes beigemengt ist. Man hat also Sorge zu tragen, bei der Darstellung den Luftsauerstoff möglichst fernzuhalten, rasch zu arbeiten und nur abgekochtes Wasser zu verwenden. Im trockenen Zustand ist Ferrokarbonat haltbarer, vor allem vermögen verschiedene Stoffe, wie Zucker, das Ferrokarbonat in eine ziemlich haltbare Form zu bringen.

Die Umsetzung zwischen Ferrosulfat und Natriumbikarbonat veranschaulicht folgende Gleichung:

$$FeSO_4 + 2\,NaHCO_3 \rightarrow FeCO_3 + Na_2SO_4 + CO_2 + H_2O$$

Ferrosulfat   Natrium-   Ferro-   Natrium-   Kohlen-   Wasser
           bikarbonat   karbonat   sulfat   säure

Eigenschaften. Das zuckerhaltige Ferrokarbonat bildet ein grünlichgraues, mittelfeines, süß und schwach nach Eisen schmeckendes Pulver.

Prüfung.

1. Identitätsreaktion auf gute Beschaffenheit, auf Ferro- und Ferrisalz:

In Salzsäure soll sich das Präparat unter reichlicher Kohlensäure-entwicklung lösen zu einer grünlichgelben Flüssigkeit. Bei längerer und mangelhafter Aufbewahrung wird das Präparat durch den Luftsauerstoff oxydiert, die grünlichgraue Farbe geht in Braun über, und es findet beim Behandeln mit Salzsäure nur schwache Kohlensäureentwicklung statt.

Es wurde oben erwähnt, daß dem Präparate stets mehr oder weniger Ferrioxyd beigemengt ist. Demnach gibt die salzsaure Ferro-Ferrichlorid-lösung

a) als Reaktion auf Oxydulsalz

mit Kaliumferrizyanidlösung — Bildung von Ferroferrizyanid, Turnbulls Blau — (s. Fußnote S. 119):

$$3\ FeCl_2 + 2\ K_3FeCy_6 \rightarrow Fe_3(FeCy_6)_2 + 6\ KCl$$

Ferrochlorid	Kaliumferri-zyanid	Ferroferrizyanid Turnbulls Blau	Kalium-chlorid

b) als Reaktion auf Eisenoxydsalz

mit Kaliumferrozyanidlösung — Bildung von Ferriferrozyanid, — Ber-linerblau — einen blauen Niederschlag:

$$4\ FeCl_3 + 3\ K_4FeCy_6 \rightarrow Fe_4(FeCy_6)_3 + 12\ KCl$$

Ferrichlorid	Kaliumferro-zyanid	Ferriferrozyanid Berlinerblau	Kalium-chlorid

2. auf Sulfat:

Die mit Hilfe von wenig Salzsäure hergestellte wässerige Lösung des Präparates (1 + 49) darf durch Bariumnitratlösung nicht sofort getrübt werden. Sulfate geben mit Bariumnitrat in Säuren unlösliches, weißes Bariumsulfat, ihr Gehalt kann von ungenügendem Auswaschen des Ferro-karbonatniederschlages herrühren, Spuren sind zulässig:

$$Na_2SO_4 + Ba(NO_3)_2 \rightarrow BaSO_4 + 2\ NaNO_3$$

Natrium-sulfat	Bariumnitrat	Barium-sulfat	Natrium-nitrat

3. Gehaltsbestimmung:

Man löst in einem mittels Glasstöpsels verschließbaren Erlenmeyer-Kolben 0,5 g des Präparates in 5 ccm verdünnter Schwefelsäure, ohne zu erwärmen, und versetzt die Lösung zur völligen Überführung in Ferrisalz mit ¹/₂ proz. Kaliumpermanganatlösung bis zur schwachen, kurze Zeit be-stehenbleibenden Rötung. Sobald wieder Entfärbung eingetreten ist, gibt man 2 g Kaliumjodid hinzu, läßt eine Stunde verschlossen stehen und titriert das ausgeschiedene Jod mit $N/_{10}$-Natriumthiosulfatlösung bis zur Farblosigkeit (Indikator: Stärkelösung). Von der Natriumthiosulfatlösung sollen 8,50 bis 8,95 ccm (Feinbürette) erforderlich sein. Diese Gehalts-bestimmung entspricht genau der des vorigen Präparates **Ferrum oxy-datum cum Saccharo**. (Näheres s. d.) 1 ccm $N/_{10}$-Natriumthiosulfat-lösung entspricht = 0,005584 g Eisen. Der Prozentgehalt an Eisen soll mithin betragen:

$$8{,}50\ \text{bis}\ 8{,}95 \cdot 0{,}005584 \cdot 200 = 9{,}5 - 10.$$

20. Liquor Ferri sesquichlorati — Eisenchloridlösung.

Darstellung. In einem langhalsigen Kolben übergießt man 125 g abgeriebenen Eisendraht oder Eisennägel in kleinen Anteilen mit 600 g Salzsäure (25 % HCl). Sobald die Wasserstoffentwicklung nachläßt, erwärmt man auf dem Wasser- oder Sandbade, bis keine Gasentwicklung mehr bemerkbar ist. Die noch warme Lösung wird durch ein gewogenes und mit Wasser angefeuchtetes Filter filtriert, und schließlich der Rückstand auf das Filter gespült und mit warmem Wasser nachgewaschen. Das Filter mit Inhalt wird bei etwa 100° getrocknet und durch Nachwägen das Gewicht des in Lösung gegangenen Eisens bestimmt. Das Filtrat wird in einen Kolben gegeben, und auf 100 g gelösten Eisens 260 g Salzsäure (25 % HCl) und 135 g Salpetersäure (25 % HNO_3) zugefügt. Der Kolben wird mit einem Trichter bedeckt und auf dem Wasserbade so lange erwärmt (Dämpfe nicht einatmen), bis eine Probe, mit Kaliumferrizyanidlösung im Reagenzglase versetzt, keine Blaufärbung mehr gibt, d. h. alles Ferrochlorid in Ferrichlorid übergeführt ist. Die Flüssigkeit wird in einer tarierten Porzellanschale auf dem Dampfbade so weit eingeengt, daß auf 100 g gelösten Eisens 483 g Flüssigkeit bleiben. Zur Vertreibung anhaftenden freien Chlors, von Stickoxyden, freier Salz- und Salpetersäure verdünnt man mit Wasser, dampft wieder auf 483 g ein und wiederholt dieses Verfahren so oft, bis sich keine Salpetersäure mehr nachweisen läßt (siehe Prüf.). Die noch heiße Lösung wird mit so viel Wasser verdünnt, daß das Gesamtgewicht das 10 fache des gelösten Eisens und die Dichte 1,280 bis 1,290 bei $\frac{15°}{15°}$ beträgt, entsprechend 1,275 bis 1,285 $\frac{20°}{4°}$ (DAB 6).

Betrachtung. Viele Metalle, darunter Eisen, werden von Salzsäure unter Wasserstoffentwicklung angegriffen. Eisen wird zu Ferrochlorid gelöst:

$$Fe + 2\,HCl \rightarrow FeCl_2 + 2\,H,$$

Eisen   Chlor-   Ferro-   Wasser-
wasserstoff   chlorid   stoff

einem Oxydulsalz, das, wie wir beim vorigen Präparate sahen, leicht in die Oxydform übergeht, besonders wenn energische Oxydationsmittel, wie Salpetersäure, darauf einwirken. Dies geschieht bei unserer Darstellung durch Erwärmen der Eisenchlorürlösung mit einem Salz-Salpetersäuregemisch. Der Reaktionsmechanismus ist dahin aufzufassen, daß bei allen Oxydationsvorgängen mittels Salpetersäure aus zwei Mol. der letzteren drei Atome Sauerstoff verfügbar werden unter Bildung von Stickstoffoxyd. Der frei gewordene Sauerstoff oxydiert die Salzsäure zu Chlor, und letzteres verbindet sich additiv mit dem Ferrochlorid. Das Stickstoffoxyd wird durch den Luftsauerstoff zu braunrote Dämpfe bildendem Stickstoffdioxyd oxydiert:

a)
$$2\,HNO_3 \rightarrow 2\,NO + 3\,O + H_2O$$

Salpeter-   Stickstoff-   Sauer-   Wasser
säure   oxyd   stoff

b)
$$6\,HCl + 3\,O \rightarrow 6\,Cl + 3\,H_2O$$
Chlor- Sauer- Chlor Wasser
wasserstoff stoff

c)
$$6\,FeCl_2 + 6\,Cl \rightarrow 6\,FeCl_3$$
Ferrochlorid Chlor Ferrichlorid

d)
$$2\,NO + 2\,O \rightarrow 2\,NO_2$$
Stickstoff- Sauer- Stickstoffoxyd stoff dioxyd

Die Beendigung der Oxydation wurde daran erkannt, daß eine Probe der Flüssigkeit mit Kaliumferrizyanid keine Bläuung gab. Nur Ferrosalze bilden mit Kaliumferrizyanid das Turnbulls-Blau = Ferroferrizyanid[1]:

$$3\,FeCl_2 + 2\,K_3FeCy_6 \rightarrow Fe_3(FeCy_6)_2 + 6\,KCl$$
Ferrochlorid Kalium- Ferroferrizyanid Kaliumferrizyanid chlorid

Bei dem weiterhin erfolgenden Eindampfen zur Vertreibung der freien Salz- und Salpetersäure, des Chlors und der Stickoxyde wird ein Teil der Ferrichloridlösung unter Entweichen von Chlorwasserstoffsäure in Ferrihydroxyd umgesetzt, welches sich in der überschüssigen Ferrichloridlösung zu Ferrioxychlorid löst, so daß das fertige Präparat stets kleinere Mengen von letzterem enthält:

a)
$$FeCl_3 + 3\,H_2O \rightarrow Fe(OH)_3 + 3\,HCl$$
Ferri- Wasser Ferri- Chlor-
chlorid hydroxyd wasserstoff
entweicht

b)
$$2\,Fe(OH)_3 + FeCl_3 \rightarrow 3\,Fe(OH)_2Cl$$
Ferrihydroxyd Ferri- Ferrioxychlorid
chlorid

Eigenschaften. Die Eisenchloridlösung ist eine gelbbraune, sauer reagierende Flüssigkeit. Die saure Reaktion ist eine Folge der hydrolytischen Spaltung (s. d.), die Eisenchlorid in wässeriger Lösung zufolge des schwach basischen Charakters des Ferriions erleidet. Die braunrote Farbe ist größtenteils dem undissoziierten Molekül $FeCl_3$ zuzuschreiben — auch in Äther, in dem keine Ionisation erfolgt, löst sich Eisenchlorid mit gleicher Farbe — teilweise auch dem durch Hydrolyse gebildeten Ferrihydroxyd. Eine ganz verdünnte, nahezu farblose, wässerige Eisenchloridlösung färbt sich nämlich beim Kochen rotbraun, da die hydrolytische Spaltung mit steigender Temperatur zunimmt; beim Erkalten tritt wieder Entfärbung ein.

Prüfung.

1. **Identitätsreaktion auf Chlorid = Cl'-Ionen:**
Mit Wasser verdünnte Eisenchloridlösung $(1 + 9)$ gibt mit Silbernitratlösung weißen, in Säuren unlöslichen Niederschlag von Silberchlorid:

$$FeCl_3 + 3\,AgNO_3 \rightarrow 3\,AgCl + Fe(NO_3)_3$$
Ferri- Silbernitrat Silberchlorid Ferrinitrat
chlorid

---

[1] Es ist wahrscheinlich, daß beim Zusammenbringen von Ferrosalz und Kaliumferrizyanid beide Salze ihre Oxydationsstufe infolge der oxydierenden Wirkung des Kaliumferrizyanids wechseln, so daß das Turnbulls-Blau tatsächlich mit dem Berlinerblau identisch ist.

2. Identitätsreaktion auf Eisenoxydsalz = Fe$\cdots$-Ionen:

Die Verdünnung nach 1 gibt beim Versetzen mit Kaliumferrozyanid-lösung Fällung von Ferriferrozyanid = Berlinerblau:

$$4\,FeCl_3 + 3\,K_4FeCy_6 \rightarrow Fe_4(FeCy_6)3 + 12\,KCl$$

Ferrichlorid   Kaliumferro-   Ferriferrozyanid   Kalium-
             zyanid   Berlinerblau   chlorid

3. auf freies Chlor:

Ebenfalls von der Darstellung bei ungenügendem Eindampfen her-rührend. Ein mit Zinkjodidstärkelösung getränkter Papierstreifen darf sich beim Annähern an die Eisenchloridlösung nicht bläuen. Wie bei der Gehaltsbestimmung des Liquor Natrii hypochlorosi und bei Kaliumbromid näher erörtert, treibt Chlor das Jod aus seinen Verbindungen aus. Letzteres färbt Stärke blau:

$$ZnJ_2 + 2\,Cl \rightarrow ZnCl_2 + 2\,J$$

Zinkjodid   Chlor   Zinkchlorid   Jod

4. auf neutrales Eisenchlorid, bzw. überschüssige freie Salzsäure:

Werden 3 Tropfen Eisenchloridlösung mit 10 ccm $N/_{10}$-Natriumthio-sulfatlösung langsam auf etwa $50°$ erwärmt, so müssen sich beim Erkalten einige Flöckchen Eisenhydroxyd abscheiden. Der Vorgang ist folgender:

Beim Versetzen mit Natriumthiosulfatlösung entsteht zunächst Violett-Rotfärbung, wahrscheinlich durch Bildung von Ferrithiosulfat $Fe_2(S_2O_3)_3$. Diese Farbe verschwindet aber bald, und die Lösung enthält dann Ferro-salz und Natriumtetrathionat:

$$2\,FeCl_3 + 2\,Na_2S_2O_3 \rightarrow 2\,NaCl + 2\,FeCl_2 + Na_2S_4O_6$$

Ferrichlorid   Natrium-   Natrium-   Ferrochlorid   Natrium-
           thiosulfat   chlorid   tetrathionat

Da in dieser Weise nur das Ferrichlorid auf das Natriumthiosulfat oxydierend einwirkt, wird sich das Eisenhydroxyd des in der Eisenchlorid-lösung vorhandenen Eisenoxychlorids abscheiden. Ein Gehalt an letzterem wird somit sogar gefordert. Bei Gegenwart freier Säure würde Ferri-hydroxydausscheidung nicht erfolgen.

5. auf Arsenverbindungen:

Ein mit 0,5 g kristallisiertem Zinnchlorür ($SnCl_2 \cdot 2\,H_2O$) versetztes Gemisch von 1 ccm Eisenchloridlösung und 3 ccm Natriumhypophosphit-lösung darf nach viertelstündigem Erhitzen im siedenden Wasserbade keine bräunliche Färbung annehmen. Arsenverbindungen werden zu elementarem Arsen reduziert (s. S. 68).

Ohne Zinnchlorür würde die Eigenfarbe der Eisenchloridlösung das Erkennen der Reaktion erschweren. Das Zinnchlorür entfärbt die Eisen-chloridlösung und erhöht die Empfindlichkeit der Reaktion.

6. auf Ferrochlorid:

Anwesend bei unvollständiger Oxydation.

Eine Mischung von 1 ccm Eisenchloridlösung mit 10 ccm Wasser und 5 Tropfen Salzsäure darf mit 10 Tropfen Kalumferrozyanidlösung keine grüne oder blaue Färbung geben (s. o.).

7. auf Kupfersalz:

Versetzt man eine Mischung von 5 ccm Eisenchloridlösung und 20 ccm Wasser mit überschüssiger Ammoniakflüssigkeit, so wird alles Eisen als Eisenhydroxyd gefällt, das Filtrat muß klar und farblos sein:

$$FeCl_3 + 3\,NH_3 + 3\,H_2O \rightarrow Fe(OH)_3 + 3\,NH_4Cl$$

Ferri-   Ammoniak Wasser Ferrihydroxyd Ammonium-
chlorid   chlorid

Kupfersalze geben mit Ammoniak zunächst Fällung von Kupferhydroxyd $Cu(OH)_2$, das sich im Überschuß von Ammoniak mit blauer Farbe zur Metallammoniakverbindung — $Cu(NH_3)_4Cl_2$ — löst. (Siehe Kupfersulfat.)

8. auf Schwefelsäure:

Das Filtrat nach 7 darf nach dem Ansäuern mit Essigsäure durch Bariumnitratlösung nicht verändert werden. Mit letzterer gibt Schwefelsäure weißes, in Säuren unlösliches Bariumsulfat:

$$H_2SO_4 + Ba(NO_3)_2 \rightarrow BaSO_4 + 2\,HNO_3$$

Schwefel-   Barium-   Barium-   Salpeter-
säure   nitrat   sulfat   säure

9. auf Zink- und Kupfersalze:

Das Filtrat nach 7 darf durch Kaliumferrozyanidlösung nicht verändert werden. Zink gibt weißes, Kupfer rotbraunes Zink- bzw. Kupferferrozyanid:

$$2\,ZnCl_2 + K_4FeCy_6 \rightarrow Zn_2FeCy_6 + 4\,KCl$$

Zinkchlorid   Kaliumferro-   Zinkferro-   Kalium-
             zyanid   zyanid   chlorid

10. auf salpetrige und Salpetersäure:

2 ccm des Filtrats nach 7 werden mit 2 ccm konzentrierter Schwefelsäure gemischt und nach dem Erkalten mit 1 ccm Ferrosulfatlösung überschichtet. An der Berührungsstelle beider Flüssigkeiten darf sich keine dunkelbraune Zone bilden. Die Reaktion beruht darauf, daß die salpetrige und Salpetersäure durch Ferrosulfat zu Stickstoffoxyd reduziert werden, welch letzteres sich mit dem überschüssigen Ferrosulfat mit brauner Farbe zu Eisenstickoxydion verbindet:

$$6\,FeSO_4 + 2\,HNO_3 + 3\,H_2SO_4 \rightarrow 3\,Fe_2(SO_4)_3 + 2\,NO + 4\,H_2O$$

Ferrosulfat   Salpeter-   Schwefel-   Ferrisulfat   Stickstoff- Wasser
           säure   säure   oxyd

11. auf Alkali- und Erdalkalisalze:

Dieselben bleiben beim Verdampfen und Glühen von etwa 5 ccm des Filtrats nach 7 als wägbarer Rückstand zurück.

12. Gehaltsbestimmung:

5 g Eisenchloridlösung werden in einem Meßkölbchen mit Wasser auf 100 ccm verdünnt. 5 ccm dieser Mischung (= 0,25 g $FeCl_3$-Lösung) wer-

den in einen mittels Glasstopfens verschließbaren Erlenmeyer-Kolben abpipettiert, 2 ccm Salzsäure zur Überführung des Eisenoxychlorids in Eisenchlorid:

$$Fe(OH)_2Cl + 2\,HCl \rightarrow FeCl_3 + 2\,H_2O$$

Ferrioxychlorid   Chlor-   Ferri-   Wasser
wasserstoff   chlorid

und 1,5 g Kaliumjodid zugesetzt und eine Stunde verschlossen stehengelassen. Es findet Jodausscheidung statt, indem entsprechend der Reaktion bei der Gehaltsbestimmung des **Ferrum oxydat. cum Saccharo** (s. d.) Kaliumjodid bzw. die daraus durch Säuren in Freiheit gesetzte Jodwasserstoffsäure Ferrichlorid zu Ferrochlorid reduziert, selbst Oxydation zu Jod erfahrend:

$$FeCl_3 + HJ \rightarrow FeCl_2 + HCl + J$$

Ferri-   Jod-   Ferro-   Chlor-   Jod
chlorid   wasser-   chlorid   wasserstoff   stoff

Das ausgeschiedene Jod löst sich in der überschüssigen Kaliumjodidlösung mit braunroter Farbe und wird analog der Gehaltsbestimmung der beiden vorhergehenden Eisenpräparate (s. d.) mit $N/_{10}$-Natriumthiosulfatlösung bis zur Entfärbung titriert (Feinbürette). (Indikator: Stärkelösung.) Es sollen 4,39—4,61 ccm $N/_{10}$-Natriumthiosulfatlösung erforderlich sein.

1 ccm $N/_{10}$-Natriumthiosulfatlösung entspricht = 0,005584 g Eisen. Der Prozentgehalt an Eisen soll demnach betragen:

$$\frac{4,39 \text{ bis } 4,61 \cdot 0,005584 \cdot 100}{0,25} = 9,8 \text{ bis } 10,3.$$

21. Liquor Ferri oxychlorati dialysati — Dialysierte Eisenoxychloridlösung.

Darstellung. In ein Becherglas, welches man von außen mit Eisstücken umgibt, bringt man 50 g Eisenchloridlösung und setzt unter Umrühren in kleinen Anteilen 33 g Ammoniakflüssigkeit zu. Es entsteht ein rotbrauner Niederschlag von Eisenhydroxyd, der sich beim Umrühren wieder löst. Vor jedem neuen Zusatz von Ammoniakflüssigkeit wartet man die völlige Wiederauflösung des Niederschlages ab. Es muß schließlich eine tief rotbraune Lösung resultieren. Diese Lösung bringt man in einen Zylinder oder Kolben, dessen Boden abgesprengt und durch Dialyse-Pergamentpapier verschlossen ist, und hängt sie in ein Gefäß mit klarem Wasser. Man beobachtet, daß aus der Lösung Eisenchlorid in das Wasser übertritt (diffundiert), Eisenhydroxyd bleibt als Lösung zurück. Man führt dieses Verfahren (Dialyse) so lange fort unter häufigem Erneuern des auslaugenden Wassers, bis in letzterem nach dem Ansäuern mit Salpetersäure durch Silbernitratlösung nur noch Spuren von Chlorid nachweisbar sind. Man prüft die Dichte und bringt sie je nach Befund entweder durch Verdünnen mit Wasser oder durch Abdampfen bei einer 40° nicht übersteigenden Temperatur auf 1,043 bis 1,047 $\frac{15°}{15°}$, bzw. 1,041 bis 1,045 $\frac{20°}{4°}$ (DAB 6).

Betrachtung. G r a h a m hatte erkannt, daß alle kristallisierbaren Stoffe, sogenannte K r i s t a l l o i d e, durch Membranen gegen Wasser diffundieren, die nicht kristallisierbaren Stoffe, die K o l l o i d e (colla = Leim) dagegen nicht. Die Kolloide nehmen heute das Interesse in hohem Maße in Anspruch, sie finden auch, z. B. kolloidales Silber, pharmazeutische Verwendung, und manche von ihnen zeigen in ihrer katalytischen Wirkung (s. d.) auffallende Ähnlichkeit mit der physiologischen Wirkung der organischen Fermente.

Die kolloidalen oder kolloiden Lösungen sind zu erhalten:

a) durch Fällung wie bei unserm Präparate; ein weiteres Beispiel ist Arsentrisulfid As_2S_3, erhältlich durch Einleiten von Schwefelwasserstoff in eine neutrale Arsensalzlösung,

b) durch Reduktion; Beispiel: kolloidales Silber aus einer organischen (Eiweiß-) Verbindung,

c) durch Zerstäuben von Metallen (Silber, Gold, Platin usw.) unter Wasser mittels des elektrischen Lichtbogens.

Die Eigenschaften der k o l l o i d e n L ö s u n g e n (s. S. 801) weichen von denen wirklicher Lösungen in wesentlichen Punkten ab. Beim Eindampfen kolloider Lösungen hinterbleiben keine kristallisierbaren Stoffe, sondern es hinterbleibt eine hornartige oder gallertige, amorphe Masse. Der Gefrier- und Siedepunkt des Lösungsmittels erleidet durch die Kolloide keine wesentliche Veränderung. Beim Erwärmen der kolloiden Lösungen oder beim Versetzen mit gewissen Elektrolyten (s. d.), wie Salzsäure, Kochsalz usw., scheiden sich die Kolloide ab, flocken aus und zeigen darin große Analogie mit dem Eiweiß, das als höchst organisierter Stoff den Typus der Kolloide darstellt. Der wesentliche Unterschied zwischen den echten und den kolloiden oder Scheinlösungen liegt in dem A u f t e i - l u n g s - o d e r D i s p e r s i t ä t s g r a d des gelösten Stoffes. Dieser ist bei den kolloiden Lösungen von weniger hoher Ordnung als bei den echten Lösungen — man spricht daher auch von S u s p e n s i o n e n feinster Teilchen — aber er ist immer noch so groß, daß die Teilchen nur mit Hilfe des Ultramikroskopes sichtbar werden und daß die kolloiden Lösungen gegen das Licht als wirkliche Lösungen erscheinen. Bei Durchstrahlung mit einem Lichtkegel zeigen die kolloiden Lösungen dagegen eine Trübung, den T y n d a l l e f f e k t, ähnlich wie der Staub im Zimmer durch einen Lichtkegel sichtbar wird. Auf dem hohen Aufteilungsgrad beruht u. a. die bedeutende, vor allem in der katalytischen Wirkung (s. o.) zum Ausdruck kommende Oberflächenwirkung der Kolloide. Mit der Oberflächenentfaltung ist auch ein Adsorptionsvermögen für Ionen, teils für $H^{\cdot}$, teils für

OH', verbunden, so daß im elektrischen Feld die Kolloide ähnlich den Ionen (s. S.60), wenn auch langsamer, wandern, m. a. W. die kolloiden Lösungen leiten auch den elektrischen Strom.

Die kolloide Lösung nennt man auch Sol, den durch Erwärmen dieses Sols oder durch Zusatz eines Elektrolyten ausgeschiedenen Stoff Gel, und man bezeichnet diese weiter entsprechend dem Lösungsmittel, z. B. bei Wasser Hydrosol, Hydrogel, bei Alkohol Alkoholsol, Alkoholgel.

Je nach der Natur des Gels und seiner Ausscheidungsart besitzt dieses die Fähigkeit, mit Wasser wieder in den Solzustand zurückzugehen, oder es bleibt ungelöst. Demgemäß unterscheidet man zwischen reversiblen und nichtreversiblen Kolloiden.

Im Sinne des obigen Darstellungsverfahrens entstand beim Versetzen der Eisenchloridlösung mit Ammoniak ein Niederschlag von Eisenhydroxyd:

$$FeCl_3 + 3\,NH_3 + 3\,H_2O \rightarrow Fe(OH)_3 + 3\,NH_4Cl$$

Ferrichlorid Ammoniak Wasser Ferrihydroxyd Ammoniumchlorid

der sich in der überschüssigen Eisenchloridlösung zu Eisenoxychlorid löste:

$$2\,Fe(OH)_3 + FeCl_3 \rightarrow 3\,Fe(OH)_2Cl$$

Ferrihydroxyd Ferrichlorid Ferrioxychlorid

Dialysiert man die Eisenoxychloridlösung, so diffundiert das Eisenchlorid, welches das Eisenhydroxyd in Lösung hält, durch die Membran, und es hinterbleibt schließlich eine kolloidale Lösung von Eisenhydroxyd, die aber meist noch geringe Mengen Chlor festhält. Die Kolloidteilchen sind hier im Gegensatz zum Eisenzucker (s. d.) positiv geladen.

Eigenschaften. Dialysierte Eisenoxychloridlösung bildet eine klare, dunkelrote Flüssigkeit von schwachsaurer Reaktion.

Prüfung.

1. Identitätsreaktion:

Wie oben erwähnt, werden Kolloide aus ihren Lösungen durch gewisse Elektrolyte gefällt. So fällt ein Tropfen verdünnter Schwefelsäre aus der dialysierten Eisenoxychloridlösung das Hydrogel $Fe(OH)_3$ gallertartig aus.

2. auf Eisenchlorid:

Bei ungenügender Dialyse vorhanden.

In der dialysierten Eisenoxychloridlösung sind naturgemäß keine Eisenionen vorhanden, mithin darf durch Kaliumferrozyanidlösung nur wieder Hydrogel abgeschieden, aber kein Ferriferrozyanid = Berlinerblau gebildet werden:

$$4\,FeCl_3 + 3\,K_4FeCy_6 \rightarrow Fe_4(FeCy_6)_3 + 12\,KCl$$

Ferrichlorid Kaliumferrozyanid Ferriferrozyanid Berlinerblau Kaliumchlorid

Eine Mischung von 3 Tropfen dialysierter Eisenoxychloridlösung und 20 ccm Wasser darf daher mit 5 Tropfen Kaliumferrozyanidlösung nur eine braune, aber keine grünbraune bis dunkelgrüne Färbung geben.

3. auf Ammoniumsalz:

Ebenfalls bei ungenügender Dialyse vorhanden.

Beim Kochen von 20 ccm dialysierter Eisenoxychloridlösung mit Natronlauge darf sich kein Ammoniak entwickeln. Angefeuchtetes gelbes Kurkumapapier darf sich nicht bräunen. Starke Basen machen aus Ammoniumsalzen Ammoniak frei:

$$NH_4Cl + NaOH \rightarrow NH_3 + NaCl + H_2O$$

$$\underset{\substack{\text{Ammonium-}\\\text{chlorid}}}{} \quad \underset{\substack{\text{Natrium-}\\\text{hydroxyd}}}{} \quad \underset{\substack{\text{Ammo-}\\\text{niak}}}{} \quad \underset{\substack{\text{Natrium-}\\\text{chlorid}}}{} \quad \underset{\text{Wasser}}{}$$

4. auf Kupfersalze:

Fällt man mittels Ammoniak das Hydrogel aus, so muß das Filtrat farblos sein. Bei Gegenwart von Kupfer würde das Filtrat infolge Bildung einer löslichen Kupfer-Ammoniakverbindung $Cu(NH_3)_4Cl_2$ (siehe Kupfersulfat) dunkelblau gefärbt sein.

5. auf Alkali- und Erdalkalisalze:

Das Filtrat von 4 hinterläßt, da dialysierte Eisenoxychloridlösung einen gewissen Chloridgehalt besitzt, beim Verdampfen einen Rückstand von Ammoniumchlorid. Letzteres ist beim Glühen völlig flüchtig. Ein Glührückstand würde aus oben bezeichneten Salzen bestehen.

6. auf unzulässigen Chloridgehalt:

Wie unter 5 schon erwähnt, besitzt dialysierte Eisenoxychloridlösung noch einen gewissen Gehalt an Chlorid, das in der Verbindung aber gleichsam maskiert und darum direkt nicht nachweisbar ist. Zerstört man aber durch Kochen mit Salpetersäure das Kolloid, so treten freie Chlorionen auf. Kocht man 5 ccm des Präparates mit 15 ccm Salpetersäure bis zur Klärung, so dürfen zur völligen Fällung des Chlorids — das klare Filtrat der Fällung darf durch Silbernitratlösung nicht mehr verändert werden — nicht mehr als 4,5 ccm $N/_{10}$-Silbernitratlösung verbraucht werden, was einem Gehalte von $4,5 \cdot 0,003546 \cdot 20 = 0,31\,\%$ Cl entspricht.

7. Gehaltsbestimmung:

In einem 100-ccm-Kolben werden 10 g dialysierte Eisenoxychloridlösung mit 16 ccm Salzsäure erwärmt, bis eine klare, rotgelbe Lösung entstanden, d. h. alles Eisen in Eisenchlorid übergeführt ist:

$$Fe(OH)_3 + 3\,HCl \rightarrow FeCl_3 + 3\,H_2O$$

$$\underset{\substack{\text{Ferri-}\\\text{hydroxyd}}}{} \quad \underset{\substack{\text{Chlor-}\\\text{wasserstoff}}}{} \quad \underset{\text{Ferrichlorid}}{} \quad \underset{\text{Wasser}}{}$$

Nach dem Erkalten füllt man mit Wasser bis zur Marke auf. 10 ccm dieser Mischung ($= 1$ g Präparat) werden in einem mit Glasstopfen verschließbaren Kolben mit 1 ccm Salzsäure und 1.5 g Kaliumjodid versetzt, verschlossen 1 Stunde lang stehengelassen und mit $N/_{10}$ Natriumthiosulfatlösung (Feinbürette) titriert (Indikator: Stärkelösung), von der 5,91 bis 6,45 ccm verbraucht werden müssen. Die Gehaltsbestimmung entspricht der des vorigen Präparates Liquor Ferri sesquichlorati, siehe auch Ferrum oxydatum cum Saccharo.

1 ccm $N/_{10}$-Natriumthiosulfatlösung zeigt an: 0,005584 g Eisen. Der Prozentgehalt an Eisen soll demnach betragen:

$$5,91 \text{ bis } 6,45 \cdot 0,005584 \cdot 100 = 3,3 \text{ bis } 3,6.$$

22. Sirupus Ferri chlorati — Ferrochloridsirup [1].
Eisen(II)chloridsirup — Eisenchlorürsirup.

Darstellung. 12 g gepulvertes Eisen werden in einem 300-ccm-Kolben mit 120 g verdünnter Salzsäure (12,5%) in kleinen Anteilen übergossen, nötigenfalls unter Kühlen, so daß keine Erwärmung eintritt. Der Kolben wird mit einem durchbohrten Kork verschlossen, durch den ein Glasrohr von 5 mm lichter Weite geführt ist. Über das herausragende Ende des Rohres wird eine mit 1 cm langem Schlitz versehene Gummikappe oder ein nach oben durch ein Glasstäbchen verschlossener Gummischlauch (Bunsen-Ventil) gezogen, so daß der sich entwickelnde Wasserstoff entweichen, aber keine Luft in den Kolben eintreten kann. Nach beendeter Reaktion, nach der etwas Eisen ungelöst bleiben muß, wird die grünliche Lösung durch ein kleines Filter schnellstens in eine Flasche filtriert, die 800 g Zuckersirup enthält, in dem vorher 1 g Zitronensäure gelöst wurde. Mit Zuckersirup wird schließlich das Gesamtgewicht auf 1000 g gebracht.

Ferrochloridsirup ist in kleine, dem Verbrauch angemessene Flaschen zu füllen und an einem möglichst hellen Ort aufzubewahren.

Betrachtung. Gleich manchen anderen Metallen, wie Zink und Zinn, setzt sich Eisen mit Salzsäure unter Wasserstoffentwicklung zu Eisen(II)-chlorid um:

$$\text{Fe} + 2\,\text{HCl} \rightarrow \text{FeCl}_2 + 2\,\text{H}$$

Eisen   Chlorwasserstoff   Eisen(II)-chlorid   Wasserstoff

Eisen ist ein polyvalentes, d. h. ein in verschiedenen Wertigkeitsstufen auftretendes Element. Die Eisen(II)salze sind unbeständig und oxydieren sich zu den beständigeren Eisen(III)verbindungen. Durch gewisse Substanzen, sogenannte Stabilisatoren, sei es, daß sie reduzieren, puffern oder sich verbinden, läßt sich die Oxydation verzögern oder unterbinden. Als Stabilisatoren dienen u. a. l-Askorbinsäure, Zucker, Zitronensäure.

Nach Untersuchungen und Erkenntnissen aus den letzten Dezennien (Heubner, Starkenstein, Heilmeyer, Paul usw.) kommt bei der Behandlung der Anaemien mit Eisenpräparaten den Ferroverbindungen,

---

[1] W. Awe, D. Apoth.-Ztg. 1936 (98) S. 1768.

dem Fe$\cdot\cdot$ Ion, die Hauptwirksamkeit zu. Damit findet auch die seit langem gepflegte Darreichung metallischen Eisens ihre wissenschaftliche Begründung. Das Eisen setzt sich mit der Salzsäure des Magens zu Eisen(II)-chlorid um. Verschiedene, mit den erforderlichen hohen Gaben und der schwankenden Reinheit des Eisens verbundene Begleiterscheinungen, wie Entwicklung übler Gase (Kohlen-, Schwefelwasserstoff), zu schnelle Bindung der Magensäure, erzeugen oft Magenbeschwerden und Unbekömmlichkeit. Man bevorzugt daher fertige Präparate des zweiwertigen Eisens, zumal bei ihm die erforderliche Tagesdosis an Eisen nur etwa 100 mg beträgt. 1 Teelöffel des nach obiger Vorschrift bereiteten Ferrochloridsirups enthält etwa 50 mg Eisen. Am besten resorbierbar und daher am unmittelbarsten und vollständigsten wirksam ist nach Heubner[1] das Eisen der an der Quelle getrunkenen Mineralwässer, die das Eisen als Ferrohydrogenkarbonat und Ferrosulfat gelöst enthalten. Hiernach sowie auch nach sonstigen Beobachtungen sind neben dem Ferrochlorid auch andere Ferrosalze voll wirksam. Von Verbindungen des dreiwertigen Eisens, wie sie in den älteren Präparaten (Eisentinktur, Eisenalbuminat usw.) vorliegen, wird angenommen, daß sie zum Teil im Magen-Darmkanal reduziert und dann resorbiert werden. Von ihnen sind für den gleichen Effekt größere Dosen erforderlich.

Eigenschaften. Ferrochloridsirup ist farblos oder hellgrünlich, von saurer Reaktion.

Prüfung.

1. Identitätsreaktion:

a) auf Eisenoxydulsalz = Fe$\cdot\cdot$-Ionen: Mit Wasser verdünnter Eisenchlorürsirup (1 + 4) gibt nach dem Ansäuren mit Salzsäure mit Kaliumferrizyanidlösnng einen blauen Niederschlag von Turnbulls Blau (Ferroferrizyanid, Eisen(II)Eisen(III)zyanid):

$$3\,FeCl_2 + 2\,K_3FeCy_6 \rightarrow Fe_3(FeCy_6)_2 + 6\,HCl$$

Ferrochlorid   Kaliumferri-   Ferroferrizyanid   Chlor-
zyanid   (Turnbulls Blau)   wasserstoff

b) auf Chlorid = Cl$'$-Ionen: Die Verdünnung nach a) gibt nach dem Ansäuern mit Salpetersäure mit Silbernitratlösung einen weißen, käsigen, in Säuren unlöslichen Niedersclag von Silberchlorid:

$$FeCl_2 + 2\,AgNO_3 \rightarrow 2\,AgCl + Fe(NO_3)_2$$

Ferrochlorid   Silbernitrat   Silberchlorid   Ferronitrat

2. auf Ferrisalze = Fe$\cdot\cdot\cdot$-Ionen:

Eine Verdünnung von 2 ccm Ferrochloridsirup mit 3 ccm Wasser darf nach dem Ansäuern mit 5 Tropfen verdünnter Salzsäure durch 5 Tropfen N/$_{10}$ Ammoniumrhodanidlösung höchstens schwach rosa gefärbt werden.

---

[1] D. Apoth.-Ztg. 1944 (23/24) S. 184.

Ferrisalze geben mit löslichen Rhodaniden[1] (Thiozyanaten) dunkelblut-
rotes Ferrirhodanid (s. Arg. nitr. Gehaltsbestimmung).

$$\text{FeCl}_3 + 3\,\text{NH}_4\text{SCN} \rightarrow \text{Fe(SCN)}_3 + 3\,\text{NH}_4\text{Cl}$$

Ferrichlorid   Ammonium-   Ferrirhodanid   Ammonium-
         rhodanid   chlorid

3. Gehaltsbestimmung:[2]

a) jodometrisch:

In einer 250-ccm-Glasstopfenflasche werden etwa 5 g Ferrochloridsirup genau gewogen, mit 20 ccm Wasser und mit je 10 ccm 10prozentiger
Essigsäure und 2prozentiger Chloraminlösung versetzt und 15 Minuten
unter häufigem Schütteln stehengelassen. Man gibt 0,2 g Kaliumbromid
hinzu, schüttelt bis zur Lösung, verdünnt nach 5 Minuten mit Wasser auf
etwa 150 ccm und versetzt unter jedesmaligem zweiminütigen, kräftigen
Schütteln mit dreimal je 10 ccm 25prozentiger Ameisensäure.

Um sich zu überzeugen, daß das Brom durch Ameisensäure völlig
gebunden ist, setzt man einige Tropfen Methylrotlösung hinzu. Die
Flüssigkeit muß rot gefärbt bleiben, andernfalls sind nochmals 10 ccm
Ameisensäure unter mehrminütigem Umschütteln zuzusetzen. Man prüft
nochmals mit 2 Tropfen Methylrotlösung, ob das Brom völlig gebunden
ist. Danach setzt man der rot gefärbten Flüssigkeit 10 ccm verdünnte
Schwefelsäure (1 + 5) und 2 g Kaliumjodid hinzu und titriert nach einstündigem Stehen das ausgeschiedene Jod mit $N/_{10}$ Natriumthiosulfatlösung (Indikator: Stärkelösung). Die austitrierte Lösung ist rot gefärbt.

Für 5 g Ferrochloridlösung sollen mindestens 8,9 ccm $N/_{10}$ Natriumthiosulfatlösung verbraucht werden, was einem Mindestgehalt von 1 %
Eisen enspricht.

Beispiel: Einwaage: 4,8254 g
           Verbrauch an $N/_{10}$ $\text{Na}_2\text{S}_2\text{O}_3$ Lös.: 8,8 ccm
                            (1 ccm = 0,005584 g Fe)

$$\frac{8,8 \cdot 0,005584 \cdot 100}{4,8254} = \underline{1,02\,\% \text{ Fe.}}$$

Die bei den vorstehenden Eisenpräparaten (vgl. insbesondere Ferrum
oxydatum c. Saccharo S. 115) näher erörterte jodometrische Methode hat
das Eisen in seiner dreiwertigen Form zur Voraussetzung. Kal. permanganat kann hier nicht wie bei Ferrum carbonicum c. Saccharo (s. d.) als
Oxydationsmittel dienen, es würde Chlor frei machen und damit einen
höheren Eisengehalt vortäuschen. Bei anderen Oxydationsmitteln, wie
H_2O_2 und HNO_3, wirkt der Zucker störend. Nach Awe ist Chloramin
(s. S. 55) geeignet. Das aus seiner wässerigen Lösung durch H-Ionen frei

---

[1] ῥόδεο = rot.
[2] W. Awe, Südd. Apoth.-Ztg. 1946 (2) S. 35 u. (6) S. 129.

werdende Chlor oxydiert $FeCl_2$ zu $FeCl_3$. Das überschüssige Chlor wird durch Kaliumbromid beseitigt:

$$KBr + Cl \rightarrow KCl + Br$$

Kalium- Chlor Kalium- Brom
bromid   chlorid

und das frei werdende Brom durch Ameisensäure unschädlich gemacht:

$$HCOOH + 2\,Br \rightarrow 2\,HBr + CO_2$$

Ameisensäure Brom   Brom-   Kohlenwasserstoff dioxyd

b) manganometrisch:

In einem 100-ccm-Kolben werden etwa 5 g Ferrochloridsirup genau gewogen, mit 20 ccm Wasser verdünnt und nach Hinzufügen von je 10 ccm 30prozentiger Manganosulfatlösung ($MnSO_4 + 4\,H_2O$), verdünnter Schwefelsäure (1 + 5) und 25prozentiger Phosphorsäure mit $N/_{10}$ Kaliumpermanganatlösung bis zur schwachen Rot-Violettfärbung titriert. Bei Zusatz eines Tropfens einer Diphenylamin-Schwefelsäurelösung (1:500) als Indikator kurz vor Titrationsende erscheint die Beendigung schärfer als Violettfärbung.

1 ccm $N/_{10}$ $KMnO_4$ — Lös. = 0,005584 g Fe. Bezüglich Mindestverbrauch und Berechnung gilt das Gleiche wie unter a).

Diese für Eisenbestimmungen und andere Oxydationsanalysen viel angewandte manganometrische Methode ist einfacher, billiger und, da sie das Eisen in zweiwertiger Form zur Voraussetzung hat, für das vorliegende Präparat auch näher liegend (s. unter Maßanalyse S. 50). Während in schwefelsaurer Lösung Kaliumpermanganat Ferrosalz glatt in Ferrisalz überführt, stört hier die Salzsäure des Präparates, die neben dem Ferrochlorid ebenfalls von Kaliumpermanganat oxydiert wird (siehe unter a) und damit einen höheren Eisengehalt vortäuscht. Ferner erschwert die Eigenfarbe des entstandenen Ferrichlorids das Erkennen des Farbenumschlags. Nach der vorstehenden, von Zimmermann, Manchot und Rheinhardt stammenden und gedeuteten Arbeitsweise werden die störenden Einflüsse ausgeschaltet. Bei reichlicher Anwesenheit von Manganosalz unterbleibt die Chlorentwicklung, während die Phosphorsäure sich mit dem gebildeten Ferrichlorid zu nichtdissoziiertem und daher nahezu farblosem Ferriphosphat ($FePO_4$) umsetzt.

Der in seinem Endverlauf wie üblich zu formulierende Vorgang:

$$2\,FeO + O \rightarrow Fe_2O_3$$

Ferro- Sauer- Ferri-
oxyd   stoff   oxyd

wird in seinen wesentlichen, aber noch nicht völlig geklärten Zwischenstufen dahin gedeutet, daß bei der Oxydation als „Primäroxyd" zunächst labiles Eisenpentoxyd entsteht:

a) $2\,FeO + Mn_2O_7 \rightarrow Fe_2O_5 + 2\,MnO_2$

Ferrooxyd Permangan- Eisen-   Mangan- ,
säure   pentoxyd superoxyd

das unter Beiseiteschiebung der Salzsäure das Manganosalz, soweit es reichlich genug zugegen ist, zu MnO_2 oxydiert:

b)
$$Fe_2O_5 + 2\,MnO \rightarrow Fe_2O_3 + 2\,MnO_2$$
Eisen-   Mangan-   Eisenoxyd   Mangan-
pentoxyd   oxyd   superoxyd

Dieses sowie das nach a) und weiterhin durch Umsetzung zwischen Manganosalz und Permanganat:

c)
$$3\,MnO + Mn_2O_7 \rightarrow 5\,MnO_2$$
Mangan-   Permangan-   Manganoxyd   säure   superoxyd

entstandene MnO_2 oxydiert noch vorhandenes Ferrosalz zu Ferrisalz:

d)
$$2\,FeO + MnO_2 \rightarrow Fe_2O_3 + MnO$$
Ferrooxyd   Mangan-   Ferrioxyd   Mangan-   ,
superoxyd   oxyd

während das MnO gleich wieder nach b) oder c) in MnO_2 zurückverwandelt wird.

Dieser Chemismus wird dadurch ermöglicht, daß MnO_2 in der Kälte und bei den bei der Titration obwaltenden niedrigen Konzentrationsverhältnissen Salzsäure nicht oder nur unwesentlich zu Chlor oxydiert.

Die Indikatorwirkung des Diphenylamins beruht auf der oxydativen Bildung eines chinoiden Farbstoffes (s. bei Pikrinsäure S. 192):

$$C_6H_5 - N\overset{\diagup H}{} C_6H_5 + C_6H_5 - N\overset{\diagup H}{-}C_6H_5 \quad -2\,H \rightarrow$$
2 Mol. Diphenylamin

$$C_6H_5 - N\overset{\diagup H}{-}C_6H_4 - C_6H_4 - N\overset{\diagup H}{-}C_6H_5 \quad -2\,H \rightarrow$$
Diphenylbenzidin

$$C_6H_5 - N = \langle == \rangle = \langle == \rangle = N - C_6H_5$$
Chinoider Farbstoff (violett)

Über die Titereinstellung der Permanganatlösung siehe bei Maßanalyse S. 49.

23. Hydrargyrum oxydatum via humida paratum — Gelbes Quecksilberoxyd.

Darstellung. Man löst 1 g Quecksilberchlorid in 20 g Wasser unter Erwärmen auf und gießt diese Lösung, nachdem sie auf etwa 30° erkaltet ist, unter Umrühren in eine in einem Becherglase befindliche Mischung von 3 g Natronlauge und 5 g Wasser. Es entsteht ein gelbroter Niederschlag. Zur Vervollständigung der Umsetzung läßt man 1 Stunde unter häufigem Umrühren stehen, bringt dann den Niederschlag auf ein Filter und wäscht ihn mit Wasser von 30° so lange aus, bis das Waschwasser fast chloridfrei geworden ist. (Silbernitratlösung darf nach dem Ansäuern mit Salpetersäure höchstens Opaleszenz hervorrufen.) Der Niederschlag wird schließlich bei annähernd 30° vor Licht geschützt getrocknet.

Betrachtung. Man kennt zwei Reihen von Quecksilberverbindungen, solche, die sich von Hg_2O — **Merkuroverbindungen** — und solche, die sich von HgO — **Merkuriverbindungen** — ableiten lassen. Besser Quecksilber (I)-, bzw. Quecksilber (II)-verbindungen genannt.

Die Halogenverbindungen der letzten Reihe sind äußerst wenig ionisiert und nehmen mit steigendem Atomgewicht des Halogens an Beständigkeit zu. Um aus Quecksilberchlorid alles Quecksilber als Oxyd niederzuschlagen, bedarf es schon eines gewissen Überschusses an Kali, während bei Quecksilberjodid (ebenso bei Quecksilberzyanid) durch Kali keine Zersetzung mehr erfolgt.

Versetzt man eine Quecksilberchloridlösung mit Alkalien, so wird nicht das Hydroxyd, sondern gleich das Oxyd des zweiwertigen Quecksilbers gefällt:

$$HgCl_2 + 2\,NaOH \rightarrow HgO + 2\,NaCl + H_2O$$

Quecksilber-   Natrium-   Quecksilber-   Natrium-   Wasser
chlorid   hydroxyd   oxyd   chlorid

Dieses durch Fällung gewonnene Quecksilberoxyd nennt man **Hydrargyrum oxydatum via humida paratum** zum Unterschiede von dem durch Erhitzen von Quecksilber oder Quecksilbernitrat, also auf trockenem Wege erhaltenen Quecksilberoxyd. In ihrer chemischen Zusammensetzung sind beide gleich, es liegen auch keine allotropen Zustände vor wie beim Schwefel (s. Sulfur praecip.), sondern ihr äußerlich durch die Farbe erkenntlicher Unterschied ist durch die verschiedene Feinheit der Oxyde bedingt. HgO v. h. p. ist gelbrot und feiner verteilt als das durch Erhitzen gewonnene tiefrote Quecksilberoxyd.

Eigenschaften. Beim Erhitzen spaltet sich Quecksilberoxyd wieder in seine Elemente. Die Zersetzung — Herstellung von Sauerstoff —:

$$HgO \rightleftarrows Hg + O$$

Queck-   Queck-   Sauer-
silber-   silber   stoff
oxyd

findet teilweise auch unter dem Einfluß des Lichtes statt, weshalb das Präparat vor Licht geschützt aufzubewahren ist.

Durch das Zeichen $\rightleftarrows$ soll die Reversibilität des Prozesses angedeutet werden, bei erhöhter Temperatur ist das Gleichgewicht nach rechts, bei erniedrigter Temperatur nach links verschoben. Lavoisier benutzte 1774 zur Trennnung der Luftbestandteile Stickstoff und Sauerstoff das Quecksilber, indem er letzteres in einem abgeschlossenen Raume nahe zum Sieden erhitzte. Das Quecksilber verbindet sich mit dem Luftsauerstoff zu Quecksilberoxyd, und Stickstoff hinterbleibt. Bei erhöhter Temperatur findet wieder Zerlegung statt.

In verdünnter Salz- und Salpetersäure löst sich Quecksilberoxyd zu
dem Salz der entsprechenden Säure:

$$HgO + 2\,HCl \rightarrow HgCl_2 + H_2O$$

Queck-   Chlor-   Queck-   Wasser
silber-   wasser-   silber-
oxyd   stoff   chlorid

Prüfung.

1. auf Quecksilber und Quecksilberoxydul:

Diese Stoffe sind in Salzsäure nicht löslich und würden sich beim
Lösen von 0,5 g gelbem Quecksilberoxyd in 5 ccm verdünnter Salzsäure als
unlöslich zu erkennen geben. Die Lösung darf aber höchstens schwach
getrübt sein.

2. auf rotes Quecksilberoxyd:

Wegen seiner feineren Verteilung setzt sich das gelbe Quecksilberoxyd
beim Schütteln mit Oxalsäurelösung — 1 g gelbes Quecksilberoxyd mit
20 ccm Oxalsäurelösung (10 %) — allmählich zu dem weißen, kristallinischen Quecksilberoxalat um, während das rote Quecksilberoxyd diese Umwandlung nicht oder nur sehr viel langsamer zeigt und als roter Rückstand
hinterbleiben würde. Zur Vermeidung von Täuschungen beachte man
aber, daß auch das gelbe Quecksilberoxyd sich nur langsam, zuweilen
erst innerhalb eines Tages umsetzt:

$$Hg{:}O + \begin{array}{c} H{:}OOC \\ | \\ H{:}OOC \end{array} \rightarrow \begin{array}{c} COO \\ | \\ COO \end{array}\!\!\!\Big\rangle Hg + H_2O$$

Quecksilber-   Oxalsäure   Quecksilber-   Wasser
oxyd   oxalat

3. auf Chlorid

(vorhanden bei ungenügendem Auswaschen des Niederschlages, bzw. bei
unvollständiger Umsetzung):

Die Lösung von 0,2 g gelbem Quecksilberoxyd in etwa 20 Tropfen
Salpetersäure und 10 ccm Wasser darf durch 3 Tropfen Silbernitratlösung
höchstens opalisierend getrübt werden. Spuren von Chlorid sind zulässig:

$$NaCl + AgNO_3 \rightarrow AgCl + NaNO_3$$

Natrium-   Silber-   Silber-   Natriumchlorid   nitrat   chlorid   nitrat

4. auf sonstige Verunreinigungen:

Quecksilberoxyd ist beim Erhitzen völlig flüchtig. 0,2 g gelbes Quecksilberoxyd dürfen beim Erhitzen keinen wägbaren Rückstand hinterlassen.

24. Hydrargyrum praecipitatum album — Weißes Quecksilberpräcipitat.

Darstellung. Man löst unter Erwärmen 2 g Quecksilberchlorid in 40 g
Wasser und vermischt diese Lösung nach dem Erkalten unter Umrühren
langsam mit so viel Ammoniakflüssigkeit (etwa 3 g), daß Lackmuspapier
eben gebläut wird. Es entsteht ein weißer Niederschlag; diesen wäscht

man auf einem Filter nach dem Ablaufen der Flüssigkeit mit 18 g Wasser aus und trocknet ihn vor Licht geschützt bei etwa $30°$.

Bei der Herstellung gibt man in der Regel die Ammoniakflüssigkeit zur Quecksilberchloridlösung. Es wird auch gegenteilig verfahren. Auf beide Weisen unter sonst gleichen streng einzuhaltenden Bedingungen wird augenscheinlich ein Präparat gleicher Zusammensetzung erhalten.

Betrachtung. Die Umsetzung erfolgt im Sinne folgender Gleichung:

$$HgCl_2 + 2\,NH_3 \rightarrow Hg{<}^{Cl}_{NH_2} + NH_4Cl$$

Quecksilberchlorid · Ammoniak · Merkuriamidochlorid. Hydrargyrum praecipitatum album · Ammoniumchlorid

Hydrargyrum praecipitatum album ist aufzufassen als Quecksilberchlorid $HgCl_2$, in dem ein Chloratom durch die einwertige Amidogruppe NH_2 ersetzt ist. Das Ammoniak hat hier nur substituierend gewirkt. Die ebenfalls gebrauchte Benennung: Merkuriammoniumchlorid stellt das Präparat als ein durch Quecksilber substituiertes Ammoniumchlorid hin:

$$N{\overset{/\!/H_2}{\underset{\backslash Cl}{=\!Hg}}}$$

Die Verbindung verflüchtigt sich beim Erhitzen im Reagenzglase, ohne zu schmelzen, man nennt sie daher auch „unschmelzbares Präzipitat". Beim Kochen mit Ammoniumchloridlösung entsteht unter Lösung das schmelzbare Präzipitat, in welchem die Stickstoffatome fünfwertig sind:

$$Hg{<}^{Cl}_{NH_2} + NH_4Cl \rightarrow Hg{<}^{\overset{v}{NH_3}-Cl}_{\underset{NH_3}{v}-Cl}$$

Umschmelzbares Präzipitat · Ammoniumchlorid · Schmelzbares Präzipitat

Darum gibt auch eine überschüssiges Ammoniumchlorid enthaltende Quecksilberchloridlösung mit Ammoniak keinen Niederschlag.

Eigenschaften. Weißes Quecksilberpräzipitat ist von rein weißer Farbe, in Wasser fast unlöslich, in Salzsäure, Salpetersäure usw. löslich, beim Erwärmen mit Natronlauge entsteht Quecksilberoxyd unter Ammoniakentwicklung:

$$Hg{<}^{NH_2}_{Cl} + NaOH \rightarrow HgO + NH_3 + NaCl$$

Merkuriamidochlorid · Natriumhydroxyd · Quecksilberoxyd · Ammoniak · Natriumchlorid

Prüfung.

1. auf unvorschriftsmäßige Herstellung, Quecksilberchlorür:

Beim Erwärmen mit verdünnter Salpetersäure oder nach dem Deutschen Arzneibuch beim Erhitzen von 0,2 g fein zerriebenem, weißem

Quecksilberpräzipat mit 10 ccm verdünnter Essigsäure auf 70° muß in kurzer Zeit eine klare Lösung entstehen:

$$Hg{<}^{NH_2}_{Cl} + 2\,HNO_3 \rightarrow Hg(NO_3)_2 + NH_4Cl$$

Merkuriamido- Salpeter- Quecksilber- Ammoniumchlorid säure nitrat chlorid

Kalomel bleibt ungelöst zurück.

2. auf schmelzbares Präzipitat (s. o.):

Weißes Quecksilberpräzipitat muß beim Erhitzen im Reagenzrohr sich vollständig verflüchtigen, ohne zu schmelzen:

$$6\,Hg{<}^{NH_2}_{Cl} \rightarrow 3\,Hg_2Cl_2 + 4\,NH_3 + 2\,N$$

Merkuriamido- Quecksilber- Ammoniak Stick-
chlorid chlorür stoff
  Kalomel

Im gleichen Sinne wirkt das Sonnenlicht langsam reduzierend auf das Präparat ein, letzteres muß daher vor Licht geschützt aufbewahrt werden.

3. Gehaltsbestimmung:

0,2 g des fein zerriebenen Präparates werden in einem mit Glasstöpsel verschließbaren Erlenmeyer-Kolben mit 50 ccm Wasser und 2 g Kaliumjodid versetzt und unter häufigem Umschütteln etwa 10 Minuten lang bis zur völligen Lösung stehen gelassen.

Es erfolgt folgende Umsetzung:

$$NH_2HgCl + 2\,KJ + 2\,H_2O \rightarrow KCl + HgJ_2 + NH_4OH + KOH$$

Merkuriamido- Kalium- Wasser Kalium- Queck- Ammonium- Kaliumchlorid jodid chlorid silber- hydroxyd hydroxyd
    jodid

Das an sich unlösliche HgJ_2 verbindet sich mit dem überschüssigen KJ zu dem löslichen K_2HgJ_4 (s. das Präparat Hydrargyrum bijodatum).

Die nach der vorstehenden Gleichung entstandenen beiden Basen Ammonium- und Kaliumhydroxyd werden nunmehr mit $N/_{10}$-Salzsäure (Indikator: Methylorange) titriert, von der mindestens 15,6 ccm verbraucht werden müssen.

Diese Gehaltsbestimmung ist also eine alkalimetrische. Nach der Umsetzungsgleichung entsprechen 2 Mol. HCl 1 Mol. NH_2HgCl.

1 ccm $N/_{10}$-Salzsäure zeigt demnach an:

$$\frac{252{,}1\ (\text{M. G. von } NH_2HgCl)}{2 \cdot 10\,000} = 0{,}012605\ g\ NH_2HgCl.$$

Der Mindestprozentgehalt an weißem Quecksilberpräzipitat soll demnach sein:

$$\frac{0{,}012605 \cdot 15{,}6 \cdot 100}{0{,}2} = \mathbf{98{,}3.}$$

25. Hydrargyrum cyanatum — Quecksilberzyanid.

Darstellung. 8 g Berlinerblau[1] reibt man in einer Porzellanschale mit
6 g gelbem Quecksilberoxyd unter allmählichem Zusatz von 40 g Wasser
an, erhitzt 1 bis 2 Stunden auf dem Wasserbade und schließlich etwa
10 Minuten auf dem Drahtnetze über offener Flamme zum Sieden. Die
Blaufärbung muß nach dieser Zeit verschwunden sein, andernfalls setzt
man noch etwas gelbes Quecksilberoxyd hinzu. Man filtriert, zieht den
Rückstand mit heißem Wasser aus und dampft nach Zusatz von etwas
Blausäure[2] (zur Vermeidung von Oxysalzbildung) zur Kristallisation ein.
Die Kristalle werden bei mäßiger Temperatur getrocknet.

Betrachtung. Die Zyangruppe: $(CN)_2 \rightarrow N \equiv C - C \equiv N$ zeigt große
Analogie mit den Halogenen. Ihre Verbindungen KCN und KCNO können
auf gleiche Weise durch Einleiten von Zyan in Kalilauge gewonnen werden wie die entsprechenden Chlorverbindungen KCl und KClO durch
Einleiten von Chlor in Kalilauge. Das Silbersalz AgCN ist ebenfalls in
Wasser und verdünnten Säuren unlöslich, in Ammoniak dagegen löslich
usw. Auch bei der Quecksilberverbindung zeigt sich die Übereinstimmung,
indem die bereits bei H y d r a r g y r u m o x y d a t u m v. h. p. besprochene
Stabilität der Quecksilberhalogenverbindungen von der Chlorverbindung
über die Jod- zur Zyanverbindung wächst. Quecksilberzyanid ist so wenig
ionisiert, daß das elektrische Leitvermögen ihrer wässerigen Lösung kaum
meßbar ist, die gewöhnlichen Quecksilberreaktionen treten nicht ein mit
Ausnahme der Sulfidreaktion beim Einleiten von Schwefelwasserstoff, weil
Quecksilbersulfid fast ganz unlöslich ist. Wo immer Quecksilber- und
Zyanionen auch in noch so geringer Menge zusammentreffen, wird sich
Quecksilberzyanid $Hg(CN)_2$ bilden.

Die obige Darstellung wird hierdurch auch erklärlich, Quecksilberoxyd und Berlinerblau sind äußerst wenig dissoziiert, aber zur Bildung
von Quecksilberzyanid genügend. Die Umsetzung erfolgt nach folgender
Gleichung:

$$Fe_4(FeCy_6)_3{}^* + 9\,HgO + 9\,H_2O \rightarrow 4\,Fe(OH)_3 + 3Fe(OH)_2 + 9\,Hg(CN)_2$$

Ferriferrozyanid Berlinerblau	Quecksilber- oxyd	Wasser	Ferrihydroxyd	Ferro- hydroxyd	Quecksilber- zyanid

---

[1] Zur Herstellung von Berlinerblau versetzt man eine Verdünnung von 50 g
Eisenchloridlösung in 100 g Wasser mit einer Lösung von 25 g Kaliumferrózyanid
in 100 g Wasser, wäscht den Niederschlag zunächst einige Male durch Dekantieren mit heißem, salzsäurehaltigem Wasser, dann mit reinem Wasser und
schließlich noch auf dem Filter mit reinem Wasser bis zur Chloridfreiheit aus.
(Prüfung mit Silbernitrat.)

[2] Blausäure für diesen Zweck bereitet man sich durch Versetzen einer Lösung
von 2,5 g Kaliumzyanid in 50 g verdünntem Weingeist mit 5,75 g Weinsäure.
Nach einstündigem Stehen im verschlossenen Gefäß unter häufigem Umschütteln
filtriert man vom ausgeschiedenen Weinstein ab.

* Für „CN" bedient man sich häufig der Abkürzung „Cy".

Eigenschaften. Quecksilberzyanid bildet farblose, durchscheinende Kristalle. Beim Erhitzen zerfällt es in seine Komponenten:

$$Hg(CN)_2 \rightarrow Hg + (CN)_2$$

Quecksilber-   Queck-   Zyan
zyanid   silber

Nebenher entsteht Parazyan, welches eine braune, amorphe polymere Modifikation des Zyans darstellt.

Beim Erhitzen mit einer gleichen Menge Jod im Reagenzglase bildet sich zu unterst ein rotgelbes Sublimat, darüber ein aus kleinen Nadeln bestehendes farbloses Sublimat. Die durch Zerfall des Quecksilberzyanids nach obiger Gleichung erhaltenen Komponenten vereinigen sich mit Jod zu dem roten Quecksilberjodid HgJ_2 und dem farblosen Jodzyan JCN.

Quecksilberzyanid ist in Wasser und Weingeist ziemlich leicht, in Äther schwer löslich.

Prüfung.

1. auf andere Quecksilbersalze (Quecksilberoxyzyanid, Quecksilberchlorid):

Die wässerige Lösung des Quecksilberzyanids (1 + 19) muß neutral reagieren. Wie schon oben erwähnt, zeichnet sich Quecksilberzyanid durch völliges Fehlen der Ionisation aus. Andere Quecksilbersalze sind mehr oder weniger hydrolytisch gespalten, weil Quecksilber eine schwache Base ist, und reagieren durchweg sauer.

2. auf Chloride — Quecksilberchlorid:

Durch den Ionisationsmangel sind natürlich die Reaktionen auf Zyan ebenfalls aufgehoben, demgemäß scheidet sich bei Zusatz von 2 Tropfen Silbernitratlösung zu der mit 1 ccm Salpetersäure versetzten wässerigen Lösung des Quecksilberzyanids (1 + 19) das sonst so schwer lösliche (s. o.) Silberzyanid AgCN nicht aus. Ein weißer Niederschlag zeigt Chlorid an:

$$HgCl_2 + 2\,AgNO_3 \rightarrow Hg(NO_3)_2 + 2\,AgCl$$

Quecksilber-   Silber-   Quecksilber-   Silberchlorid   nitrat   nitrat   chlorid

3. auf sonstige Beimengungen:

Beim Erhitzen von Quecksilberzyanid darf kein Rückstand hinterbleiben.

26. Hydrargyrum bijodatum — Quecksilberjodid.

Darstellung. Man löst einerseits 12 g Quecksilberchlorid in 240 g Wasser, andererseits 15 g Kaliumjodid in 45 g Wasser. Beide Lösungen müssen klar sein. In die Quecksilberchloridlösung wird unter ständigem Umrühren in kleinen Anteilen die Kaliumjodidlösung eingetragen. Anfangs löst sich der entstehende gelbrote Niederschlag wieder auf, später jedoch wird der Niederschlag lebhaft rot und löst sich nicht mehr. Nach völligem Absetzen wird der Niederschlag zunächst durch Dekantieren, später auf einem Filter mit destilliertem Wasser bis zum Verschwinden der Chloridreaktion ausgewaschen. Das Abtropfende darf durch Silbernitratlösung nur opalisierend getrübt werden (herrührend von Silberjodid, da Quecksilberjodid in Wasser nicht ganz unlöslich ist, s. Prüf.). Der Niederschlag wird möglichst unter Lichtabschluß bei 50 bis 70° getrocknet.

Betrachtung. Die Umsetzung zwischen Quecksilberchlorid und Kaliumjodid geschieht im Sinne folgender Gleichung:

$$HgCl_2 + 2\,KJ \rightarrow HgJ_2 + 2\,KCl$$

Quecksilberchlorid — Kaliumjodid — Quecksilberjodid — Kaliumchlorid

Da Quecksilberjodid in Kaliumjodidlösung zu der komplexen Verbindung K_2HgJ_4 löslich ist, so ist bei der Fällung ein Überschuß an Kaliumjodid zu vermeiden.

Das Quecksilberjodid kommt in zwei Modifikationen vor, einer roten, bei gewöhnlicher Temperatur beständigen und einer gelben, die sich beim Erhitzen der ersteren Modifikation bei 126° bildet. Beim Erkalten tritt die rote Farbe wieder auf. Da hier die Umwandlung bei einer bestimmten Temperatur erfolgt, so liegen hier allotrope Zustände vor (s. Sulfur praecip.). Auch beim Quecksilberoxyd (s. d.) beobachteten wir zwei Modifikationen, eine gelbe und eine rote, die durch die verschiedene Feinheit bedingt waren; ebenso verändert sich Quecksilberoxyd beim Erhitzen, es wird schwarz und beim Erkalten wieder rot. Diese Farbenänderung ist aber nicht an einen Umwandlungspunkt gebunden, sie erfolgt nicht bei einer bestimmten Temperatur, deshalb liegen beim Quecksilberoxyd auch keine allotropen Zustände vor.

Die Beständigkeit der Quecksilberhalogenverbindungen, die bei den vorhergehenden Quecksilberpräparaten (s. Hg. cyanat.) betont wurde, äußert sich beim Quecksilberjodid u. a. darin, daß es analog dem Zyanid durch Kali nicht mehr zersetzt wird.

Wie wir oben sahen, löst sich Quecksilberjodid in Kaliumjodidlösung. Es entsteht ein komplexes Salz (s. d.), das Kaliumsalz der Quecksilberjodwasserstoffsäure:

$$HgJ_2 + 2\,KJ \rightarrow K_2HgJ_4$$

Quecksilberjodid — Kaliumjodid — Kaliumquecksilberjodid

Zu derselben Verbindung gelangt man beim Lösen von Quecksilberoxyd in Kaliumjodidlösung:

$$HgO + 4\,KJ + H_2O \rightarrow K_2HgJ_4 + 2\,KOH$$

Quecksilberoxyd — Kaliumjodid — Wasser — Kaliumquecksilberjodid — Kaliumhydroxyd

Da wir in dieser komplexen Verbindung K_2HgJ_4 keine $Hg^{\cdot\cdot}$-Ionen mehr, sondern $2\,K^{\cdot} + HgJ_4{''}$-Ionen haben, ist es begreiflich, daß mit Kali- oder Natronlauge keine Fällung entsteht.

Eine solche mit Kalilauge versetzte Lösung von Quecksilberjodid in Kaliumjodidlösung bildet **Neßlers Reagens** (auf Ammoniak, Aldehyde, Vinylalkohol). Dieses Reagens ruft mit Ammoniak je nach Konzentration des letzteren eine gelbrote bis braune Fällung hervor:

$$(K_2HgJ_4)_2 \cdot 3\,KOH + NH_3 + H_2O \rightarrow Hg{<}{}^{J}_{NH_2} \cdot HgO + 7\,KJ + 3\,H_2O$$

Neßlers Reagens   Ammoniak Wasser   Merkuriamidojodid- Kalium- Wasser
Merkurioxyd-Fällung jodid

Eigenschaften. Quecksilberjodid bildet ein feines, kristallinisches, scharlachrotes, schweres Pulver, in Wasser fast unlöslich, in etwa 250 Teilen kaltem, in 40 Teilen siedendem Weingeist, ferner in fetten Ölen, Chloroform, in 60 Teilen Äther löslich. Durch Lichteinwirkung rfährt das Präparat eine Veränderung, es ist daher vor Licht geschützt eufzubewahren.

Prüfung.

1. auf Quecksilberchlorid (bei ungenügender Fällung) und Beimengungen (Mennige, Zinnober, Quecksilberoxyd usw.):

a) Die erkaltete weingeistige Quecksilberjodidlösung — bezeichnete Beimengungen bleiben ungelöst zurück — muß farblos sein (künstliche Farbstoffe) und darf beim Verdunsten des Alkohols blaues Lackmuspapier nicht röten. Quecksilberchlorid ist in Alkohol leicht löslich und gibt sich infolge hydrolytischer Spaltung — Quecksilber bekundet in seinen Oxydverbindungen schwach basischen Charakter — beim Verdunsten durch saure Reaktion zu erkennen.

b) Beim Erhitzen im Probierrohre soll Quecksilberjodid zuerst schmelzen und sich schließlich völlig verflüchtigen; Mennige, Kaliumchlorid usw. bleiben zurück. 0,2 g Quecksilberjodid dürfen beim Erhitzen keinen wägbaren Rückstand hinterlassen.

2. auf Quecksilberchlorid und Kaliumchlorid:

Letzteres ist bei ungenügendem Auswaschen des Niederschlags anwesend. Beim Schütteln des Quecksilberjodids mit Wasser (1 + 20) gehen Quecksilberchlorid und Kaliumchlorid in Lösung. Das Filtrat gibt dann mit Schwefelwasserstoffwasser oder 3 Tropfen Natriumsulfidlösung einen schwarzen Niederschlag von Quecksilbersulfid:

$$HgCl_2 + H_2S \rightarrow HgS + 2\,HCl$$

Queck-   Schwefel-   Queck-   Chlor-
silber-   wasser-   silber-   wasser-
chlorid   stoff   sulfid   stoff

und mit Silbernitratlösung eine weiße Fällung von Silberchlorid:

$$KCl + AgNO_3 \rightarrow AgCl + KNO_3$$

Kalium-   Silber-   Silber-   Kaliumchlorid   nitrat   chlorid   nitrat

Schwache Reaktionserscheinungen sind statthaft und auf die spurenweise Löslichkeit des Quecksilberjodids zurückzuführen.

27. Hydrargyrum chloratum via humida paratum — Gefällter Kalomel; Quecksilberchlorür; Quecksilber(I)chlorid.

Darstellung. 10 g Merkuronitrat[1] werden in einer Mischung von 3 g Salpetersäure (25 % HNO_3) und 120 g Wasser ohne zu erwärmen gelöst und unter Umrühren in eine in einem Becherglase befindliche Mischung von 5,5 g reiner Salzsäure (25 %) und 200 g Wasser eingetragen. Kalomel fällt hierbei weiß aus. Der Niederschlag wird sofort auf einem Filter so lange mit kaltem Wasser ausgewaschen, bis das Abtropfende durch Ammoniakflüssigkeit nicht mehr getrübt wird, also frei von Oxydsalz ist. (Letzteres findet sich im Merkuronitrat, vor allem in älteren Präparaten, häufig vor und gibt mit Ammoniak weiße Fällung von Merkuriamidohaloid, siehe Hydrarg. praec. alb.) Nach dem Auswaschen und gelindem Pressen wird das Präparat bei mäßiger Wärme vor Licht geschützt getrocknet.

Betrachtung. Die Halogensalze des Quecksilberoxyduls sind unlöslich, die Unlöslichkeit nimmt wie beim Silber mit der Zunahme des Halogenatomgewichtes zu. Demgemäß entsteht beim Versetzen von Quecksilberoxydulsalzlösungen mit Halogenwasserstoffsäure oder deren Salzlösungen Fällung der Quecksilberoxydulhalogene, in unserem Falle beim Versetzen einer Merkuronitratlösung mit Salzsäure Fällung von Merkurochlorid = Kalomel:

$$Hg_2(NO_3)_2 + 2\,HCl \rightarrow Hg_2Cl_2 + 2\,HNO_3$$

<table>
<tr><td>Merkuronitrat</td><td>Chlor-
wasserstoff</td><td>Merkuro-
chlorid
Kalomel</td><td>Salpetersäure</td></tr>
</table>

Außer der Fällungsmethode, die das vom Arzneibuch nicht aufgeführte Hydrargyrum chloratum via humida paratum oder praecipitatum liefert, gibt es eine Sublimationsmethode, bei der man Quecksilberchlorid mit metallischem Quecksilber:

$$HgCl_2 + Hg \rightarrow Hg_2Cl_2$$

<table>
<tr><td>Quecksilber-
chlorid</td><td>Queck-
silber</td><td>Kalomel</td></tr>
</table>

---

[1] Zur Darstellung des Merkuronitrates übergießt man in einem Becherglase 25 g Quecksilber mit 38 g Salpetersäure (25 %) und läßt unter zeitweiligem Umschwenken, lose bedeckt, bei gewöhnlicher Temperatur mehrere Tage stehen. Die ausgeschiedenen Kristalle werden durch schwaches Erwärmen gelöst, die Lösung vom Quecksilber getrennt und zur Kristallisation beiseite gestellt. Die ausgeschiedenen Kristalle werden in einem mit Glaswolle lose verstopften Trichter gesammelt und nach völligem Abtropfen bei gewöhnlicher Temperatur getrocknet.

$$6\,Hg + 8\,HNO_3 \rightarrow 3\,Hg_2(NO_3)_2 + 2\,NO + 4\,H_2O$$

<table>
<tr><td>Queck-
silber</td><td>Salpeter-
säure</td><td>Merkuronitrat</td><td>Stickstoff-
oxyd</td><td>Wasser</td></tr>
</table>

Das ungelöst gebliebene Quecksilber wird mehrmals in einer Porzellanschale mit klarem Wasser gewaschen, vom Wasser, zuletzt im Scheidetrichter, getrennt und einige Male durch ein stets erneuertes Filter gegossen, das an der Spitze mit einer Nadel fein durchstochen ist.

Bei Umgang mit Quecksilber vermeide man peinlichst jedes Verstreuen auf Tisch und Boden. Quecksilberdämpfe sind bei chronischer Einwirkung stark gesundheitsschädigend.

oder ein anderes Quecksilberoxydsalz, z. B. Merkurisulfat, mit Natriumchlorid und metallischem Quecksilber sublimiert:

$$HgSO_4 + 2\,NaCl + Hg \rightarrow Hg_2Cl_2 + Na_2SO_4$$

Merkuri-sulfat   Natrium-chlorid   Queck-silber   Kalomel   Natrium-sulfat

Man erhält das Quecksilberchlorür so in weißen, glänzenden Stücken von kristallinischem Gefüge, die weiterhin geschlämmt, lävigiert werden. Die Sublimationsmethode liefert den gebräuchlichsten, vom Arzneibuch als Hydrargyrum chloratum aufgeführten Kalomel.

Eine dritte Darstellungsmethode endlich mit Hilfe von Wasserdampf ist eine Kombination der beiden vorigen Methoden. In einem Raume läßt man Kalomel- und Wasserdämpfe zusammentreffen, welch letztere den Kalomel als feines Pulver niederschlagen. Den nach dieser Methode erhaltenen Kalomel führt das Arzneibuch als Hydrargyrum chloratum vapore paratum auf.

Diese drei Arten von Kalomel unterscheiden sich durch ihre Feinheit voneinander:

1. Der gewöhnliche, durch Sublimation gewonnene Kalomel, Hydrargyrum chloratum (mite), ist am gröbsten verteilt und in der Wirkung der mildeste.

2. Der präzipitierte Kalomel ist am feinsten verteilt und in der Wirkung der kräftigste.

3. Der Dampfkalomel nimmt die Zwischenstufe ein.

Die Formel für Quecksilberchlorür ist Hg_2Cl_2, denn dieser Formel entsprechend ist die Dampfdichte[1] des gut getrockneten Kalomels gefunden worden. Bei Spuren von Feuchtigkeit jedoch dissoziiert der Kalomeldampf in $Hg + HgCl_2$, so daß dann nur die Hälfte des Molekulargewichtes für Hg_2Cl_2 gefunden wird.

Eigenschaften. Der präzipitierte Kalomel bildet ein völlig weißes, fettig anzufühlendes Pulver, das wie auch die anderen Arten beim Reiben im Porzellanmörser gelblich wird. In Wasser, Weingeist und Äther ist Kalomel unlöslich. Unter dem Einfluß von Sonnenlicht tritt allmählich unter Graufärbung Zersetzung in das giftige Quecksilberchlorid — Sublimat — und Quecksilber ein:

$$Hg_2Cl_2 \rightarrow HgCl_2 + Hg$$

Quecksilber-chlorür   Queck-silber-chlorid   Queck-silber

Kalomel ist daher vor Licht geschützt aufzubewahren. Auch viele organische Stoffe, z. B. Zucker, bewirken, besonders bei Feuchtigkeit, Umwandlung in Quecksilberchlorid.

---

[1] Da nach Avogadro (1811) bei gleichen physikalischen Verhältnissen in gleichen Volumina verschiedener Gase die gleiche Anzahl Moleküle vorhanden ist, so ergibt sich aus den Gewichtsverhältnissen dieser Volumina, d. h. der Dichtebestimmung, sogleich das Molekulargewicht der betr. Gase bei Bezug auf Wasserstoff als Einheit.

Prüfung.

1. **Identitätsreaktion auf Merkurosalz:**

Beim Übergießen mit Ammoniakflüssigkeit färbt sich Kalomel schwarz unter Bildung eines Gemenges von Merkuriaminsalz — Merkuriamidochlorid (s. Hg. praec. alb.) — und Quecksilber[1]:

$$Hg_2Cl_2 + 2\,NH_3 \rightarrow Hg<^{NH_2}_{Cl} + Hg + NH_4Cl$$

Kalomel   Ammoniak   Merkuriamidochlorid-   Ammonium-
Quecksilber   chlorid

Ammoniumchlorid geht in Lösung und gibt im Filtrat nach Übersättigung mit Salpetersäure mit Silbernitrat die Halogenreaktion:

$$AgNO_3 + NH_4Cl \rightarrow AgCl + NH_4NO_3$$

Silbernitrat Ammonium-   Silber-   Ammonium-
chlorid   chlorid   nitrat

2. **auf weißes Präzipitat:**

Beim Übergießen von 1 g Kalomel mit Natronlauge entsteht als Identitätsreaktion auf Merkurosalz schwarze Färbung durch Bildung von Merkurooxyd:

$$Hg_2Cl_2 + 2\,NaOH \rightarrow Hg_2O + 2\,NaCl + H_2O$$

Kalomel   Natrium-   Merkuro-   Natrium-   Wasser
hydroxyd   oxyd   chlorid

Beim Erwärmen darf kein Ammoniakgeruch auftreten. Weißes Präzipitat als Amidoverbindung entwickelt mit starken Basen Ammoniak:

$$Hg<^{NH_2}_{Cl} + NaOH \rightarrow HgO + NaCl + NH_3$$

Merkuriamido-   Natrium-   Merkuri-   Natrium-   Ammo-
chlorid   hydroxyd   oxyd   chlorid   niak

3. **auf Merkurichlorid (Sublimat):**

Letzteres geht beim Schütteln von 1 g Kalomel mit 10 ccm Wasser in Lösung. Das nach halbstündigem Absetzen mittels doppelten angefeuchteten Filters gewonnene klare Filtrat würde mit Silbernitratlösung weiße Fällung von Silberchlorid (Opaleszenz zulässig):

$$HgCl_2 + 2\,AgNO_3 \rightarrow 2\,AgCl + Hg(NO_3)_2$$

Merkuri-   Silbernitrat Silberchlorid   Merkuri-
chlorid   nitrat

und mit Schwefelwasserstoffwasser oder Natriumsulfidlösung schwarze Fällung von Quecksilbersulfid geben. Auch andere Schwermetallsalze würden hierdurch angezeigt werden:

$$HgCl_2 + H_2S \rightarrow HgS + 2\,HCl$$

Merkuri-   Schwefel-   Merkuri-   Chlor-
chlorid   wasser-   sulfid   wasserstoff
stoff

4. **auf nicht flüchtige Bestandteile:**

0,2 g Kalomel dürfen beim Erhitzen keinen wägbaren Rückstand hinterlassen.

---

[1] Daher der Name (*καλός* = schön; *μέλας* = schwarz).

28. Argentum nitricum — Silbernitrat; Höllenstein.

Darstellung. In einem Kolben löst man unter gelindem Erwärmen auf
dem Wasserbade 50 g einer Silberlegierung (Silbermünze usw.) in 160 g
Salpetersäure (Entwicklung rotbrauner Dämpfe), gießt nach erfolgter
Lösung in ein Becherglas, verdünnt mit Wasser und setzt unter Erhitzen
auf dem Wasserbade so lange Salzsäure zu, als sich noch ein weißer
Niederschlag von Silberchlorid bildet. Den Niederschlag sammelt man auf
einem Filter und wäscht ihn so lange mit heißem Wasser aus, bis das
Waschwasser nicht mehr sauer reagiert. Das Silberchlorid wird in einer
Porzellanschale zunächst mit Wasser, dann mit Natronlauge angerührt
und, indem man die Mischung fortwährend auf dem Drahtnetz über
kleiner Flamme im Sieden erhält, von Zeit zu Zeit mit kleinen Stückchen
Traubenzucker (Glukose) versetzt. Das Silberchlorid wird hierdurch zu
metallischem Silber reduziert, welches sich als graue Masse am Boden
absetzt. Man setzt die Reduktion, während der die Mischung stets alkalisch
bleiben muß und ein Überschuß an Traubenzucker zu vermeiden ist, so
lange fort, bis eine Probe des abgeschiedenen metallischen Silbers nach
völligem Auswaschen mit heißem Wasser sich klar in verdünnter reiner
Salpetersäure löst. Nach Beendigung der Reduktion wird das Silber mit
heißem Wasser so lange gewaschen, bis das Waschwasser nicht mehr
alkalisch reagiert, und dann gelinde gepreßt.

Man kann das Silberchlorid auch mittels eines anderen Metalles reduzieren. Hierzu verrührt man nach Beckurts das Silberchlorid in einem
Porzellanschälchen mit der vierfachen Menge verd. Schwefelsäure und
legt ein reines Zinkstäbchen hinein. Nach beendeter Umsetzung gießt man
die überstehende Flüssigkeit ab, erwärmt das erhaltene Silber zur Entfernung der fremden Metalle mehrmals mit verd. Salzsäure, wäscht mit
Wasser und trocknet. Etwa nicht reduziertes Silberchlorid ist mit Salmiakgeist vor dem Waschen herauszulösen.

Zur Überführung dieses reinen Silbers in das salpetersaure Salz löst
man dasselbe in der dreifachen Menge reiner Salpetersäure unter gelindem
Erwärmen auf und dampft die Lösung in einer Porzellanschale auf dem
Drahtnetze über kleiner Flamme bis zur Kristallisation ein. Die ausgeschiedenen Kristalle werden zur Verjagung der anhaftenden Salpetersäure in einem Porzellantiegel bis zum Schmelzen erhitzt. Die Schmelze
wird nach dem Erkalten mit Wasser aufgenommen und auf dem Dampfbade zur Trockne verdampft (Argent. nitr. crist.). Man kann die Schmelze
auch in eigens dazu hergerichteten Apparaten in Stangen gießen (Argent.
nitr. fusum).

Betrachtung. Da Silber ein weiches Metall ist, erhalten unsere sil-
bernen Gebrauchsgegenstände und Münzen einen Zusatz eines anderen,
härteren Metalls, meist des Kupfers. Eine derartige Vereinigung zweier
oder mehrerer Metalle nennt man eine Legierung. Die Trennung der

beiden Komponenten kann man auf verschiedene Weise erreichen, so auf trocknem Wege durch Schmelzen der abgedampften Silber-Kupfernitrat-lösung, wobei Kupfernitrat in wasserunlösliches Kupferoxyd übergeht:

$$Cu(NO_3)_2 \rightarrow CuO + N_2O_3 + O_2,$$

Silbernitrat aber unverändert bleibt. Der von uns begangene Weg beruht auf der verschiedenen Löslichkeit der Chloride beider Metalle in Wasser und Säuren. Kupferchlorid ist löslich, Silberchlorid unlöslich.

Beim Lösen der Legierung und später des reinen Silbers in Salpetersäure entwickeln sich rotbraune Dämpfe von Stickstoffdioxyd.

Behandelt man Metalle mit Salpetersäure, so wird durch den frei werdenden Wasserstoff ein Teil der Salpetersäure zu Stickstoffoxyd reduziert:

$$3\,Cu + 8\,HNO_3 \rightarrow 3\,Cu(NO_3)_2 + 2\,NO + 4\,H_2O$$

Kupfer Salpetersäure Kupfernitrat Stickstoff- Wasser
oxyd

$$3\,Ag + 4\,HNO_3 \rightarrow 3\,AgNO_3 + NO + 2\,H_2O$$

Silber Salpetersäure Silbernitrat Stickstoff- Wasser
oxyd

Stickstoffoxyd ist ein farbloses Gas, das sich an der Luft rasch zu dem rotbraunen Stickstoffdioxyd oxydiert:

$$NO + O \rightarrow NO_2$$

Stick- Sauer- Stick-
stoff- stoff stoff-
oxyd dioxyd

Der weitere Vorgang ist die Fällung des Silbers als Silberchlorid:

$$AgNO_3 + HCl \rightarrow AgCl + HNO_3$$

Silber- Chlor- Silber- Salpeter-
nitrat wasserstoff chlorid säure

und die Reduktion des letzteren zu metallischem Silber mittels Traubenzuckers.

Traubenzucker (Glukose) ist ein Aldehyd, ausgezeichnet durch die charakteristische, allen Aldehyden gemeinsame Gruppe $-C\!\!\begin{smallmatrix} \nearrow O \\ \searrow H \end{smallmatrix}$. Diese Gruppe ist äußerst oxydierbar und geht hierbei in die organische Säuren charakterisierende Karboxylgruppe $-C\!\!\begin{smallmatrix} \nearrow O \\ \searrow OH \end{smallmatrix}$ über. Der Traubenzucker geht hierbei zunächst in die einbasische Glukonsäure über.

Der Reduktionsprozeß zwischen Silberchlorid und Traubenzucker ist folgender:

$$2\,AgCl + 2\,NaOH + CH_2OH \cdot (CHOH)_4 \cdot C\!\!\begin{smallmatrix} \nearrow O \\ \searrow H \end{smallmatrix} \rightarrow$$

Silber- Natrium- Traubenzucker
chlorid hydroxyd

$$\rightarrow 2\,Ag + 2\,NaCl + H_2O + CH_2OH \cdot (CHOH)_4 \cdot C\!\!\begin{smallmatrix} \nearrow O \\ \searrow OH \end{smallmatrix}$$

Silber Natrium- Wasser Glukonsäure
chlorid

Die Reduktion mittels Zink beruht auf der verschiedenen Lösungstension von Silber und Zink (s. S. 100):

$$2\,AgCl + Zn \rightarrow 2\,Ag + ZnCl_2$$
Silber- Zink Silber Zinkchlorid
chlorid

Eigenschaften. Silbernitrat kristallisiert ohne Kristallwasser, löst sich in ungefähr 0,5 Teilen Wasser und 14 Teilen Weingeist.

Prüfung.

1. Identitätsreaktion auf Ag'-Ionen:

Die Haloidsalze des Silbers sind mit Ausnahme des Fluorids in Wasser und Säuren unlöslich, dagegen in Kaliumzyanid und Natriumthiosulfat löslich. In Ammoniak löst sich Silberchlorid leicht, Silberbromid schwer, Silberjodid gar nicht.

Die wässerige Lösung von Silbernitrat gibt demnach mit Salzsäure einen weißen käsigen Niederschlag von Silberchlorid:

$$AgNO_3 + HCl \rightarrow AgCl + HNO_3$$
Silber- Chlor- Silber- Salpeter-
nitrat wasserstoff chlorid säure

Silberchlorid löst sich in Ammoniak zu einer Silber-Ammoniakverbindung auf (s. Cupr. sulf.):

$$AgCl + 2\,NH_3 \rightarrow Ag(NH_3)_2Cl$$
Silber- Ammoniak Silberchlorid-
chlorid Ammoniak

2. Identitätsreaktion auf Silbersalz-Ag Ionen; Prüfung auf Kupfer-, Blei- und Wismutsalze (Begleiter des Silbers):

Eine wässerige Lösung von Silbernitrat gibt bei ganz vorsichtigem Zusatz von Ammoniak Fällung von braunem Silberoxyd:

$$2\,AgNO_3 + 2\,NH_3 + H_2O \rightarrow Ag_2O + 2\,NH_4NO_3$$
Silbernitrat Ammoniak Wasser Silberoxyd Ammoniumnitrat

Bei weiterem Ammoniakzusatz löst sich das Silberoxyd unter Bildung einer komplexen Silber-Ammoniakverbindung auf:

$$Ag_2O + 2\,NH_4NO_3 + 2\,NH_3 \rightarrow 2\,Ag(NH_3)_2NO_3 + H_2O$$
Silberoxyd Ammonium- Ammoniak Silbernitrat- Wasser
nitrat Ammoniak

Diese Lösung muß klar und farblos sein. Bei Anwesenheit von Kupfersalz ist die Lösung tiefblau durch Bildung der Kupfer-Ammoniakverbindung $Cu(NH_3)_4(NO_3)_2$ (s. Cupr. sulf.). Blei und Wismut geben sich durch weiße Hydroxydniederschläge $Pb(OH)_2$; $Bi(OH)_3$ zu erkennen:

$$Pb(NO_3)_2 + 2\,NH_3 + 2\,H_2O \rightarrow Pb(OH)_2 + 2\,NH_4NO_3$$
Bleinitrat Ammoniak Wasser Bleihydroxyd Ammoniumnitrat

3. auf freie Salpetersäure und Silberoxyd:

(Silberoxyd kann bei Überhitzung des geschmolzenen Silbernitrats anwesend sein.) Die wässerige Lösung des Silbernitrats muß neutral sein und darf Lackmuspapier nicht verändern. Freie Salpetersäure würde Lackmuspapier röten, Silberoxyd würde bläuen.

4. Gehaltsbestimmung:

Das Deutsche Arzneibuch bedient sich zur Gehaltsbestimmung der außerordentlich scharf arbeitenden maßanalytischen Fällungsmethode nach Volhard, die sowohl zur Bestimmung des Silbers als auch der Haloide dient, soweit bei letzteren nicht die bequemere Methode nach Mohr (s. unter Kalium bromatum) anwendbar ist. Die Titrierflüssigkeit für die Silberbestimmung ist eine volumetrische Lösung von Ammoniumrhodanid, dem Ammoniumsalz der einwertigen Rhodanwasserstoffsäure[1] oder Thiozyansäure:

Die Thiozyansäure gibt ein weißes Silber- und ein blutrotes Eisen(III)-salz, die beide in Salpetersäure unlöslich sind. Die Affinität der Thiozyansäure zum Silber ist aber größer als die zum Eisen (III). Träufelt man daher zu einer Silberlösung, der man als Indikator ein Ferrisalz beigegeben hat, eine Rhodansalzlösung, so beobachtet man an der Einfallstelle des Tropfens Fällung von Eisen(III)rhodanid, dessen blutrote Farbe beim Umrühren sofort wieder verschwindet und in weiß umschlägt, indem das Eisen(III)rhodanid (Ferrirhodanid) sich mit dem Silbersalz (Silbernitrat) zu Silberrhodanid und Eisennitrat umsetzt:

a)
$$\text{Ferrisalz} + 3\,CNSNH_4 \rightarrow Fe(CNS)_3 + 3\,NH_4\,\text{Salz}$$
Ammonium-   Ferrirhodanid
rhodanid

b)
$$Fe(CNS)_3 + 3\,AgNO_3 \rightarrow 3\,CNSAg + Fe(NO_3)_3$$
Ferrirhodanid   Silbernitrat   Silberrhodanid   Ferrinitrat

Erst wenn alles Silbernitrat in Silberrhodanid übergeführt ist, gibt der erste Tropfen der Rhodansalzlösung bleibende blutrote Fällung von Ferrirhodanid. Der Umschlag ist scharf.

Zur Gehaltsbestimmung des Silbernitrats löst man in einem Becherglase 0,3 g Silbernitrat in 50 ccm Wasser. Nach Zusatz von 5 ccm Salpetersäure und 5 ccm Ferriammoniumsulfatlösung (Eisenammoniakalaun — s. Alaune S. 65) als Indikator wird mit $N/_{10}$-Ammoniumrhodanidlösung bis zum Farbenumschlag titriert. Es müssen hierbei mindestens 17,6 ccm der Ammoniumrhodanidlösung verbraucht werden.

Gemäß der Gleichung:
$$AgNO_3 + CNSNH_4 \rightarrow CNSAg + NH_4NO_3$$
Silbernitrat Ammonium-   Silber-   Ammonium-
M.-G. 169,89 rhodanid   rhodanid   nitrat

zeigt 1 ccm $N/_{10}$-Ammoniumrhodanidlösung = 0,016989 g Silbernitrat an. Der Mindestprozentgehalt an Silbernitrat soll daher sein:

$$\frac{17,6 \cdot 0,016989 \cdot 100}{0,3} = \mathbf{99,7.}$$

---

[1] $\acute{\rho}\acute{o}\delta\epsilon o\varsigma$ = rot.

29. Bismutum subnitricum — Basisches Wismutnitrat.

Darstellung. In einem Kolben (etwa $^1/_2$ Liter Inhalt) erwärmt man 250 g reine Salpetersäure auf etwa 80° und trägt in kleinen Anteilen 50 g grob gepulvertes metallisches Wismut ein. Die Reaktion ist heftig, es findet reichliche Entwicklung braunroter Stickstoffdioxyddämpfe statt. Wenn die Einwirkung nachläßt, erwärmt man kurze Zeit auf dem Wasserbade, bis sich das Wismut unter Hinterlassung eines geringen, grauweißen Rückstandes gelöst hat. Nach dem Erkalten gießt man von dem Rückstande ab in eine Flasche und läßt zwei Tage stehen. Die geklärte Flüssigkeit wird filtriert, in einer Porzellanschale auf dem Wasserbade eingedampft, bis ein Tropfen, auf eine kalte Glasplatte gebracht, Kristalle ausscheidet, und zur Kristallisation zur Seite gesetzt. Die kristallinische Masse wird in einem mit Glaswolle lose verstopften Trichter mit einem Gemisch von 35 g Wasser und 10 g Salpetersäure nachgewaschen. Das Produkt ist neutrales Wismutnitrat mit 5 Mol. Kristallwasser $= Bi(NO_3)_3$ $\cdot$ 5 H_2O. Ausbeute etwa 75 g.

Zur Überführung in die basische Verbindung wird die erhaltene Menge (75 g) neutralen Wismutnitrats mit 300 g Wasser angerieben und unter Umrühren in 1600 g siedendes Wasser eingegossen. Der Niederschlag wird nach völligem Absetzen auf einem Filter gesammelt, mit 375 g kaltem Wasser nachgewaschen und bei etwa 30° getrocknet.

Betrachtung. Wismut ist ein Metall, welches bei gewöhnlicher Temperatur von Salz- und Schwefelsäure nicht angegriffen wird, von Salpetersäure wird es dagegen leicht gelöst. Die Reaktion verläuft analog der beim vorigen Präparate A r g e n t. n i t r i c u m ; der bei derselben frei werdende Wasserstoff entweicht nicht, sondern reduziert einen Teil der Salpetersäure zu Stickstoffoxyd, das durch den Luftsauerstoff sogleich zu dem rotbraunen Stickstoffdioxyd oxydiert wird:

a)
$$2\,Bi + 8\,HNO_3 \rightarrow 2\,Bi(NO)_3)_3 + 2\,NO + 4\,H_2O$$
Wismut Salpetersäure   Wismutnitrat   Stickstoff-   Wasser
                                               oxyd

b)
$$2\,NO + 2\,O \rightarrow 2\,NO_2$$
Stickstoff- Sauer-   Stickstoffoxyd   stoff   dioxyd

Periodisches System.

Wismut reiht sich in seinen chemischen Eigenschaften an die Elemente Stickstoff, Phosphor, Arsen und Antimon an; in dieser Reihenfolge bilden diese Elemente eine natürliche Gruppe, die fünfte im „Periodischen System" (s. Tabelle S. 147).

Dieses von L o t h a r   M e y e r und M e n d e l e j e f f 1869 aufgestellte System, das von der heutigen Fassung nur unwesentlich abwich, bezweckt, die in ihren Eigenschaften einander ähnelnden Elemente in Gruppen, gleichsam Familien, einzuordnen. Während aber die genannten Forscher die Periodizität der Eigenschaften in den Atomgewichten begründet an-

Tabelle nach Mendelejeff.

(Den Elementen sind links die Ordnungszahlen [Platznummer], darunter die heute gültigen Atomgewichte beigefügt.)

Gruppe	0	I	II	III	IV	V	VI	VII	VIII			
1. Periode Reihe 1								1 H 1,0080				
„ 2	2 He 4,003	3 Li 6,940	4 Be 9,02	5 B 10,82	6 C 12,010	7 N 14,008	8 O 16,000	9 F 19,000				
2. Periode Reihe 3	10 Ne 20,183	11 Na 22,997	12 Mg 24,32	13 Al 26,97	14 Si 28,06	15 P 30,98	16 S 32,06	17 Cl 35,457				
3. Periode Reihe 4	18 Ar 39,944	19 K 39,096	20 Ca 40,08	21 Sc 45,10	22 Ti 47,90	23 V 50,95	24 Cr 52,01		25 Mn 54,93	26 Fe 55,85	27 Co 58,94	28 Ni 58,69
„ 5		29 Cu 63,57	30 Zn 65,38	31 Ga 69,72	32 Ge 72,60	33 As 74,91	34 Se 78,96	35 Br 79,916				
4. Periode Reihe 6	36 Kr 83,7	37 Rb 85,48	38 Sr 87,63	39 Y 88,92	40 Zr 91,22	41 Nb 92,91	42 Mo 95,95		43 —	44 Ru 101,7	45 Rh 102,91	46 Pd 106,7
„ 7		47 Ag 107,880	48 Cd 112,41	49 In 114,76	50 Sn 118,70	51 Sb 121,76	52 Te 127,61	53 I 126,92				
5. Periode Reihe 8	54 X 131,3	55 Cs 132,91	56 Ba 137,36	57—71 S. E. 139—175	72 Hf 178,6	73 Ta 180,88	74 W 183,92		75 Re 186,31	76 Os 190,2	77 Ir 193,1	78 Pt 195,23
„ 9		79 Au 197,2	80 Hg 200,61	81 Tl 204,39	82 Pb 207,21	83 Bi 209,00	84 Po	85 —				
6. Periode Reihe 10	86 Rn 222	87 —	88 Ra 226,05	89 Ac	90 Th 232,12	91 Pa 231	92 U 238,07					

sahen und die Elemente nach steigendem Atomgewicht einordneten, fordern die heutigen Auffassungen vom Atombau (Rutherford, Bohr, Moseley) die Einordnung der Elemente nach ihrer Kernladung und damit der Zahl (Ordnungszahl) der den positiven Kern umkreisenden negativen, die Eigenschaften der Elemente bestimmenden Elektronen. Praktisch gelangt man zum gleichen Ergebnis, da die Masse des Atoms (Atomgewicht) vom Kern bestimmt wird.

Auf die Bedeutung und die Aufgaben des „Periodischen Systems" kann hier nicht im einzelnen eingegangen werden. Nur so viel sei bemerkt, daß aus der Stellung eines Elementes im System sich wichtige Schlüsse auf dessen Eigenschaften herleiten lassen. Was vor allem die Gruppenelemente anbelangt, so nimmt bei ihnen, von oben nach unten fortschreitend, der basenbildende Charakter zu.

Sehen wir uns die Stickstoffgruppe, die uns hier interessiert, einmal näher an. Bei N und P ist der metalloide Charakter noch ganz ausgeprägt, As und Sb ähneln in ihrem Äußern schon den Metallen, Bi hat schon Metallcharakter. Die Beständigkeit der Wasserstoffverbindungen dieser Elemente nimmt vom Stickstoff ausgehend nach unten hin graduell ab, vom Wismut[1] ist eine Wasserstoffverbindung mindestens problematisch. Die Hydroxylverbindungen der ersten beiden Elemente haben ausgesprochen sauren Charakter, die des Arsens und Antimons sind schwache Säuren, deren Salze (s. Liquor. Kal. arsenicosi) stark hydrolytisch gespalten sind, und zugleich schwache Basen, die mit Salzsäure Salze geben, $AsCl_3$ und $SbCl_3$. Diese letzteren Verbindungen werden durch wenig Wasser aber bereits in Oxychloride $AsOCl$, $SbOCl$, durch viel Wasser gänzlich in Säuren und Basen gespalten. Die Hydroxylverbindung des Wismuts hat nur noch basischen Charakter, der aber noch nicht stark genug ist, die Überführung der neutralen Salze in basische Verbindungen durch Wasser zu verhindern. Eine völlige hydrolytische Spaltung erfolgt beim Wismutsalz aber nicht mehr.

Auch bei unserm Präparate haben wir es mit einem basischen Salze zu tun. Die Zusammensetzung des basischen Wismutnitrats ist eine wechselnde und steht in enger Beziehung zu der Temperatur und Menge des angewandten Wassers. Wenn man nach obiger Vorschrift verfährt, erhält man ein Salz von der ungefähren Zusammensetzung:

$$2\,BiO \cdot NO_3 \cdot Bi(NO_3)_3 \cdot 3\,Bi(OH)_3$$
Basisches Wismutnitrat $= 71{,}7\,\%$ Wismut.

Das Arzneibuch verlangt einen Wismutgehalt von 70,9 bis 73,6 %.

Eigenschaften. Das basische Wismutnitrat bildet ein weißes Pulver,

---

[1] Während von Vanino und Zumbusch (Archiv der Pharmazie, Bd. 249, S. 483 ff.) unternommene umfangreiche Versuche zur Herstellung von Wismutwasserstoff ergebnislos geblieben sind, will ihn spurenweise in neuester Zeit Paneth beim Behandeln einer Wismut-Magnesiumlegierung mit stark verdünnter Salzsäure erhalten haben.

das infolge hydrolytischer Spaltung mit Wasser angefeuchtetes Lackmuspapier rötet.

Prüfung.

1. Identitätsreaktion auf Wismut = $Bi^{...}$-Ionen:

Beim Übergießen von basischem Wismutnitrat mit Schwefelwasserstoffwasser bzw. Natriumsulfidlösung oder besser beim Versetzen einer
mit Hilfe von Salz- oder Salpetersäure hergestellten wässerigen Lösung des
Präparates mit Schwefelwasserstoffwasser bildet sich schwarzes Wismut-
sulfid. Wismut gehört zu den Elementen, die aus saurer Lösung durch
Schwefelwasserstoff gefällt werden:

$$2\,Bi(NO_3)_3 + 3\,H_2S \rightarrow Bi_2S_3 + 6\,HNO_3$$

Wismut- Schwefel- Wismut- Salpeter-
nitrat   wasserstoff sulfid   säure

2. Identitätsreaktion auf salpetersaures Salz:

Beim Erhitzen von basischem Wismutnitrat entweicht die Salpetersäure als Stickstoffdioxyd, es hinterbleibt Wismuttrioxyd Bi_2O_3, das bekannteste Oxyd des Wismuts. Dasselbe ist von gelber Farbe.

3. auf Blei-, Barium-, Kalziumsalze und Karbonate:

0,2 g des Präparates müssen sich in 10 ccm verdünnter Schwefelsäure
ohne Aufbrausen (Karbonate geben sich durch Kohlensäureentwicklung
zu erkennen) klar lösen. Blei-, Barium- und Kalziumsalze bilden als Sulfate weiße Niederschläge:

$$Pb(NO_3)_2 + H_2SO_4 \rightarrow PbSO_4 + 2\,HNO_3$$

Bleinitrat Schwefel- Bleisulfat Salpeter-
    säure   säure

4. auf Kupfersalz:

Die Lösung nach 3 versetzt man mit überschüssiger Ammoniakflüssigkeit, Wismuthydroxyd fällt aus:

$$Bi_2(SO_4)_3 + 6\,NH_3 + 6\,H_2O \rightarrow 2\,Bi(OH)_3 + 3\,(NH_4)_2SO_4$$

Wismutsulfat Ammoniak Wasser Wismut- Ammoniumsulfat
               hydroxyd

Das Filtrat muß farblos sein; bei Gegenwart von Kupfer ist dasselbe
blau durch Bildung einer Kupfer-Ammoniakverbindung $Cu(NH_3)_4SO_4$
(s. Kupfersulfat).

5. auf Kalzium-, Magnesium- und Alkalisalze:

Man löst 0,4 g basisches Wismutnitrat in 4 ccm Salpetersäure — die
Lösung muß klar sein — und verdünnt mit 35 ccm Wasser.

Je 10 ccm dieser Lösung werden

a) zur Prüfung auf Kalziumsalze

mit 1,5 ccm Natriumsulfidlösung zur Ausscheidung des Wismuts als Bi_2S_3
versetzt. Das nach kräftigem Umschütteln vom Niederschlag befreite
Filtrat darf nach dem Übersättigen mit 2 ccm Ammoniakflüssigkeit durch

Ammoniumoxalatlösung höchstens schwach getrübt werden. Kalziumsalze — Magnesium wird durch Ammonsalz in Lösung gehalten — werden als weißes Kalziumoxalat gefällt:

$$\underset{\substack{\text{Kalzium-}\\\text{nitrat}}}{Ca(NO_3)_2} + \underset{\substack{\text{Ammonium-}\\\text{oxalat}}}{\begin{array}{c}COONH_4\\|\\COONH_4\end{array}} \rightarrow \underset{\substack{\text{Kalzium-}\\\text{oxalat}}}{\begin{array}{c}COO\\ \diagdown\\ \diagup\\COO\end{array}\!\!Ca} + \underset{\substack{\text{Ammonium-}\\\text{nitrat}}}{2\,NH_4NO_3}$$

b) zur Prüfung auf Magnesium- und Alkalisalze

mit 10 ccm einer 10proz. wässerigen Ammoniumkarbonatlösung versetzt, kurze Zeit gekocht und filtriert. Wismut und etwa vorhandenes Kalzium fallen als Karbonate weiß aus. Das Filtrat wird verdampft, mit 1 Tropfen Schwefelsäure angefeuchtet und geglüht. Der Rückstand darf höchstens 0,002 g betragen. Magnesium- und Alkalisalze würden hierbei als Sulfate hinterbleiben.

6. auf Arsenverbindungen:

Wird der bei der Gehaltsbestimmung nach 10 erhaltene Rückstand von Bi_2O_3 in 5 ccm Salzsäure unter Erwärmen gelöst und die Lösung mit 5 ccm Natriumhypophosphitlösung in dem mit einem Uhrglase bedeckten Tiegel $^1/_4$ Stunde lang auf dem Wasserbade erwärmt, so darf die Mischung keine dunklere Färbung annehmen. Arsenverbindungen werden zu elementarem Arsen reduziert (s. S. 68).

Arsen ist ein häufiger Begleiter des Wismuts.

7. auf salzsaures Salz:

Eine Lösung von 0,25 g des Präparates in 2,5 ccm Salpetersäure darf durch 0,5 ccm Silbernitratlösung höchstens opalisierend getrübt werden. Chloride geben weißes, in Säuren unlösliches Silberchlorid:

$$\underset{\substack{\text{Wismut-}\\\text{chlorid}}}{BiCl_3} + \underset{\text{Silbernitrat}}{3\,AgNO_3} \rightarrow \underset{\substack{\text{Silber-}\\\text{chlorid}}}{3\,AgCl} + \underset{\substack{\text{Wismut-}\\\text{nitrat}}}{Bi(NO_3)_3}$$

8. auf schwefelsaures Salz:

Die Lösung nach 7, mit gleichen Teilen Wasser verdünnt, darf durch 0,5 ccm Bariumnitratlösung innerhalb 3 Minuten nicht verändert werden. Sulfate geben mit Bariumnitrat weißes, in Säuren unlösliches Bariumsulfat:

$$\underset{\text{Wismutsulfat}}{Bi_2(SO_4)_3} + \underset{\text{Bariumnitrat}}{3\,Ba(NO_3)_2} \rightarrow \underset{\text{Bariumsulfat}}{3\,BaSO_4} + \underset{\text{Wismutnitrat}}{2\,Bi(NO_3)_3}$$

9. auf Ammoniumsalze:

Beim Erhitzen von 1 g basischem Wismutnitrat mit 1 ccm Wasser und 3 ccm Natronlauge darf sich kein Ammoniak entwickeln. Darüber gehaltenes angefeuchtetes gelbes Kurkumapapier darf sich nicht bräunen, rotes Lackmuspapier sich nicht bläuen. Starke Basen zersetzen Ammonsalze:

$$\underset{\substack{\text{Ammonium-}\\\text{nitrat}}}{NH_4NO_3} + \underset{\substack{\text{Natrium-}\\\text{hydroxyd}}}{NaOH} \rightarrow \underset{\text{Ammoniak}}{NH_3} + \underset{\substack{\text{Natrium-}\\\text{nitrat}}}{NaNO_3} + \underset{\text{Wasser}}{H_2O}$$

10. Gehaltsbestimmung:

Glüht man 1 g des Präparates in einem Porzellantiegel bis zum konstanten Gewicht, so müssen 0,790 bis 0,820 g Wismutoxyd — Bi_2O_3 — hinterbleiben = 70,9 bis 73,6 % Bi.

Berechnung:

$$2\, BiO \cdot NO_3 \cdot Bi(NO_3)_3 \cdot 3\, Bi(OH)_3 : 3\, Bi_2O_3 = 1 : x$$

Basisches Wismutnitrat   Wismut-oxyd
Mol.-Gew. 1749,1   Mol.-Gew. 3 · 466

$$x = \frac{3 \cdot 466}{1749,1} = 0{,}80\, g\, Bi_2O_3,$$

entsprechend:

$$Bi_2O_3 : 2\, Bi = 0{,}80 : x = 71{,}8\,\% \; Bi.$$

M.-G.   2 A.-G.
466   418

30. Acidum chromicum — Chromsäure.

Darstellung. In einer Porzellanschale werden 30 g Kaliumdichromat, 50 g Wasser und 77,5 g konzentrierte Schwefelsäure bis zur völligen Lösung erhitzt. Nach 12 stündigem Stehen hat sich das gebildete Kaliumbisulfat ausgeschieden. Man gießt von den Kristallen durch einen mit Asbest oder Glaswolle versehenen Trichter in eine Schale ab, erhitzt auf 80 bis 90° und setzt in kleinen Portionen unter stetem Umrühren 27,5 g konzentrierte Schwefelsäure hinzu. Es scheidet sich hierbei Chromsäure aus; man setzt, wenn alle Schwefelsäure zugegeben ist, noch soviel Wasser hinzu, bis sich die ausgeschiedene Chromsäure eben gelöst hat. Man stellt nun zur Kristallisation zur Seite, nach 12 Stunden gießt man von den Kristallen ab und engt die Mutterlauge zur Erhaltung weiterer Kristallisation ein. Die ausgeschiedenen Kristalle saugt man auf einem mit Asbest lose verstopften Trichter an der Wasserstrahlpumpe ab, wäscht sie mit kleinen Anteilen Salpetersäure zur Verdrängung der Schwefelsäure so lange nach, bis das Ablaufende nach dem Verdünnen mit Wasser durch Bariumnitratlösung nicht mehr getrübt wird, und trocknet sie auf einem porösen Tonteller. Die anhaftende Salpetersäure wird durch Erhitzen der Chromsäurekristalle in einer Porzellanschale auf dem Wasserbade auf 60 bis 80° entfernt.

Betrachtung. Gemäß seiner Stellung in der sechsten Gruppe des „Periodischen Systems" läßt sich Chrom bezüglich seiner Sauerstoffverbindungen mit Schwefel vergleichen. Dem Anhydrid der Schwefelsäure SO_3 entspricht CrO_3 = Chromsäure, deren Hydrat H_2CrO_4 entgegen H_2SO_4 nicht existiert. Wohl sind die neutralen Salze der hypothetischen H_2CrO_4 bekannt, wie Kaliumchromat K_2CrO_4, Bleichromat $PbCrO_4$, Bariumchromat $BaCrO_4$ (Malerfarbe). Versucht man aber aus diesen Salzen die Säure zu isolieren, z. B. durch Behandeln von 1 Mol. Kaliumchromat mit 1 Mol. Schwefelsäure, so entsteht aus der intermediär zu erwartenden H_2CrO_4 unter Wasserabspaltung CrO_3:

a) $$K_2CrO_4 + H_2SO_4 \rightarrow K_2SO_4 + H_2CrO_4$$

Kalium-chromat   Schwefel-säure   Kalium-sulfat   Hypothetisches Chromsäurehydrat

b) $$Cr \Big\langle{}^{OH}_{OH}\!\!^{}_{O} \rightarrow Cr{\Big\langle}^O_O + H_2O$$

Hypothetisches Chromsäurehydrat   Chrom-säure   Wasser

Man erkennt in diesen Verbindungen die Sechswertigkeit des Chroms. Das Chrom tritt außerdem als zwei- und dreiwertiges Element auf. Außer den chromsauren Salzen sind Salze der ebenfalls nicht isolierbaren Polychromsäuren bekannt von der allgemeinen Formel:

$$n \cdot H_2CrO_4 - (n-1)\, H_2O$$

Das bei unserem Präparate zur Anwendung gelangende Kaliumdichromat $K_2Cr_2O_7$ ist das Kaliumsalz der Dichromsäure $n_2 \cdot H_2CrO_4 - (n_2 - 1)\,H_2O$ und dem Kaliumpyrosulfat $K_2S_2O_7$ vergleichbar. Es ist auch aufzufassen als Kaliumchromat + Chromsäure:

$$K_2CrO_4 + CrO_3 \rightarrow K_2Cr_2O_7$$

Kalium-chromat   Chrom-säure   Kalium-dichromat

und demzufolge erhältlich, wenn man auf 1 Mol. Kaliumchromat $^1/_2$ Mol. Schwefelsäure einwirken läßt:

$$2\,K_2CrO_4 + H_2SO_4 \rightarrow K_2Cr_2O_7 + K_2SO_4 + H_2O$$

Kalium-chromat   Schwefel-säure   Kalium-dichromat   Kalium-sulfat   Wasser

Läßt man nun auf das Kaliumdichromat, welches wir als Ausgangsmaterial gewählt hatten, weiterhin Schwefelsäure einwirken, so erfolgt volle Umsetzung zu Chromsäure:

$$K_2Cr_2O_7 + 2\,H_2SO_4 \rightarrow 2\,KHSO_4 + 2\,CrO_3 + H_2O$$

Kalium dichromat   Schwefel-säure   Kalium-bisulfat   Chrom-säure   Wasser

Das Prinzip der Umsetzung ist die bei Liquor Kalii acetici näher erörterte Erscheinung, daß stärkere Säuren (Schwefelsäure) schwächere Säuren (Chromsäure) aus ihren Verbindungen austreiben.

Eigenschaften. Die reine Chromsäure bildet dunkelrotbraune, hygroskopische Nadeln oder Prismen, in Wasser leicht löslich. Sie ist ein starkes Oxydationsmittel und zeigt viele Eigenschaften der Peroxyde (PbO_2, BaO_2, MnO_2). Papier wird augenblicklich oxydiert, darum kann eine wässerige Chromsäurelösung nicht durch Papier filtriert werden. Bei diesen Oxydationsvorgängen geht das sechswertige Chrom in das dreiwertige Chrom über. Beim Aufträufeln auf Chromsäure entzündet sich starker Alkohol, wobei Chromoxyd Cr_2O_3 entsteht. Mit Salzsäure entwickelt Chromsäure Chlor:

$$CrO_3 + 6\,HCl \rightarrow CrCl_3 + 3\,H_2O + 3\,Cl,$$

Chrom-   Chlor-   Chrom-   Wasser   Chlor
säure   wasserstoff   chlorid

mit Schwefelsäure Sauerstoff:

$$2\,CrO_3 + 3\,H_2SO_4 \rightarrow Cr_2(SO_4)_3 + 3\,H_2O + 3\,O$$

Chrom-   Schwefel-   Chromsulfat   Wasser   Sauer-
säure   säure   stoff

Auch beim Erhitzen an der Luft entweicht Sauerstoff unter Bildung von grünem Chromoxyd:

$$2\,CrO_3 \rightarrow Cr_2O_3 + 3\,O$$

Chrom-   Chrom-   Sauer-
säure   oxyd   stoff

Wegen ihrer aggressiven und hygroskopischen Eigenschaften ist die Chromsäure in mit Glasstöpsel verschließbaren Glasgefäßen vor Feuchtigkeit geschützt aufzubewahren.

Prüfung.

1. auf Schwefelsäure:

Die Lösung von 0,1 g Chromsäure in 10 ccm Wasser darf nach Zusatz von 1 ccm Salzsäure durch Bariumnitratlösung nicht sofort verändert werden. Völlig schwefelsäurefreie Präparate sind schwer erhältlich. Diesem Umstand trägt das Arzneibuch Rechnung und läßt Spuren Schwefelsäure zu. Bei Gegenwart von Schwefelsäure erfolgt Ausscheidung von Bariumsulfat:

$$H_2SO_4 + Ba(NO_3)_2 \rightarrow BaSO_4 + 2\,HNO_3$$

Schwefel-   Barium-   Barium-   Salpetersäure   nitrat   sulfat   säure

Der Salzsäurezusatz soll die Fällung von Bariumchromat verhindern.

2. auf Alkalisalze:

Der mit Hilfe von 10 ccm Wasser erhaltene wässerige filtrierte Auszug des beim Glühen von 1 g Chromsäure erhaltenen Chromoxyds (s. o.) darf beim Verdampfen höchstens 0,01 g Rückstand (1 %) hinterlassen.

31. Aether aceticus — Essigäther; Essigester.

Darstellung. Einen Kolben von etwa 300 ccm Inhalt versieht man mit einem doppelt durchbohrten Kork, führt durch die eine Bohrung einen Tropftrichter, durch die andere Bohrung ein gebogenes Ableitungsrohr, welches mit einem Kühler verbunden wird. Vor den Kühler setzt man eine Vorlage (Abb. 53).

In den Kolben *a* bringt man eine Mischung von 25 ccm Äthylalkohol und 25 ccm konzentrierter Schwefelsäure und erhitzt in einem Ölbade auf 140° (Thermometer ins Ölbad eintauchend). Unterdessen mischt man andererseits in einem Kolben 200 ccm Eisessig und 200 ccm Äthylalkohol und läßt die Mischung, sobald die Temperatur des Ölbades 140° erreicht hat, durch den Tropftrichter *b* in dem Maße langsam zu dem heißen Schwefelsäure-Alkoholgemisch träufeln, wie der gebildete Ester abdestilliert. Hierbei wird stets freie Essigsäure mit übergerissen. Zur Befreiung hiervon schüttelt man das Destillat in einem Kolben mit wässeriger Sodalösung, bis der auf letzterer schwimmende Ester blaues Lackmuspapier nicht mehr rötet. Im Scheidetrichter werden beide Flüssigkeiten getrennt, der Ester durch ein trockenes Filter filtriert und zur Befreiung

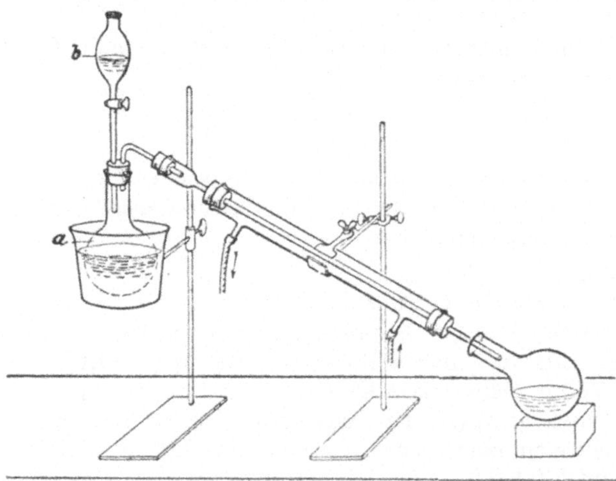

Abb. 53. Apparat zur Darstellung von Essigester.
Destillation im Ölbade.

von Alkohol mit einer Lösung von 50 g Kalziumchlorid in 50 g Wasser geschüttelt. Man trennt wiederum beide Schichten im Scheidetrichter, trocknet die obere Esterschicht in einem Kolben mit gekörntem Kalziumchlorid, filtriert sie in einen trockenen Fraktionierkolben, der mit einigen Bimssteinstückchen beschickt ist, und destilliert auf dem Wasserbade unter Vorlage eines Kühlers über. Der reine Ester destilliert bei 74 bis 77°, die bei dieser Temperatur übergehenden Anteile sind daher gesondert aufzufangen. Ausbeute: etwa 85 % der Theorie.

Betrachtung. Wir haben es hier mit einem Ester zu tun.

Ester oder zusammengesetzte Äther entstehen aus Alkohol und Säure (anorganisch oder organisch) durch Austritt von Wasser und sind den Salzen der Metalle vergleichbar:

$$\text{Alkyl}\ \overline{OH + H}\ Cl \rightarrow \text{Alkyl}\ Cl + H_2O$$

Alkohol　　　Chlor-　　　Ester　　Wasser
　　　　　wasserstoff

$$B\ \overline{OH + H}\ Cl \rightarrow BCl + H_2O$$

Base　　　Chlor-　　　Salz　　Wasser
　　　wasserstoff

Die Salzbildung aus Base und Säure verläuft momentan und quantitativ, sie ist eine Ionenreaktion. Die Esterbildung verläuft dagegen langsam, sie ist eine Molekularreaktion, da der Alkohol nicht ionisiert ist, den elektrischen Strom nicht leitet.

Läßt man äquimolekulare Mengen Alkohol und Säure aufeinander einwirken, so ist die Esterbildung keine vollständige. Bei unserem Präparate, dem Essigester, beträgt bei Anwendung äquimolekularer Mengen Essigsäure und Äthylalkohol die wirkliche Ausbeute an Ester nur etwa zwei Drittel der theoretischen; bei noch so langer Einwirkungsdauer ist das letzte Drittel Alkohol und Säure nicht in Reaktion zu bringen. Dies beruht darauf, daß wir es mit einer umkehrbaren — reversiblen — Reaktion zu tun haben, indem Ester und Wasser im umgekehrten Sinne aufeinander einwirken:

$$C_2H_5 \, OH + H \, OOC \cdot CH_3 \rightleftarrows CH_3 \cdot COOC_2H_5 + H_2O$$

Äthylalkohol $\qquad$ Essigsäure $\qquad$ Essigsäureäthylester $\qquad$ Wasser

Zu demselben Endzustande gelangt man auch, wenn man äquimolekulare Mengen Ester und Wasser zusammenbringt. Der Gleichgewichtszustand wird der sein, wo $^1/_3$ Wasser $^1/_3$ Ester verseift hat. Wir haben es also hier wie bei allen Reaktionen nicht mit einem statischen, sondern mit einem dynamischen Gleichgewicht zu tun. Im Gleichgewichtszustande sind die Reaktionsgeschwindigkeiten beider Systeme:

I. System: Alkohol + Säure → Ester + Wasser

II. System: Ester + Wasser → Alkohol + Säure

gleich geworden, und zwar bei der Essigesterbildung derart, daß genau $^2/_3$ Ester und Wasser bei Anwendung äquimolekularer Mengen Alkohol und Säure gebildet werden. Die Verhältnisse beim Essigester sind zuerst eingehend von Berthelot und St. Gilles studiert worden.

Nach dem Massenwirkungsgesetz (Guldberg und Waage 1867, van't Hoff 1877) ist die Reaktionsgeschwindigkeit in jedem Zeitmomente den in diesem Momente in der Raumeinheit vorhandenen Stoffmengen, also der räumlichen Konzentration, proportional.

Nach der Gleichgewichtsgleichung:

$$\frac{a \cdot b}{c \cdot d} = k$$

ist der Quotient aus dem Produkt der Konzentrationen der Ausgangsstoffe ($a \cdot b$) und dem Produkt der Konzentrationen der Reaktionsprodukte ($c \cdot d$) eine Konstante (Reaktionskonstante $= k$). Für die Esterbildung wäre die Massenwirkungsgleichung:

$$\frac{[\text{Säure}] \cdot [\text{Alkohol}]}{[\text{Ester}] \cdot [\text{Wasser}]} = k$$

und für äquimolekulare Mengen Essigsäure und Äthanol im Gleichgewichtszustande, in dem, wie oben gesehen, $^2/_3$ Mole sich zu Ester und Wasser vereinigt haben:

$$\frac{\left[\underset{S.}{1 - {}^2/_3}\right] \cdot \left[\underset{A.}{1 - {}^2/_3}\right]}{\underset{E.}{{}^2/_3} \cdot \underset{W.}{{}^2/_3}} = k = \frac{{}^1/_3 \cdot {}^1/_3}{{}^2/_3 \cdot {}^2/_3} = k; \quad k = {}^1/_4,$$

d. h., daß in einem Gemisch äquimolekularer Mengen Essigsäure und Äthylalkohol die Esterbildung viermal rascher vor sich geht als in einem analogen Gemisch von Essigester und Wasser die Zersetzung des Esters.

An Hand dieser Gleichung können wir das schließliche Gleichgewicht für alle Mengenverhältnisse von Säure und Alkohol berechnen.

Will man eine Säure möglichst vollständig verestern, so muß man einen Überschuß an Alkohol, andererseits zur möglichst vollständigen Veresterung von Alkohol einen Überschuß an Säure verwenden[1].

Die Veresterung kann auch vervollständigt werden durch den Zusatz wasserentziehender Mittel, wie das bei unserem Präparate durch die Zugabe von Schwefelsäure geschieht. Das bei der Veresterung gebildete, die Verseifung begünstigende Wasser wird von der Schwefelsäure gebunden.

Es seien noch einige weitere Darstellungsmethoden der Ester erwähnt:

1. Einwirkung von Halogenalkyl auf das Salz einer Säure:

$$CH_3COO\,Ag + J\,C_2H_5 \rightarrow CH_3COO \cdot C_2H_5 + AgJ$$

Silberazetat　　　Äthyljodid　　　　Essigester　　　Silberjodid

2. Einwirkung von Säurechlorid auf Alkohol:

$$CH_3CO\,Cl + H\,OC_2H_5 \rightarrow CH_3COO \cdot C_2H_5 + HCl$$

Azetylchlorid　　　Alkohol　　　　Essigester　　　Chlor-
　　　　　　　　　　　　　　　　　　　　　　　　　wasserstoff

Hierher gehört auch die Estergewinnung durch Einleiten von Salzsäuregas in ein Gemisch von Säure und Alkohol. Es soll sich hierbei intermediär das betreffende Säurechlorid bilden, welches weiterhin im Sinne der Gleichung mit dem Alkohol reagiert.

---

[1] Alle unsere Reaktionen sind mehr oder weniger umkehrbar, auch solche, bei denen sich der Stoff unlöslich abscheidet; denn da es keine absolute Unlöslichkeit gibt, wird bei Fällungen von dem sogenannten unlöslich abgeschiedenen Stoff immer etwas in Lösung bleiben und die Reaktion im entgegengesetzten Sinne beeinflussen. Je nach der Richtung, in der die Reaktion verlaufen soll, ist zum quantitativen Verlauf nach dem Massenwirkungsgesetz die eine oder die andere der aufeinander einwirkenden Komponenten im Überschuß anzuwenden. Zur Reduktion von Ferrisalz durch Jodwasserstoff:

$$\underset{a}{FeCl_3} + \underset{b}{HJ} \rightleftarrows \underset{c}{FeCl_2} + \underset{d}{HCl} + \underset{e}{J}; \quad \frac{a \cdot b}{c \cdot d \cdot e} = k$$

ist Jodwasserstoff im Überschuß, zur quantitativen Oxydation von Jodwasserstoff durch Ferrisalz dagegen letzteres im Überschuß anzuwenden; im ersteren Falle muß durch Vergrößerung von $b = HJ$ $a = FeCl_3$, im letzteren Falle durch Vergrößerung von $a = FeCl_3$ $b = HJ$ kleiner werden. Bei Fällungen hat man dementsprechend für einen Überschuß des Fällungsmittels zu sorgen. Vgl. hierzu die Ausführungen S. 58, 73, 76 ,81 ff.

3. Einwirkung von Säureanhydriden auf Alkohol:

$$\begin{array}{c}CH_3CO\\CH_3CO\end{array}\!\!>\!O + C_2H_5OH \rightarrow CH_3COOC_2H_5 + CH_3COOH$$

Essigsäureanhydrid   Alkohol   Essigester   Essigsäure

Eigenschaften. Der Essigäther ist eine klare, farblose, flüchtige Flüssigkeit von angenehmem, erfrischendem Geruch. Dichte = 0,902 bis 0,906 $\frac{15°}{15°}$ bzw. 0,896 bis 0,900 $\frac{20°}{4°}$ (DAB 6).

Prüfung.

1. auf Essigsäure:

Essigäther soll blaues Lackmuspapier nicht sofort röten, also frei von Essigsäure sein. An der Luft und bei Feuchtigkeit tritt geringe Verseifung ein.

2. auf fremde Ätherarten:

u. a. bei Verwendung fuselölhaltigen Alkohols.

Essigäther darf nach dem Verdunsten auf bestem Filtrierpapier nicht nach fremden Ätherarten riechen.

3. auf Alkohol- und Wassergehalt:

Essigäther darf nur so viel Wasser und Alkohol enthalten, daß 10 ccm Wasser, mit 10 ccm Ester geschüttelt, nur um 1 ccm zunehmen.

4. auf Amylverbindungen und andere organische Stoffe:

Werden 5 ccm Schwefelsäure mit 5 ccm Essigäther überschichtet, so darf innerhalb 15 Minuten sich keine gefärbte Zone bilden. Die vor allem in Frage komende Amylverbindung ist der Amylalkohol $C_5H_{11}OH$ (Fuselöl), bei Verwendung eines fuselölhaltigen Alkohols enthält der Essigäther Amylazetat.

32. Mixtura sulfurica acida — Hallersches Sauer.

Darstellung. In einem Becherglase setzt man zu 30 g Äthylalkohol unter Umrühren mit einem Glasstabe in kleinen Anteilen 10 g Schwefelsäure zu. Bei zu großer Wärmeentwicklung kühlt man durch Eintauchen in kaltes Wasser ab.

Betrachtung. Beim vorigen Präparate „Aether aceticus" wurde die Esterbildung aus Säure und Alkohol besprochen. Tritt eine mehrbasische Säure mit einem Alkohol in Reaktion, so kann der Ersatz der substituierbaren Wasserstoffatome durch den Alkoholrest (Alkyl) ein vollständiger oder unvollständiger sein. In letzterem Falle entsteht ein saurer Ester oder eine Äthersäure. Eine solche Verbindung finden wir bei unserem Präparate vor. Beim Vermischen von Äthylalkohol mit der zweibasischen Schwefelsäure bildet sich die Äthersäure oder der saure Ester: Äthylschwefelsäure:

$$C_2H_5|OH + H|O\!\!>\!\!{}^{HO}_{}\!\!SO_2 \rightleftarrows C_2H_5OS\!\!<^{OH}_{O}\!\!\!>\!\!O + H_2O$$

Alkohol   Schwefelsäure   Äthylschwefelsäure   Wasser

Auch hier findet keine völlige Umsetzung statt, es tritt ein bestimmtes Gleichgewicht ein, so daß stets etwas ungebundene Schwefelsäure übrigbleibt (s. Aether aceticus). Um aber die Reaktion möglichst im Sinne nach rechts verlaufen zu lassen, d. h. die Schwefelsäure möglichst quantitativ zu verestern, ist ein großer Überschuß an Alkohol vorgeschrieben.

Die Barium-, Strontium- und Kalziumsalze der Äthylschwefelsäure wie auch sonstiger Sulfosäuren — Alkyl·SO_3H — sind im Gegensatz zu den Sulfaten obiger Basen in Wasser löslich und dienen zur Trennung der Sulfosäuren von Schwefelsäure.

Eigenschaften. Hallersches Sauer ist klar, farblos und von saurem Geschmack.

Dichte: 0,990 bis 1,002 $\dfrac{15°}{15°}$.

33. Spiritus Aetheris nitrosi — Versüßter Salpetergeist.

Darstellung. In einem Zylinder werden 30 g Salpetersäure (25 %/o HNO_3) vorsichtig mit 50 g Weingeist (90 %/o) überschichtet und zwei Tage lang lose verschlossen ohne Umschütteln stehengelassen. Nach dieser Zeit sind Mischung und Einwirkung erfolgt. Die Flüssigkeit destilliert man auf dem Wasserbade aus einer Retorte bei vorgelegtem Kühler in eine Vorlage, die 50 g Weingeist enthält. Die Destillation wird abgebrochen, sobald in der Retorte gelbe Stickoxyddämpfe auftreten. Das Destillat wird zur Bindung von Essigsäure, Salpeter-, salpetriger Säure usw. mit gebrannter Magnesia neutralisiert. Nach 24 Stunden wird die Mischung auf dem Wasserbade unter anfänglich mäßiger Erwärmung so weit in eine Vorlage, die 20 g Weingeist enthält, destilliert, bis 60 g übergegangen sind.

Betrachtung. Das Präparat stellt keinen einheitlichen Stoff dar. Es besteht vornehmlich aus dem Äthylester der salpetrigen Säure, dem Essigsäureäthylester und Azetaldehyd beigemengt sind.

Die sich abspielenden Reaktionen sind im wesentlichen folgende:

1. Durch die Salpetersäure wird ein Teil des Alkohols zu Azetaldehyd und Essigsäure oxydiert:

a) $\quad C_2H_5OH + HNO_3 \rightarrow CH_3 \cdot C{\overset{\displaystyle \nearrow O}{\searrow H}} + HNO_2 + H_2O$

$\quad$ Äthylalkohol $\quad$ Salpeter-$\quad$ Azetaldehyd $\quad$ Salpetrige $\quad$ Wasser
$\qquad\qquad\qquad$ säure $\qquad\qquad\qquad\qquad$ Säure

b) $\quad CH_3C{\overset{\displaystyle \nearrow O}{\searrow H}} + HNO_3 \rightarrow CH_3 \cdot COOH + HNO_2$

$\quad$ Azetaldehyd $\quad$ Salpeter-$\quad$ Essigsäure $\quad$ Salpetrige
$\qquad\qquad\qquad$ säure $\qquad\qquad\qquad\qquad$ Säure

2 Die salpetrige Säure und Essigsäure verbinden sich weiterhin mit unangegriffenem Alkohol zu den entsprechenden Estern (s. **Aether aceticus**):

$\quad C_2H_5 | OH + H | O \cdot NO \rightleftarrows C_2H_5 \cdot ONO + H_2O$

$\quad$ Äthylalkohol $\quad$ Salpetrige $\quad$ Äthylester der $\quad$ Wasser
$\qquad\qquad\qquad$ Säure $\qquad$ salpetrigen Säure

$$C_2H_5\,OH + H\,OOC \cdot CH_3 \rightleftarrows C_2H_5 \cdot OOC \cdot CH_3 + H_2O$$

Äthylalkohol   Essigsäure   Essigsäure-Äthylester   Wasser

Bei **Aether aceticus** (s. d.) wurde eingehend klargelegt, daß die Veresterung bei Anwendung gleicher Mol. Säure und Alkohol nicht quantitativ verläuft, da das bei der Esterbildung gebildete Wasser Verseifung im umgekehrten Sinne veranlaßt. Hinsichtlich des Überschusses an Alkohol ist bei obigen Veresterungen das Gleichgewicht jedenfalls stark nach rechts verschoben.

Eigenschaften. Versüßter Salpetergeist ist klar, farblos oder gelblich, riecht ätherisch und schmeckt süßlich brennend. Er ist völlig flüchtig und löst sich in jedem Verhältnis in Wasser.

Bei längerer Aufbewahrung wird der Azetaldehyd teilweise zu Essigsäure oxydiert. Zur Bindung der letzteren kann man das Präparat über einigen Kristallen Kaliumtartrat aufbewahren. Durch Essigsäure entstehen dann Kaliumazetat und Kaliumbitartrat, die sich beide unlöslich am Boden absetzen. Das Präparat ist daher zweckmäßig in kleineren, völlig gefüllten Flaschen vor Licht möglichst geschützt aufzubewahren.

Prüfung.

1. **Dichte:** $0{,}840\text{—}0{,}850\ \dfrac{15°}{15°}$ bzw. $0{,}835$ bis $0{,}845\ \dfrac{20°}{4°}$ (DAB 6).

2. **Identitätsreaktion auf salpetrigsaure Verbindung:** Werden 2 ccm Ferrosulfatlösung mit 2 ccm Schwefelsäure gemischt und wird die heiße Mischung mit 2 ccm versüßtem Salpetergeist überschichtet, so tritt zwischen den beiden Flüssigkeiten eine braune Zone auf. Die Schwefelsäure bewirkt teilweise Verseifung des Salpetrigsäureäthylesters. Die salpetrige Säure wird durch Ferrosulfat zu Stickstoffoxyd reduziert, das sich in der überschüssigen Ferrosulfatlösung mit brauner Farbe unter Bildung eines komplexen Eisen-Stickoxydions löst:

$$2\,FeSO_4 + 2\,HNO_2 + H_2SO_4 \rightarrow Fe_2(SO_4)_3 + 2\,NO + 2\,H_2O$$

Ferrosulfat   Salpetrige Säure   Schwefelsäure   Ferrisulfat   Stickstoffoxyd   Wasser

3. **auf Essigsäuregehalt** (s. o.): 10 ccm des Präparates dürfen nach Zusatz von 0,2 ccm N.-Kalilauge blaues Lackmuspapier nicht röten. Ein geringer Gehalt (etwa 0,12 %) an Essigsäure ist also zulässig.

34. Hexamethylentetraminum — Hexamethylentetramin; Urotropin.

Darstellung. In einem Kolben fügt man zu 50 ccm käuflicher Formaldehydlösung (35 bis 40 % CH_2O) unter guter Kühlung mit Wasser in kleinen Anteilen 100 ccm Ammoniakflüssigkeit (10 %) zu. Man läßt einige Stunden verschlossen stehen — nach dieser Zeit muß noch deutlicher Ammoniakgeruch wahrnehmbar sein — und verdampft in einer Porzellanschale auf dem Wasserbade bei mäßiger Temperatur zur Trockne. Die

Kristalle werden aus heißem Alkohol umkristallisiert. Ausbeute 12 g (90 %
der Theorie).

Betrachtung. Die aliphatischen Aldehyde besitzen unter anderen Eigenschaften auch die, mit Ammoniak ein Additionsprodukt = „Aldehyd-
Ammoniak" zu geben:

$$CH_3 \cdot C\!\!<^O_H + NH_3 \rightarrow CH_3 \cdot CH(OH)(NH_2),$$

Azetaldehyd   Ammoniak   Azetaldehydammoniak

das durch Säuren wieder in seine Komponenten zerlegt wird.

Eine besondere Ausnahmestellung unter den Aldehyden nimmt hinsichtlich seiner Eigenschaften und seines Verhaltens das erste Glied der
Kette, der Formaldehyd, ein und überträgt dieselbe auch auf sein Oxy-
dationsprodukt, die Ameisensäure, die ihrerseits wieder von ihren Homologen, den Fettsäuren, in mancher Beziehung abweicht.

Der Formaldehyd zeigt sein abweichendes Verhalten auch gegenüber
Ammoniak und gibt mit letzterem kein Additions-, sondern ein Substitu-
tionsprodukt, indem das Sauerstoffatom der allen Aldedhyden charakteristischen Gruppe:

$$-C\!\!<^O_H$$

mit den Wasserstoffatomen des Ammoniaks in Reaktion tritt unter Bildung von Wasser.

Sechs Moleküle Formaldehyd vereinigen sich so mit vier Mol. Ammoniak unter Austritt von sechs Mol. Wasser zu Hexamethylentetramin:

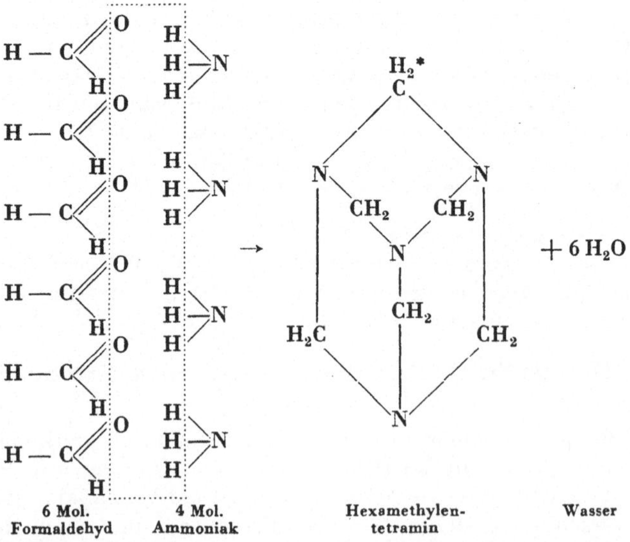

6 Mol. Formaldehyd   4 Mol. Ammoniak   →   Hexamethylentetramin $+ 6\,H_2O$ Wasser

---

* Für Hexamethylentetramin sind verschiedene Formeln aufgestellt worden;
die hier aufgeführte von Duden und Scharff ist die wahrscheinlichste.

Unter **Aminen** versteht man allgemein Verbindungen, die sich von Ammoniak ableiten, dessen´ Wasserstoffatome durch Kohlenwasserstoffreste ersetzt sind. Je nachdem, ob teilweise oder völlige Substitution erfolgt, unterscheidet man zwischen primären, sekundären und tertiären Aminen:

$$N\begin{array}{l}\diagup\text{Alkyl}\\{-}\text{H}\\\diagdown\text{H}\end{array} \qquad N\begin{array}{l}\diagup\text{Alkyl}\\{-}\text{Alkyl}\\\diagdown\text{H}\end{array} \qquad N\begin{array}{l}\diagup\text{Alkyl}\\{-}\text{Alkyl}\\\diagdown\text{Alkyl}\end{array}$$

Primäres Amin   Sekundäres Amin   Tertäres Amin

Die Amine sind je nach der Natur und Zahl der vorhandenen Kohlenwasserstoffreste stärkere oder schwächere Basen. Die aliphatischen Kohlenwasserstoffreste (Alkyle) verstärken, die aromatischen Reste (Aryle) schwächen den basischen Charakter. So ist Triäthylamin $N(C_2H_5)_3$ eine starke Base, hingegen besitzt Triphenylamin $N(C_6H_5)_3$ keine basischen Eigenschaften mehr.

Die Amine bilden sich allgemein beim Erhitzen von Ammoniak in alkoholischer oder wässeriger Lösung mit Halogenalkyl:

$$\text{Alkyl Hlg} + NH_3 \rightarrow \text{Alkyl } NH_2 + \text{H Hlg}$$

Alkyl-   Ammoniak   Primäres   Hologen-
hologen   Amin   wasserstoff

und unterscheiden sich voneinander durch ihr Verhalten gegen salpetrige Säure.

Unser Präparat, das Hexamethylentetramin, weicht in seiner Zusammensetzung von den gewöhnlichen Aminen ab. An einem Mol. dieses tertiären Amins sind vier Stickstoffatome beteiligt, und der Ersatz der Wasserstoffatome des Ammoniaks geschieht durch sechs zweiwertige Methylengruppen[1].

Eigenschaften. Hexamethylentetramin bildet farblose, süßlich schmekkende Kristalle, die sich beim Erhitzen verflüchtigen, ohne zu schmelzen. Es löst sich leicht in Wasser, schwieriger in kaltem Alkohol. Die wässerige Lösung reagiert gegen Lackmus schwach alkalisch. Hexamethylentetramin findet außer als Arzneimittel auch als Konservierungsmittel Verwendung.

Prüfung.

1. **Identitätsreaktion:**

Beim Erhitzen der wässerigen Lösung (1 + 19) mit verdünnter Schwefelsäure tritt Spaltung in die Komponenten Formaldehyd (am Geruch wahrzunehmen) und Ammoniak ein. Letzteres bildet mit der Schwefelsäure Ammoniumsulfat und wird aus diesem durch Zusatz einer starken Base (Natronlauge) in Freiheit gesetzt:

---

[1] Abzuleiten vom Methan CH_4.

    CH_3 = Methyl, einwertig.

    CH_2 = Methylen, zweiwertig.

    CH = Methin, dreiwertig.

$$(CH_2)_6N_4 + 6\,H_2O + 2\,H_2SO_4 \rightarrow 6\,CH_2O + 2\,(NH_4)_2SO_4$$

Hexamethylen- Wasser Schwefelsäure Form-   Ammoniumsulfat
tetramin   aldehyd

$$(NH_4)_2SO_4 + 2\,NaOH \rightarrow Na_2SO_4 + 2\,NH_3 + 2\,H_2O$$

Ammonium-   Natrium-   Natrium- Ammoniak Wasser
sulfat   hydroxyd   sulfat

2. Identitätsreaktion:

5 ccm der wässerigen Lösung des Präparates (1 + 19) geben mit 5 Tropfen Silbernitratlösung einen weißen Niederschlag, das Doppelsalz „Hexamethylentetramin-Silbernitrat" nach Grützner von der Zusammensetzung: $(CH_2)_6N_4 \cdot AgNO_3$. Er löst sich im Überschuß der Hexamethylentetraminlösung beim Umschütteln wieder auf.

3. auf Schwermetalle:

Dieselben fallen beim Versetzen der wässerigen Lösung des Präparates (1 + 19) mit Schwefelwasserstoffwasser oder 3 Tropfen Natriumsulfidlösung als Sulfide aus:

$$Me\,Salz + H_2S \rightarrow Me\,S + Säure$$

Schwefel- Metall-
wasserstoff sulfid

4. auf Sulfate:

Die wässerige Lösung des Präparates (1 + 19) darf durch Bariumnitratlösung nicht verändert werden. Sulfate fallen als weißes Bariumsulfat aus:

$$(NH_4)_2SO_4 + Ba(NO_3)_2 \rightarrow BaSO_4 + 2\,NH_4NO_3$$

Ammonium-   Barium-   Barium-   Ammonium-
sulfat   nitrat   sulfat   nitrat

5. auf Chloride:

Die Lösung nach 4 darf nach Zusatz von 2 ccm Salpetersäure durch einige Tropfen Silbernitratlösung höchstens opalisierend getrübt werden. Chloride fallen als Silberchlorid aus:

$$NH_4Cl + AgNO_3 \rightarrow AgCl + NH_4NO_3$$

Ammonium-   Silber-   Silber-   Ammonium-
chlorid   nitrat   chlorid   nitrat

6. auf Ammoniumsalze und Paraformaldehyd:

Letzteres ist ein beim Verdampfen einer wässerigen Formaldehydlösung entstehendes hochmolekulares, kettenförmiges Polymerisationsprodukt des Formaldehyds, das beim Erhitzen unter Depolymerisation wieder Formaldehydgas liefert. Ein anderes, niedrigmolekulares, ringförmiges Polymeres des Formaldehyds ist „Trioxymethylen" $(CH_2O)_3$; es bildet sich aus Formaldehyd-Dämpfen.

5 ccm der Lösung nach 4, mit 5 Tropfen Neßlers Reagens versetzt und zum einmaligen Aufkochen erhitzt, dürfen sich weder färben noch trüben. Die Trübung würde durch Paraformaldehyd bedingt sein, während Ammoniumsalze durch das beim Erhitzen mit dem alkalischen Rea-

gens frei werdende Ammoniak eine Gelbfärbung bzw. Fällung verursachen:

$$(K_2HgJ_4)_2 \cdot 3\,KOH + NH_3 + H_2O \rightarrow Hg{<}^{J}_{NH_2} \cdot HgO + 7\,KJ + 3\,H_2O$$

Neßlers Reagens Ammoniak Wasser Merkuriamidojodid- Kalium- Wasser
Merkurioxyd (Fällung) jodid

7. auf feste Bestandteile:

0,2 g Hexamethylentetramin dürfen keinen wägbaren Glührückstand hinterlassen.

8. auf fremde organische Stoffe:

Die Lösung von 0,1 g Hexamethylentetramin in 2 ccm Schwefelsäure muß farblos sein.

35. Jodoformium — Jodoform.

Darstellung. In einem Kolben gibt man zu einer Lösung von 10 g kristallisiertem Natriumkarbonat in 50 g Wasser 5 g Weingeist und erwärmt auf dem Wasserbade auf etwa 70°. In kleinen Anteilen setzt man 5 g gepulvertes Jod unter Umschwenken des Kolbens zu. Das Jod löst sich zunächst mit gelbroter Farbe auf, letztere verschwindet aber bald. Wenn alles Jod eingetragen und die Lösung farblos geworden ist, nimmt man den Kolben vom Wasserbade weg und läßt erkalten. Nach Verlauf mehrerer Stunden hat sich das Jodoform am Boden abgesetzt. Dasselbe wird auf ein Filter gebracht, so lange mit Wasser nachgewaschen, bis das Abtropfende fast ganz halogenfrei geworden ist, d. h. nach dem Ansäuern mit Salpetersäure durch Silbernitratlösung nur noch opalisierend getrübt wird, und unter Lichtabschluß bei einer Temperatur von nicht über 30° getrocknet.

Der größte Teil des Jods ist aber in der Mutterlauge als Jodid und Jodat zu etwa 80 % verblieben. Um hieraus noch teilweise Jodoform zu gewinnen, versetzt man die Mutterlauge mit 15 g kristallisiertem Natrium·karbonat und 7,5 g Weingeist und leitet unter Erwärmen auf dem Wasserbade auf 60 bis 70° einen langsamen Strom von Chlorgas so lange ein, als noch an der Eintrittsstelle des Chlors in die Flüssigkeit rote Jodausscheidung erfolgt, die aber durch Jodoformbildung wieder verschwindet. Man läßt erkalten und behandelt das nach einigen Stunden abgeschiedene Jodoform wie oben.

Die Mutterlauge enthält auch jetzt noch Jod als Jodid und Jodat, daneben Kochsalz. Die Jodverbindungen verarbeitet man zweckmäßig auf Jodid, man dampft die Mutterlauge zur Trockne ein, vermischt den Rückstand mit dem zehnfachen Gewicht Holzkohlenpulver und trägt das Gemisch in kleinen Anteilen in einen Tiegel ein, den man auf Rotglut erhitzt. Sobald kein Aufblähen mehr erfolgt, läßt man erkalten und zieht die gepulverte Masse einige Male mit heißem Weingeist aus. Die vereinigten Auszüge werden filtriert und zur Kristallisation eingeengt. Das erhaltene

Produkt ist Natriumjodid, es wird zwischen Fließpapier am besten im Exsikkator getrocknet.

Betrachtung. Wenngleich der chemische Prozeß der Jodoformbildung in seinen einzelnen Phasen nicht ganz geklärt ist, so darf der folgende Verlauf als sehr wahrscheinlich gelten:

1. Jod und Natriumkarbonat wirken unter Bildung von unterjodiger Säure und Natriumjodid aufeinander ein:

$$Na_2CO_3 + 2\,J + H_2O \rightarrow HJO + NaJ + NaHCO_3$$

Natrium-   Jod   Wasser   Unter-   Natrium-   Natrium-
karbonat   jodige Säure jodid   bikarbonat

2. Die unterjodige Säure führt als Oxydationsmittel den Äthylalkohol (primärer Alkohol[1]) in Azetaldehyd über:

$$CH_3 \cdot C \underset{H}{\overset{H}{-}} OH + O\,JH \rightarrow CH_3 \cdot C\!\!\Big\langle\!\!{\overset{O}{H}} + HJ + H_2O$$

Äthylalkohol   Unterjodige   Azetaldehyd   Jod-   Wasser
                 Säure   wasserstoff

Der Jodwasserstoff setzt sich mit weiterer unterjodiger Säure zu Jod um:

$$HJO + HJ \rightarrow 2\,J + H_2O$$

Unter-   Jod-   Jod   Wasser
jodige wasser-
Säure   stoff

Der weitere Verlauf der Reaktion dürfte entsprechend der Reaktion bei der Chloroformdarstellung erfolgen und unter dem Einfluß des Jods und der unterjodigen Säure als nächstes Zwischenprodukt das dem Chloral bei der Chloroformgewinnung analoge Jodal liefern. Dieser Körper hat aber bisher nicht isoliert werden können:

$$CJ_3 \cdot C\!\!\Big\langle\!\!{\overset{O}{H}}$$

Jodal

---

[1] Ein **primäres** Kohlenstoffatom ist nur mit einem, ein **sekundäres** mit zwei, ein **tertiäres** mit drei weiteren Kohlenstoffatomen verbunden. Dementsprechend werden die einwertigen Alkohole, d. h. solche mit einer Hydroxylgruppe (OH) je nach dem Kohlenstoffatom, an das die Hydroxylgruppe gebunden ist, als **primäre, sekundäre** und **tertiäre Alkohole** bezeichnet. Sie unterscheiden sich durch ihr Verhalten bei der Oxydation. Primäre Alkohole geben Aldehyde und bei weiterer Oxydation Säuren, sekundäre dagegen Ketone, die tertiären Alkohole werden gespalten. Aldehyde und Ketone haben beide die **Karbonyl**gruppe (= C = O), deren C-Atom bei den Aldehyden primär, bei den Ketonen sekundär ist:

$$-C\!\!\Big\langle\!\!{\overset{O}{H}} \qquad\qquad \overset{\textstyle C-C-C}{\underset{\textstyle O}{\|}}$$

Aldehydgruppe   Ketongruppe

3. Das hypothetische Jodal wird durch Alkali, als welches das bei der ersten Reaktion entstandene Natriumbikarbonat wirkt, in Jodoform und ameisensaures Salz gespalten:

$$CJ_3 \cdot C\underset{\diagdown H}{\diagup O} + NaHCO_3 \rightarrow CHJ_3 + HCOONa + CO_2$$

Jodal — Natriumbikarbonat — Jodoform — Natriumformiat — Kohlensäure

Nach diesem Verfahren resultiert eine schlechte Ausbeute, der größte Teil des Jods findet sich als Natriumjodid und Natriumjodat in der Mutterlauge. Durch Einleiten von Chlor in letztere läßt sich die Jodoformbildung vermehren. Das Chlor macht aus Natriumjodid Jod frei (s. Kal. bromat.):

$$NaJ + Cl \rightarrow NaCl + J$$

Natriumjodid — Chlor — Natriumchlorid — Jod

Das so in Freiheit gesetzte Jod findet an dem anwesenden Natriumkarbonat und Weingeist die obigen Bedingungen zur Jodoformbildung vor.

Bei der schließlich erfolgenden Verarbeitung der Mutterlauge auf Natriumjodid wird zunächst das Natriumjodat durch Kohle zu Natriumjodid reduziert:

$$NaJO_3 + 3\,C \rightarrow NaJ + 3\,CO$$

Natriumjodat — Kohlenstoff — Natriumjodid — Kohlenoxyd

Das Natriumjodid ist im Gegensatz zu dem beigemengten Natriumchlorid in Alkohol löslich, so daß durch Ausziehen mit heißem Alkohol eine Trennung erzielt wird.

Technisch wird heute jedoch Jodoform auf elektrolytischem Wege bereitet. Eine wässerige Lösung von Kaliumjodid und Soda, mit Weingeist vermischt, wird bei 60 bis 65° elektrolysiert. An der Anode wird Jod frei und bildet mit der Soda und dem Weingeist im obigen Sinne Jodoform.

Das Jodoform ist nach seiner Formel Trijodmethan oder Methinjodid (das dreiwertige Radikal CH ≡ nennt man Methin). Seine direkte Gewinnung aus Methan CH_4 und Jod ist nicht durchführbar, denn von den vier Halogenen wirken nur die ersten drei in der siebenten Gruppe des „Periodischen Systems" (s. d.), Fluor, Chlor und Brom, substituierend auf die Paraffine ein.

Die Jodoformbildung wird wegen der charakteristischen Eigenschaft des Jodoforms auch zum Nachweis von Alkohol, Azeton, Aldehyd usw. verwandt, indem man die zu prüfende Flüssigkeit zuerst mit Jod und dann vorsichtig mit so viel Kalilauge versetzt, bis die Jodfarbe gerade verschwindet. Je nach der Menge des vorhandenen Alkohols usw. entsteht sofort oder erst nach einiger Zeit Jodoformausscheidung (Liebensche Jodoformreaktion).

Eigenschaften. Jodoform bildet zitronengelbe, kleine hexagonale Kriställchen oder ein kristallinisches Pulver von durchdringendem, safranartigem Geruche. Es ist in Wasser sehr wenig, mehr in Weingeist, Äther, Chloroform, leicht in Schwefelkohlenstoff löslich. Besonders in Lösung ist Jodoform sehr lichtempfindlich und scheidet leicht Jod aus. Jodoform ist schon bei gewöhnlicher Temperatur flüchtig, bei hohem Erhitzen verflüchtigt es sich vollständig unter Bildung von Jod, Jodwasserstoff und anderen Zersetzungsprodukten.

Jodoform findet als Antiseptikum Verwendung. Seine bakterizide Wirkung erhält es durch vorhergehende Zersetzung, die durch fermentative Wirkung der Wundsekrete erfolgt.

Prüfung.

1. Schmelzpunkt: etwa 120°.

2. auf Pikrinsäure:

Letztere ist im Gegensatz zu Jodoform in Wasser löslich und gibt sich beim Schütteln von 1 g Jodoform mit 10 g Wasser durch die gelbe Farbe des Filtrates zu erkennen.

3. auf Jodide und Chloride (s. Darstell.):

Das Filtrat nach 2 darf durch Silbernitratlösung sofort nur opalisierend getrübt werden. Bei Anwesenheit obiger Haloidsalze entsteht in Säuren unlösliches Silberjodid bzw. Silberchlorid, ersteres ist in Ammoniak unlöslich, letzteres löslich:

$$NaJ + AgNO_3 \rightarrow AgJ + NaNO_3$$
Natrium- Silbernitrat Silber   Natrium-
jodid   jodid   nitrat

4. auf Sulfat:

Das Filtrat nach 2 darf durch Bariumnitratlösung nicht verändert werden. Sulfatgehalt gibt sich durch Fällung von Bariumsulfat zu erkennen:

$$Na_2SO_4 + Ba(NO_3)_2 \rightarrow BaSO_4 + 2 NaNO_3$$
Natrium-   Bariumnitrat Bariumsulfat Natrium-
sulfat   nitrat

5. auf Feuchtigkeitsgehalt:

Bei 24stündigem Trocknen über Schwefelsäure darf der Gewichtsverlust höchstens 1 % betragen.

6. auf mineralische Beimengungen usw.:

Jodoform soll beim Glühen sich vollständig verflüchtigen, 0,2 g Jodoform dürfen keinen wägbaren Verbrennungsrückstand hinterlassen.

36. Acidum trichloraceticum — Trichloressigsäure.

Darstellung. In einem Rundkolben von etwa ¹/₂ Liter Inhalt bringt man 100 g Chloralhydrat durch Erwärmen auf dem Wasserbade zum Schmelzen. Man setzt nun, ohne zu erwärmen, in kleinen Anteilen 40 g rauchende Salpetersäure unter Umschütteln zu und erhitzt unter zeitweiligem Umschwenken auf dem Wasserbade, bis eine deutliche Gasentwicklung einsetzt. Man nimmt dann den Kolben vom Wasserbade, versieht ihn mit einem bereitliegenden Ableitungsrohr und wartet die allmählich einsetzende lebhafte Einwirkung ab, wobei man die in Mengen sich bildenden roten Stickstoffdioxyddämpfe durch das Ableitungsrohr ins Freie oder in einen Abzug leitet. Nach $1/4$ bis $1/2$ Stunde hat die Einwirkung nachgelassen, man erhitzt noch $1/2$ Stunde auf dem Wasserbade, bis keine Stickstoffdioxyddämpfe mehr entweichen.

Den Kolbeninhalt destilliert man sodann aus einem mit Thermometer versehenen Fraktionskolben mit langem Ansatzrohr und mit vorgelegtem Glasrohr als Kühler. Zwischen 123 und 193° geht eine kleine Menge eines Gemisches von Salpetersäure und Trichloressigsäure über. Sobald das Thermometer 193° zeigt, nimmt man das Kühlrohr fort und destilliert den ganzen zwischen 193 und 196° übergehenden Kolbeninhalt in ein trockenes Kölbchen über. Etwa im Ansatzrohr sich abscheidende Kristalle bringt man durch Erwärmen mit der Flamme zum Schmelzen.

Die ersten zwischen 123 und 193° übergegangenen Anteile werden in den Kolben zurückgegeben, nochmals in obiger Weise mit 25 g rauchender Salpetersäure oxydiert und dann fraktioniert, wobei die zwischen 193 und 196° übergehenden Anteile mit dem ersten Hauptdestillat vereinigt werden.

Man hat das Präparat jetzt auf etwaigen Chloralgehalt zu prüfen, indem man eine Probe, in etwas Wasser gelöst, zu einer ammoniakalischen Silberlösung zusetzt und erwärmt. Bei Anwesenheit von Chloral (Aldehyd) wird die Silberlösung zu metallischem, sich meist als Spiegel absetzendem Silber reduziert[1]. In diesem Falle ist das Präparat nochmals zu oxydieren und zu fraktionieren.

Betrachtung. Durch Einwirkung von Chlor auf Essigsäure CH_3COOH werden je nach den Versuchsbedingungen ein, zwei oder sämtliche drei Methylwasserstoffatome der Essigsäure durch Chlor ersetzt. Es entstehen so die Mono-, Di- und Trichloressigsäure. Letztere entsteht bei Einwirkung von Chlor auf konzentrierte Essigsäure im Sonnenlichte:

$$CH_3COOH + 6\,Cl \rightarrow CCl_3COOH + 3\,HCl$$

Essigsäure   Chlor   Trichloressigsäure   Chlorwasserstoff

Bequemer für die Darstellung ist aber die auch hier gewählte Oxydation des Aldehyds der Trichloressigsäure, des Chlorals bzw. dessen Hydrats, des Chloralhydrats, welches seinerseits durch Einwirkung von

---

[1] Aldehyde üben vermöge ihrer Neigung, in Säuren überzugehen, Reduktionswirkung aus. Dieselbe äußert sich ammoniakalischer Silbernitratlösung gegenüber im Sinne folgender Gleichung:

$$CCl_3 \cdot C\!\!\nwarrow^{\!O}_{\!H} + 2\,AgNH_3NO_3 + H_2O \rightarrow CCl_3COOH + 2\,Ag + 2\,NH_4NO_3$$

Trichloraldehyd   Silbernitrat-Ammoniak   Wasser   Trichloressigsäure   Silber   Ammoniumnitrat

Chlor auf absoluten Alkohol gewonnen wird, wobei der Äthylalkohol als
primärer Alkohol (s. d.) zunächst zu Aldehyd oxydiert und dann in der
Methylgruppe halogenisiert wird.

$$\text{e)} \qquad CH_3 \cdot C{\overset{\displaystyle H}{\underset{\displaystyle O\,H}{\diagdown\!H}}} + 2\,Cl \rightarrow CH_3 \cdot C{\diagup\!\!\!\overset{O}{\diagdown_H}} + 2\,HCl$$

Äthylalkohol   Chlor   Azetaldehyd   Chlor-
                                            wasserstoff

$$\text{b)} \qquad CH_3 \cdot C{\diagup\!\!\!\overset{O}{\diagdown_H}} + 6\,Cl \rightarrow CCl_3 \cdot C{\diagup\!\!\!\overset{O}{\diagdown_H}} + 3\,HCl$$

Azetaldehyd   Chlor   Trichloraldehyd   Chlor-
                          Chloral   wasserstoff

Außer Nebenkörpern werden hierbei auch verschiedene Zwischen-
produkte, wie Azetale[1], erhalten; als Endprodukt der Chlorierung resul-
tiert Chloralalkoholat $CCl_3 \cdot C{\overset{\displaystyle OH}{\underset{\displaystyle H}{\diagdown\!\!O \cdot C_2H_5}}}$, aus dem durch Schwefelsäure
Chloral als ölige Flüssigkeit abgeschieden wird.

Mit Wasser entsteht aus dem Chloral das Hydrat = C h l o r a l h y d r a t :

$$CCl_3 \cdot C{\diagup\!\!\!\overset{O}{\diagdown_H}} + H_2O \rightarrow CCl_3 \cdot C{\overset{\displaystyle OH}{\underset{\displaystyle H}{\diagdown\!\!OH}}}$$

Chloral   Wasser   Chloralhydrat

Aldehyde gehen durch Oxydation in Säuren über:

$$CH_3C{\diagup\!\!\!\overset{O}{\diagdown_H}} + O \rightarrow CH_3COOH$$

Azetaldehyd   Sauer-   Essigsäure
                stoff

Die Oxydation des Chloralhydrats durch Salpetersäure erfolgt nach
folgender Gleichung:

$$\text{a)} \qquad 2\,HNO_3 \rightarrow H_2O + 2\,NO + 3\,O$$

Salpeter-   Wasser   Stickstoff-   Sauer-
säure   oxyd   stoff

$$\text{b)} \qquad 3\,CCl_3 \cdot C{\overset{\displaystyle O\,H}{\underset{\displaystyle H}{\diagdown\!\!O\,H}}} + 3\,O \rightarrow 3\,CCl_3 \cdot C{\diagup\!\!\!\overset{O}{\diagdown_{OH}}} + 3\,H_2O$$

Chloralhydrat   Sauerstoff   Trichloressigsäure   Wasser

---

[1] Azetale sind Verbindungen von 1 Mol. Aldehyd mit 2 Mol. Alkohol unter
Wasseraustritt. Beispiel: Bildung von Trichlorazetal:

$$CCl_3 \cdot C{\overset{\displaystyle O}{\underset{\displaystyle H}{\diagup\!\!\diagdown}}} + {\overset{\displaystyle H\,OC_2H_5}{H\,OC_2H_5}} \rightarrow CCl_3 \cdot C{\overset{\displaystyle O \cdot C_2H_5}{\underset{\displaystyle H}{\diagdown\!\!O \cdot C_2H_5}}} + H_2O$$

Chloral   Äthylalkohol   Trichlorazetal   Wasser

Durch den Eintritt der Chloratome ist der saure Charakter der einbasischen Essigsäure wesentlich verstärkt, zugleich aber ist durch die Anhäufung der negativen Chloratome an einem Kohlenstoffatom die Verbindung sehr unbeständig geworden, wie man das öfters wiederfindet bei organischen Verbindungen mit angehäuften negativen Gruppen. Bereits beim Kochen mit Wasser zerfällt Trichloressigsäure in Chloroform und Kohlensäure:

$$CCl_3 \cdot COO\,H \rightarrow CHCl_3 + CO_2$$

Trichloressigsäure   Chloro-   Kohlen-
            form   dioxyd

Spaltung im gleichen Sinne erfolgt auch durch Kochen mit kohlensauren und ätzenden Alkalien. Bei Einwirkung der letzteren wird weiterhin das Chloroform in Ameisensäure übergeführt:

$$CCl_3H + 3\,KOH \rightarrow 3\,KCl + HCOOH + H_2O$$

Chloroform   Kalium-   Kalium-   Ameisen-   Wasser
         hydroxyd   chlorid   säure

Eigenschaften. Trichloressigsäure bildet leichtzerfließliche, rhomboedrische Kristalle. Sie riecht schwach stechend und ist in Wasser, Weingeist und Äther löslich. Die wässerige Lösung reagiert naturgemäß sauer.

Prüfung.

1. Schmelzpunkt: etwa 55°.

Da Trichloressigsäure energisch Wasser anzieht, findet man den Schmelzpunkt meist etwas niedriger bei etwa 52°.

2. Siedepunkt: 192 bis 195°.

3. Identitätsreaktion:

Beim Erhitzen von 1 g Trichloressigsäure mit 3 ccm Kalilauge tritt Geruch nach Chloroform auf (s. o.).

4. Auf Salzsäure:

Bei mangelhafter Darstellung oder bei einem in Zersetzung begriffenen Präparate anwesend.

10 ccm der frisch bereiteten wässerigen Lösung des Präparates (1 + 9) dürfen durch 1 Tropfen $N/_{10}$-Silbernitratlösung höchstens opalisierend getrübt werden.

Trichloressigsäure hält wie die meisten organischen Verbindungen (s. Benzoesäure, Äthylbromid) das Chlor fest gebunden und weist demnach auch keine Chlorionen auf. Da nur diese die Halogenreaktion geben, ist es begreiflich, daß letztere bei Trichloressigsäure ausbleibt. Tritt eine solche ein, so ist sie auf die Anwesenheit dissoziierter Salzsäure zurückzuführen:

$$HCl + AgNO_3 \rightarrow AgCl + HNO_3$$

Chlor-   Silber-   Silber-   Salpeter-
wasserstoff   nitrat   chlorid   säure

5. Auf sonstige Beimengungen:

0,2 g Trichloressigsäure dürfen beim Erhitzen keinen wägbaren Rückstand hinterlassen.

6. Gehaltsbestimmung:

Man löst in einem Erlenmeyer-Kolben 0,5 g im Exsikkator über Schwefelsäure getrocknete Trichloressigsäure in 20 ccm Wasser und titriert nach Zusatz einiger Tropfen Phenolphthaleinlösung als Indikator mit $N/_{10}$-Kalilauge bis zur dauernden Rotfärbung. Es sollen 30,4 bis 30,6 ccm $N/_{10}$-Kalilauge verbraucht werden.

$$CCl_3 \cdot COOH + KOH \rightarrow CCl_3 \cdot COOK + H_2O$$

Trichloressigsäure   Kalium-   Kalium-   Wasser
Mol.-Gew. 163,39 hydroxyd   trichlorazetat

1 ccm $N/_{10}$-Kalilauge entspricht gemäß der Gleichung = 0,016339 g Trichloressigsäure. Der Prozentgehalt an reiner Säure soll demnach betragen: 30,4 bis 30,6 · 0,016339 · 200 = 99,3 bis 100.

37. Tartarus stibiatus — Brechweinstein.

Darstellung. In einem Kolben übergießt man 40 g fein gepulvertes Antimontrisulfid mit 160 g arsenfreier Salzsäure und erhitzt im Sandbade anfangs gelinde, später energisch, bis keine Schwefelwasserstoffentwicklung mehr erfolgt. Nach etwa 2 Stunden ist alles bis auf einen geringen Rückstand gelöst. Man filtriert ab, laugt den Rückstand mit etwas weiterer Salzsäure aus und filtriert wiederum. Beide Filtrate werden in einer Retorte vereint und im Luftbade[1] destilliert. Als Vorlage dient ein Kolben mit Wasser. Zunächst gehen überschüssige Salzsäure und Arsentrichlorid über (Arsen ist dem Antimontrisulfid stets beigemengt). Schließlich geht bei 223° Antimontrichlorid über. Diesen Punkt erkennt man daran, daß das Filtrat beim Eintropfen in reines Wasser eine starke Trübung erzeugt. Man bricht sogleich die Destillation ab und gießt die in der Retorte verbliebene Antimontrichloridlösung in zwei Liter heißes Wasser. Man läßt den entstandenen weißen Antimonoxychloridniederschlag absetzen, wäscht ihn einige Male durch Dekantieren mit heißem Wasser aus und behandelt ihn in einer Porzellanschale auf dem Wasserbade mit einer heißen Natriumkarbonatlösung bis zur alkalischen Reaktion. Es findet hierbei Kohlensäureenwicklung statt. Der auf diese Weise in metantimonige Säure umgewandelte Niederschlag wird in der Porzellanschale einige Male mit destilliertem Wasser ausgewaschen und dann auf dem Wasserbade zur Trockne verdampft.

5 g des so erhaltenen weißen Pulvers (Antimontrioxyd) werden mit 6 g reinem, kalkfreiem Weinstein gemischt und in einer Porzellanschale in 60 g siedendes Wasser eingetragen. Es erfolgt ziemlich rasch Lösung. Letztere wird noch einige Zeit unter Ersatz des verdampfenden Wassers im Sieden erhalten und heiß filtriert. Zur Vermeidung einer vorzeitigen

---

[1] Die Retortenkugel wird zu diesem Zwecke in einen zum Teil mit Asbest ausgefüllten Eisentrichter eingesetzt und letzterer dann mit einer Bunsenflamme erhitzt.

Kristallisation wärmt man Filter und Aufnahmegefäß mit heißem Wasser vor. Man wäscht mit etwas heißem Wasser nach, dampft das Filtrat auf dem Wasserbade bis zur Bildung einer Salzhaut ein und stellt zur Kristallisation an einen kühlen Ort. Der auskristallisierende Brechweinstein wird auf einem Filter gesammelt, mit etwas kaltem Wasser nachgewaschen und bei gelinder Temperatur zwischen Filtrierpapier getrocknet. Die Mutterlauge kann durch weiteres Einengen nochmals zur Kristallisation gebracht werden.

Betrachtung. Der sich hier abspielende Gesamtchemismus läßt sich in zwei Teile zergliedern. Der erste, der anorganische Teil, umfaßt die Gewinnung des Antimontrioxyds, der zweite, organische Teil die Umsetzung des Antimontrioxyds mit Kaliumbitartrat (Weinstein) zu Antimonyl-Kaliumtartrat (Brechweinstein).

I. a) Antimontrisulfid (Grauspießglanzerz) wird durch Salzsäure unter Schwefelwasserstoffentwicklung zu Antimontrichlorid gelöst:

$$Sb_2S_3 + 6\,HCl \rightarrow 2\,SbCl_3 + 3\,H_2S$$

Antimontrisulfid	Chlorwasserstoff	Antimontrichlorid	Schwefelwasserstoff

b) Antimon gehört nach seiner Einordnung in das „Periodische System" zur fünften Gruppe, der sogenannten Stickstoffgruppe. Bei Besprechung dieses Systems (s. Bismut. subnitr.) haben wir die fünfte Gruppe eingehend erörtert. Wir sahen, daß Antimon in seinen Oxydverbindungen sowohl schwach sauren wie schwach basischen Charakter bekundet. Letzterer äußert sich darin, daß Antimontrioxyd sich in Salzsäure zu Antimontrichlorid löst. Dieses salzsaure Salz erleidet aber, wie wir bei der Darstellung beim Eintragen der Antimontrichloridlösung in heißes Wasser an der Fällung eines weißen Niederschlages erkennen konnten, durch Wasser eine teilweise hydrolytische Spaltung zu Antimonoxychorid (Algarotpulver):

$$SbCl_3 + H_2O \rightarrow SbOCl + 2\,HCl$$

Antimontrichlorid	Wasser	Antimonoxychlorid	Chlorwasserstoff

c) Mit Natriumkarbonat erfolgt Umsetzung zu metantimoniger Säure unter Kohlensäureentwicklung:

$$2\,SbOCl + Na_2CO_3 + H_2O \rightarrow 2\,SbOOH + 2\,NaCl + CO_2$$

Antimonoxychlorid	Natriumkarbonat	Wasser	Metantimonige Säure	Natriumchlorid	Kohlendioxyd

d) Beim Eindampfen zur Trockne verliert die metantimonige Säure Wasser und geht in Antimontrioxyd über:

$$2\,SbOOH \rightarrow Sb_2O_3 + H_2O$$

Metantimonige Säure	Antimontrioxyd	Wasser

II. Da wir es bei der weiteren Umsetzung mit einem weinsauren Salze zu tun haben, erscheint es zweckdienlich, die Struktur der Weinsäure, ihre optischen Erscheinungen und deren Begleitumstände — Asymmetrie des Kohlenstoffs — kurz zu erörtern.

Die Weinsäure ist eine zweibasische Dioxysäure, d. h. sie enthält zwei Karboxyl (COOH)- und zwei Hydroxyl (OH) - Gruppen. Von der zweibasischen Bernsteinsäure, der Äthylendikarbonsäure, leitet sie sich derart ab, daß in jeder Methylengruppe (CH_2) je ein Wasserstoffatom durch eine Hydroxylgruppe ersetzt ist. Die Weinsäure ist also eine Dioxybernsteinsäure:

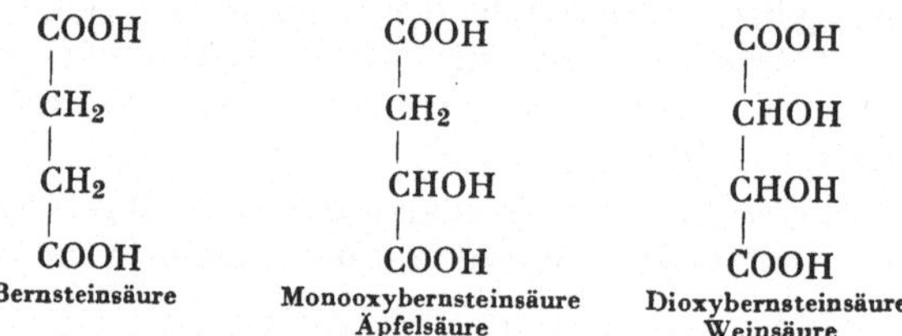

Von der Weinsäure sind vier Arten bekannt, die die gleiche Strukturformel zeigen. Nach einer physikalischen Eigenschaft hin besonders unterscheiden sie sich voneinander, nämlich durch ihr Verhalten dem geradlinig polarisierten Lichtstrahl gegenüber (Polarisiertes Licht entsteht durch Brechung oder Reflexion, s. physik. Lehrbuch), indem eine der vier Weinsäurearten den Strahl nach rechts, eine andere nach links abwendet oder dreht, die zwei übrigen auf den Strahl nicht einwirken. Es gibt also zwei optisch aktive und zwei optisch inaktive Weinsäuren, und zwar Rechtsweinsäure, Linksweinsäure einerseits, Traubensäure, Antiweinsäure andererseits.

van't Hoff hat erkannt, daß nur Stoffe mit einem asymmetrischen Kohlenstoffatom in Lösungen oder in Dampfform optisch aktiv sein können, d. h. einem Kohlenstoffatom, dessen vier Bindungseinheiten mit vier unter sich verschiedenen Atomen oder Atomgruppen verbunden sind.

Es kommen aber vielfach Verbindungen mit einem asymmetrischen Kohlenstoffatom vor, die weder rechts noch links drehen, sondern optisch inaktiv sind. Derartige Verbindungen, die durch gewisse Methoden, auf die hier nicht näher eingegangen werden kann, in ihre optischen Antipoden zu trennen und demnach als ein Gemisch aus gleichen Teilen der beiden letzteren zu betrachten sind, bezeichnet man als razemische Verbindungen, weil Pasteur diese Erscheinung zuerst an der Traubensäure (s. u.) — Acidum racemicum — beobachtet hat.

Gemäß ihrer Strukturformel besitzt die Weinsäure zwei gleichwertige asymmetrische Kohlenstoffatome, die durch * bezeichnet sind; die Horizontale teilt das Molekül in zwei gleichwertige Gruppen:

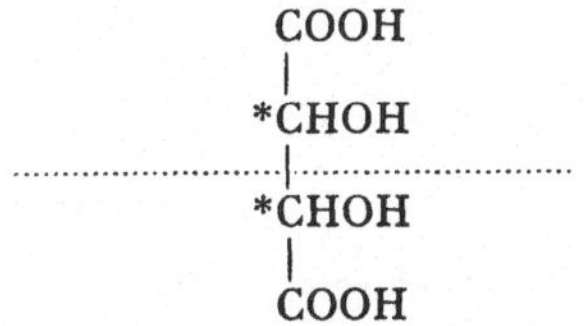

Auf Grund der verschiedenen räumlichen Anordnung von H und OH um die beiden asymmetrischen C-Atome ergeben sich folgende vier räumliche oder Stereoisomeriefälle:

1. Beide asymmetrischen C-Atome drehen rechts = Rechtsweinsäure.

2. Beide asymmetrischen C-Atome drehen links = Linksweinsäure.

3. Gemisch von 1 und 2 = Traubensäure, inaktiv, trennbar in die beiden optischen Antipoden.

4. Das obere C-Atom dreht rechts, das untere links, oder umgekehrt = Anti- oder Mesoweinsäure, inaktiv. Da hier die Inaktivität durch die Atomlagerung im Molekül selbst bedingt ist, läßt sich die Antiweinsäure nicht in Links- und Rechtsweinsäure trennen.

Die pharmazeutische Verwendung findende Weinsäure ist die Rechtsweinsäure und deren saures Kaliumsalz der bei unserem Präparate zur Anwendung gelangte Weinstein.

Die Umsetzung zwischen Antimontrioxyd als Anhydrid der einwertigen metantimonigen Säure $SbO \cdot OH$ und dem Kaliumbitartrat erfolgt derart, daß $SbO \cdot OH$ analog KOH als Base fungiert und das „Antimonyl"[1]-Salz des Kaliumbitartrats entstehen läßt:

$$KOOC \cdot (CHOH)_2 \cdot COOH + HO \cdot SbO \rightarrow KOOC \cdot (CHOH)_2 \cdot COO \cdot SbO + H_2O$$

Weinstein　　　　Metantimonige Säure　　　　Antimonyl-Kaliumtartrat　　　　Wasser

Eigenschaften. Der Brechweinstein bildet große, wassserhelle, rhombische Oktaeder oder Tetraeder oder ein weißes kristallinisches Pulver. In Wasser ist er ziemlich leicht löslich und reagiert in wässeriger Lösung schwach sauer infolge teilweiser hydrolytischer Spaltung (s. d.):

$$COO \cdot SbO + H_2O \rightleftarrows COOH + HO \cdot SbO$$

In Weingeist ist der Brechweinstein unlöslich. Von dieser Eigenschaft macht man wie beim Ferrum sulfuricum Gebrauch zur Gewinnung eines lockeren, schneeweißen, aus mikroskopischen Kristallen bestehenden Pulvers durch Eintragen einer wässerigen Brechweinsteinlösung in Alkohol. Der Brechweinstein kristallisiert mit $^1/_2$ Mol. Kristallwasser; seine Formel ist daher:

$$KOOC \cdot (CHOH)_2 \cdot COOSbO \cdot {}^1/_2 H_2O$$

Brechweinstein

Prüfung.

1. Identitätsreaktion auf antimonylweinsaures Salz:

Die wässerige Brechweinsteinlösung gibt mit Kalkwasser einen weißen, in Essigsäure löslichen Niederschlag von Kalziumantimonyltartrat:

---

[1] Die einwertige SbO-Gruppe heißt Antimonyl.

$$2\ (CHOH)_2\!<\!\genfrac{}{}{0pt}{}{COOK}{COOSbO} + Ca(OH)_2 \rightarrow \left(\begin{array}{c}COO\\|\\(CHOH)_2\\|\\COOSbO\end{array}\right)_2 Ca + 2\ KOH$$

Brechweinstein   Kalzium-hydroxyd   Kalzium-antimonyltartrat   Kalium-hydroxyd

2. Identitätsreaktion auf Antimonsalz:

a) Beim Versetzen einer wässerigen Brechweinsteinlösung mit Salzsäure entsteht zunächst weiße Ausscheidung von Antimonoxyd, das sich in überschüssiger Salzsäure zu Antimontrichlorid löst:

α) $2\ KOOC \cdot (CHOH)_2 \cdot COOSbO + 2\,HCl + H_2O \rightarrow$
Brechweinstein   Chlor-wasserstoff   Wasser

$$\rightarrow 2\ HOOC \cdot (CHOH)_2 \cdot COOH + Sb_2O_3 + 2\,KCl$$
Weinsäure   Antimon-trioxyd   Kalium chlorid

β) $Sb_2O_3 + 6\,HCl \rightarrow 2\,SbCl_3 + 3\,H_2O$
Antimon-trioxyd   Chlor-wasserstoff   Antimon-trichlorid   Wasser

b) Die mit Salzsäure angesäuerte wässerige Lösung des Präparates gibt mit Schwefelwasserstoffwasser oder Natriumsulfidlösung einen orangeroten Niederschlag von Antimontrisulfid. Antimon gehört vom Gesichtspunkte der Analyse aus zur Schwefelwasserstoffgruppe, d. h. zu den Elementen, die aus ihren Verbindungen in saurer Lösung durch Schwefelwasserstoff als Sulfide gefällt werden:

$$2\,SbCl_3 + 3\,H_2S \rightarrow Sb_2S_3 + 6\,HCl$$
Antimon-trichlorid   Schwefel-wasserstoff   Antimon-trisulfid   Chlor-wasserstoff

3. auf Arsenverbindungen (s. Darstellung):

Die Lösung von 1 g Brechweinstein in 2 ccm Salzsäure darf nach Zusatz von 4 ccm Natriumhypophosphitlösung und viertelstündigem Erhitzen im siedenden Wasserbade keine dunklere Färbung annehmen. Arsenverbindungen werden zu elementarem Arsen reduziert (s. S. 68).

Arsen würde mit Weinstein eine analoge Verbindung bilden und als Arsenyl-Kaliumtartrat $KOOC \cdot (CHOH)_2 \cdot COOAsO$ zugegen sein. Durch die Salzsäure würde diese Verbindung dann in gleicher Weise zerlegt werden wie der Brechweinstein (s. Prüfung 2).

4. Gehaltsbestimmung:

Die Gehaltsbestimmung geschieht in analoger Weise wie die des Arsens in Liquor Kalii arsenicosi (s. d.). Die dreiwertige Form des Antimons im Brechweinstein wird durch Jod zu der fünfwertigen Form (Sb_2O_5) oxydiert: $Sb_2O_3 + 2\,H_2O + 4\,J \rightleftarrows Sb_2O_5 + 4\,HJ$
Antimon-trioxyd   Wasser   Jod   Antimon-pentoxyd   Jod-wasserstoff

0,5 g Brechweinstein und 0,5 g Weinsäure (letztere soll verhindern, daß durch den nachfolgenden Zusatz von Natriumbikarbonat Antimonoxyd gefällt wird) werden in 100 g Wasser gelöst und nach Zusatz von 5 g Natriumbikarbonat (zur Bindung des einen rücklaufenden Prozeß bewirkenden Jodwasserstoffes: $NaHCO_3 + HJ \rightarrow NaJ + CO_2 + H_2O$) und etwas Stärkelösung als Indikator mit $N/_{10}$-Jodlösung bis zur dauernden Blaufärbung titriert. Es sollen mindestens 29,8 ccm $N/_{10}$-Jodlösung verbraucht werden.

Gemäß obiger Gleichung sind 4 Atome Jod = 2 Mol. Brechweinstein äquivalent. Mithin entspricht 1 ccm $N/_{10}$-Jodlösung

$$= \frac{1/_2 \text{ Mol. Brechweinstein} = \dfrac{333,9}{2}}{10 \cdot 1000} = 0,016695 \text{ g.}$$

Der Mindest-Prozentgehalt soll mithin betragen:
$$29,8 \cdot 0,016695 \cdot 200 = 99,5.$$

38. Sapo medicatus — Medizinische Seife.

Darstellung. In einer Porzellanschale werden 120 g Natronlauge (Dichte 1,17 = 15 % NaOH) auf dem Wasserbade erhitzt und mit einem geschmolzenen Gemisch von 50 g Schweineschmalz und 50 g Olivenöl versetzt. Die bräunliche Mischung wird $1/_2$ Stunde unter Umrühren erhitzt, und es werden dann 12 g Weingeist hinzugegeben. Man erhitzt auf vollem Dampfbade unter ständigem, langsamem Umrühren noch 1 bis 2 Stunden, bis die Seifenbildung vollendet ist, d. h. bis die Masse ein gleichmäßiges, gebundenes Aussehen erhalten hat und kein unverseiftes Fett mehr zu erkennen ist. Man setzt nun 200 g heißes destilliertes Wasser hinzu, es muß sich ein durchsichtiger, zäher Seifenleim bilden, der sich in heißem destilliertem Wasser klar löst ohne Abscheidung von Fetttröpfchen. Entsteht eine trübe Lösung, die auch beim Versetzen mit weiteren Mengen heißen destillierten Wassers nicht klar wird, so ist die Seifenbildung nicht vollständig, und es muß unter Zugabe von Natronlauge weiter erhitzt werden. Sobald die Verseifung vollendet ist, setzt man eine Lösung von 25 g magnesiumchloridfreiem Kochsalz in 80 g Wasser hinzu — Magnesium bildet unlösliche Magnesiumseife; bei Verwendung gewöhnlichen Kochsalzes löst man 25 g hiervon mit etwa 3 g Natriumkarbonat in 80 g Wasser und filtriert vom ausgeschiedenen basischen Magnesiumkarbonat ab — und hält die Mischung noch einige Zeit warm, damit die Seife sich an der Oberfläche sammeln kann. Nach dem Erkalten hebt man den an der Oberfläche schwimmenden erstarrten Kuchen ab, wäscht ihn mehrmals mit destilliertem Wasser und preßt ihn zwischen Tüchern gut aus. Nach dem Trocknen im Trockenschrank pulverisiert man die Seife und wiederholt das Trocknen.

Betrachtung. Zum Verständnis des Chemismus bei der Seifenbildung ist es notwendig, sich zunächst über die Zusammensetzung der Fette und

Öle klar zu sein. Bei den Präparaten „Aether aceticus" und „Mixtura sulfurica acida" haben wir die Ester kennengelernt. Die Fette und Öle sind analoge Verbindungen, sie sind die Ester des dreiwertigen Alkohols Glyzerin CH_2OH — $CHOH$ — CH_2OH mit den höheren gesättigten Fettsäuren, vor allem Palmitinsäure $C_{16}H_{32}O_2$, Stearinsäure $C_{18}H_{36}O_2$ und ungesättigten Säuren, wie Ölsäure $C_{18}H_{34}O_2$, Linolsäure $C_{18}H_{32}O_2$ (im Leinöl) u. a. Da nun vor allem die ersteren in unseren Fetten vorkommen, so bezeichnet man diese gesättigten Säuren und ihre Homologen[1] auch als Fettsäuren und die ganze homologe Reihe, beginnend mit der·Ameisensäure, als Fettsäurereihe.

Die Fette und Öle selbst als Ester des Glyzerins werden auch G l y z e r i d e genannt.

Die Spaltung der Fette in ihre Komponenten Säure und Glyzerin kann durch heiße Wasserdämpfe, durch Säuren und durch Basen (Kalk, Alkali) erfolgen. Sie läßt sich durch folgende Gleichung veranschaulichen:

$$
\begin{array}{llll}
CH_2 \cdot OOC_{18}H_{35} + Na\,OH & CH_2OH \\
| & | \\
CH \cdot OOC_{18}H_{35} \quad Na\,OH \rightarrow & CHOH + 3\,C_{18}H_{35}O_2Na \\
| & | \\
CH_2 \cdot OOC_{18}H_{35} \quad Na\,OH & CH_2OH
\end{array}
$$

Stearinsäure-Glyzerinester, Tristearin	Natrium-hydroxyd	Glyzerin	Seife, Stearinsaures Natrium

Ein im Rizinussamen sich vorfindendes Ferment[2] „R i z i n" bewirkt ebenfalls Spaltung im gleichen Sinne und wird technisch verwendet.

Wird die Spaltung der Fette durch Alkali bewirkt, so entstehen neben Glyzerin die Alkalisalze der Fettsäuren und verwandter Säuren, die unsere Seifen darstellen. Nach diesen Spaltungsprodukten bezeichnet man den Spaltungsvorgang selbst V e r s e i f u n g. Dieser Ausdruck gilt aber im chemischen Sinne nicht so streng und ist nicht so eng begrenzt, er wird gebraucht auch für andere ähnliche Spaltungsvorgänge, auch wenn dabei keine Seifen entstehen. (Spaltung von Salzen, Säurechloriden, Säureamiden usw., überhaupt sämtliche hydrolytischen Vorgänge.)

Die Konsistenz der Seifen ist abhängig von der Natur sowohl der Fett- und verwandter Säuren, wie vor allem aber von der Natur der Alkalien. Was die ersteren anbelangt, so liefern Talg und Fett die härteren, Öle dagegen die weicheren Ölseifen. Hinsichtlich der Alkalien unterscheidet

---

[1] Organische Verbindungen, die große Ähnlichkeit in ihrem chemischen Verhalten zeigen und in ihren Formeln wie bei den gesättigten Säuren (Fettsäuren) um CH_2 oder ein Vielfaches hiervon differieren, nennt man h o m o l o g.

[2] F e r m e n t e (fermentatio = Gärung) oder E n z y m e ($\zeta\acute{v}\mu\eta$ = Sauerteig) sind im Pflanzen- und Tierkörper vorkommende, zur Klasse der Eiweißstoffe gehörende kolloide Katalysatoren mit spezifisch aufbauender oder spaltender Wirkung. Das intakte, auch H o l o e n z y m genannte Enzym besteht aus dem Träger, dem A p o e n z y m (Eiweißstoff) und der prosthetischen (hinzugefügten) oder Wirkgruppe, dem C o e n z y m.

man zwei wichtige Gruppen von Seifen: die Kali- oder Schmier-
seifen bei Verwendung von Kalilauge und die Natron- oder festen
Seifen (Kernseifen) bei Verwendung von Natronlauge zur Verseifung.

Die Kaliseifen (Silberseifen, grüne, schwarze Seife) werden aus Hanföl,
Leinöl, Tran, Fettabfällen usw. und Kali erhalten. Sie enthalten neben dem
fettsauren Kali mehr oder weniger freies Kali, das gebildete Glyzerin und
viel Wasser. Über neutrale Seifen und Verseifungs-(Koettstor-
fer-)zahl s. Nachtrag S. 226.

Zur Reindarstellung der Natronseifen benutzt man ihre Eigenschaft, in
mehr als 5 proz. Kochsalzlösungen unlöslich zu sein. Sie werden mittels
konzentrierter Kochsalzlösung ausgesalzen und scheiden sich im geschmolzenen Zustande an der Oberfläche der Lauge ab, wie wir es bei
unserem Präparate beobachten konnten. Das gebildete Glyzerin und
etwaiges Alkali bleiben in der Lauge zurück, die Seife besteht aus reinem
fettsaurem Natron und enthält Wasser, dessen Gehalt bei den einzelnen
Toiletteseifen schwankt.

Bei der Großherstellung der Seifen geht man vielfach statt von den
Fetten und Ölen selbst von deren freien Fettsäuren aus, die man durch
Fettspaltung mit Säuren, Rizin usw. erhält. Die Umsetzung zu Seifen erfolgt dann in schnellerer und billigerer Weise mit Natrium- bzw. Kaliumkarbonat.

Die Seifenlösungen sind als kolloide Lösungen aufzufassen.

Hieran anschließend sei etwas über die reinigende Wirkung der Seifen
erwähnt. Die freie Alkalität, die bei der hydrolytischen Spaltung der
Seifen entsteht, ist so gering, daß ihr nur eine untergeordnete Bedeutung
zukommt. Wesentlich für die Waschwirkung erscheint dagegen die
„Oberflächenaktivität" der Seifen zu sein, d. h. ihre Fähigkeit, die
Oberflächenspannung des Wassers erheblich herabzusetzen, sich an der
Grenzfläche anzureichern und damit einen beständigen Schaum zu bilden.
Durch die Herabsetzung der Oberflächenspannung kann die Seifenlösung
besser kapillarisch eindringen und die Verunreinigungen entfernen.

Da die Kalksalze der Fettsäuren in Wasser unlöslich sind, so gibt
Wasser, das reich an Kalksalzen, ein sog. hartes Wasser ist, mit Seife
flockige Niederschläge von fettsaurem Kalk. Solches Wasser gibt keinen
Schaum und ist zum Waschen wenig geeignet, zudem auch das Alkali durch
die Säuren der Kalisalze (Kohlensäure, Schwefelsäure) gebunden ist.

Eigenschaften. Medizinische Seife ist weiß, nicht ranzig, in Wasser
und Weingeist klar löslich.

Prüfung.

1. auf unzulässige Mengen freien Alkalis:
Die durch gelindes Erwärmen hergestellte weingeistige Lösung des
Präparates (1 + 19) darf nach Zusatz von 0,5 ccm $N/_{10}$-Salzsäure durch
einige Tropfen Phenolphthaleinlösung nicht gerötet werden. Das Arznei-

buch gestattet damit bis 0,2 % freies Natriumhydroxyd, einen Gehalt, der reichlich hoch ist.

2. auf S c h w e r m e t a l l s a l z e :

Die saure weingeistige Lösung nach 1 darf durch Schwefelwasserstoffwasser oder 3 Tropfen Natriumsulfidlösung nicht verändert werden. Schwermetallsalze fallen als Sulfide aus:

$$\text{Me Salz} + H_2S = \text{Me S} + \text{Säure}$$

Schwefel- Metall-
wasserstoff sulfid

3. G e h a l t s b e s t i m m u n g :

Vor allem interessiert bei Seifen der Gehalt an Fettsäuren.

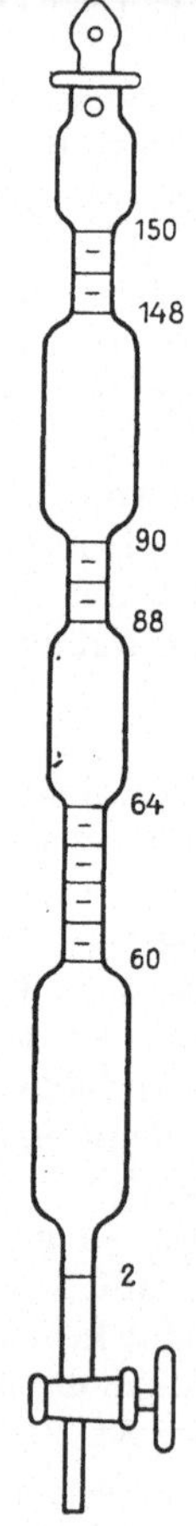

Abb. 54.
Huggenbergsche Seifenbürette.

In einem Bechergläschen erhitzt man auf dem Drahtnetze unter Umrühren 4 bis 5 g Seife in 10 bis 15 ccm Wasser, bis sich die Seife größtenteils gelöst hat. Dann fügt man 5 ccm konzentrierte Salzsäure (1,19) hinzu und erhitzt weiter auf dem Drahtnetze oder durch Einhängen des Bechergläschens in ein Dampfbad, bis die Seife sich völlig zersetzt hat und die auf dem wässerigen Salzsäureanteil schwimmende Fettsäureschicht ganz klar geworden ist. Man läßt etwas erkalten und gießt, bevor die Fettsäuren erstarren, in einen Scheidetrichter. Mit etwa 40 ccm Äther oder niedrig siedendem Petroläther wäscht man in kleinen Anteilen mehrmals 'das Bechergläschen aus, wobei Filtrierpapierreste das Reinigen erheblich erleichtern. Wenn alles in den Scheidetrichter gegeben ist, schüttelt man gut aus, läßt nach klarer Trennung beider Flüssigkeitsschichten die untere in einen zweiten Scheidetrichter ab und schüttelt sie nochmals mit 20 ccm Äther bzw. Petroläther aus. Die im ersten Scheidetrichter vereinigten zwei Ausschüttelungen wäscht man mit etwa 15 ccm wenigprozentiger Kochsalzlösung aus, läßt diese nach völliger Klärung ab und filtriert die Fettsäurelösung durch ein Filter, in das man etwas wasserfreies Natriumsulfat gebracht hat, in ein gewogenes 150-ccm-Kölbchen. Scheidetrichter und Filter wäscht man gründlich mit Äther (Petroläther) aus, destilliert auf dem Wasserbade den Äther (Petroläther) ab, trocknet $^1/_2$ Stunde bei 100 bis 105° und wägt nach völligem Erkalten im Exsikkator.

$$\frac{\text{Gef. g. Fetts.} \cdot 100}{\text{Einwaage}} = \text{Proz.-Geh. an Fettsäuren.}$$

Statt des Scheidetrichters kann vorteilhaft die H u g g e n b e r g sche Seifenbürette verwandt werden (Abb. 54). Sie ist graduiert, man bringt mit ihr einen aliquoten Teil der gesamten volummäßig abgelesenen ätherischen Fettsäurelösung zur weiteren Verarbeitung und kann mit einer Einwaage 2 bis 3 Kontrollbestimmungen durchführen.

Bestimmungsfehler beruhen weniger, wie vielfach angenommen wird, auf der Flüchtigkeit der Fettsäuren beim Trocknen als auf deren mehr oder weniger großen Wasserlöslichkeit. Die Seife löse man daher in möglichst wenig Wasser auf. Bei obiger Arbeitsweise wird die Fehlerquelle weitgehendst ausgeschaltet.

39. Wasserhaltige Salben, Kreme (Emulsionen), Triäthanolamin-Seifen.

Darstellung.

I. Triäthanolamin-Stearat-Krem   (Wasser-in-Öl-Emulsion-Typ, siehe unten):

Stearinsäure	15,0 Teile,
Wollfett	2,0 Teile,
Glyzerin	7,0 Teile,
Triäthanolamin	1,0 Teile,
Wasser	75,0 Teile.

Stearin, Wollfett und etwaige weitere einzuverleibende Fette und Öle werden im siedenden Wasserbade geschmolzen, andererseits werden Triäthanolamin, Glyzerin und Wasser gemischt und siedendheiß unter Umrühren in die Fettschmelze gegeben. Es wird bis zum Erkalten gerührt.

II. Tegin-Krem (Emulsion-Typ wie I):

Tegin (Goldschmidt-Essen)	10,0 Teile,
Weißes Wachs	2,5 Teile,
Walrat (oder Cetylalkohol)	2,5 Teile,
Glyzerin	5,0 Teile,
Wasser	80,0 Teile.

Sämtliche Bestandteile werden zugleich in einem Gefäß im siedenden Wasserbade bis zum Schmelzen der festen Stoffe erhitzt und bis zur Emulgierung verrührt. Man läßt unter häufigerem Rühren erkalten. Sollte keine homogene Bindung erfolgt sein, muß nochmals erhitzt werden.

III. Protegin-Krem (Öl-in-Wasser-Emulsion-Typ, s. u.):

Protegin (Goldschmidt-Essen)	30,0 Teile,
Wollfett	3,0 Teile,
Weißes Vaselin	5,0 Teile,
Glyzerin	5,0 Teile,
Wasser	57,0 Teile.

Protegin, Wollfett und Vaselin werden bei 40 bis 50° geschmolzen und unter kräftigem Rühren in kleinen Anteilen mit dem auf gleiche Temperatur gebrachten Glyzerin-Wasser-Gemisch bis zur Emulgierung versetzt. Bis zum Erkalten wird weiter gerührt.

Diese drei Vorschriften sind Beispiele neuzeitlicher Präparate, die neben ihrer Verwendung als Kosmetika auch als Salbengrundlagen dienen. Die mannigfachsten Variationen und Kombinationen sind hier gegeben. Man kann u. a. auch die Emulgatoren (s. u.) Triäthanolamin und Tegin vereinen, nicht dagegen die antagonistisch sich verhaltenden Emulgatoren Tegin und Triäthanolamin einerseits und Protegin andererseits. Einzuverleibende Medikamente löst man zuvor je nach ihrer Natur im Ansatzwasser oder in dem fettigen Anteil (Stearinsäure, Protegin), oder man verarbeitet sie, falls unlöslich, später mit dem fertigen Krem als Grundlage. Es gibt aber auch unverträgliche Zusatzstoffe für den einen oder anderen Krem-Typ. So verträgt der Tegin-Krem keine Elektrolyten, wie Borax, Bor- und Salizylsäure.

Betrachtung. Feine Verteilungen einer Substanz in einer anderen, dem Dispersionsmittel, bezeichnet man als „disperse (heterogene) Systeme". Nach ihrem Verteilungs- (Dispersitäts-) grad kennt man:

1. Suspensionen mit einer Teilchengröße zwischen 10—1 μ (1 μ = 0,001 mm), mit freiem Auge bzw. Mikroskop gut sichtbar.

2. Emulsionen mit einer Teilchengröße zwischen 1—0,2 μ, mikroskopisch noch erkennbar.

3. Kolloide Lösungen (s. S. 123) mit einer Teilchengröße zwischen 0,2—0,001 μ = 200—1 mμ (1 mμ = 0,000001 mm). Die Kolloide sind das Verbindungsglied zu den in Molekülen verteilten Substanzen, den echten Lösungen, den homogenen Systemen.

Das Dispersionsmittel ist meist flüssig, es kann auch fest (Rubinglas = Glas + koll. Gold) oder gasförmig sein (Aerosole, z. B. Rauch = Gase + Kohleteilchen).

Wir haben es hier mit Emulsionen zu tun. Bei ihnen ist von zwei ineinander nicht oder schwer löslichen Flüssigkeiten die eine, die innere oder disperse Phase, als kleine Kügelchen in der anderen, der äußeren oder geschlossenen Phase = Dispersionsmittel, verteilt. Ist die disperse Phase ein fester Körper, dann spricht man von Dispersionen.

Emulsionen (von emulgere = ausmelken, da die Milch eine natürliche Emulsion darstellt) bestehen aus einer öligen und einer wässerigen Phase. Herrscht mengenmäßig die wässerige Phase vor, so spricht man von „Öl-in-Wasser-Emulsionen" (obige Präparate I und II, ferner die Ölemulsionen des DAB). Ist dagegen die ölige Phase überwiegend, so erhält man „Wasser-in-Öl-Emulsionen" (Butter, Lanolin, Cold Cream und die Emulsionen auf Proteginbasis gemäß obigem Präparat III).

Zur Herbeiführung und Stabilisierung der Emulsionen dienen Emulgiermittel, die zwischen der öligen und wässerigen Phase einen das Zusammenfließen gleichphasiger Tröpfchen verhindernden Film bilden. Die Stabilität ist auch weitgehend abhängig von der Teilchengröße, sie wird umso besser und damit auch die Farbe reiner weiß, je mehr sich die Emulsion in ihrem Feinheitsgrad den echten Lösungen nähert. Diesem Zweck dient das „Homogenisieren" in besonderen Homogenisiermaschinen.

Als Emulgiermittel (Emulgatoren) dient eine große Zahl von Stoffen, wie Stärke, Dextrin, Gummiarten, Traganth, Eiweißstoffe, künstliche Zelluloseprodukte (Tylose, Adulsion), Seifen und die ihnen verwandten fettsauren Salze von Aminen, wie Triäthanolamin (Präparat I), weiter Tegin (Fettsäureester des Glykols $HOH_2C\text{—}CH_2OH$), Protegin (Präparate II und III) und ähnliche Erzeugnisse.

Nach phonochemischen ($\varphi\omega\nu\acute{\eta}$ = Stimme, Laut) Forschungen können Ultraschallwellen[1] bei energischer Einwirkung die Rolle der Emulgatoren übernehmen und dauerhafte Emulsionen liefern.

Im Dunkelfeld des Ultramikroskops zeigen die dispersen Teilchen einer Emulsion eine mit dem Feinheitsgrad zunehmende — „Brownsche" — Bewegung.

Das wegen seiner weitgehenden Verwendung Bedeutung beanspruchende Triäthanolamin ist ein tertiäres Amin (s. S. 161) der Formel: $N(CH_2\text{—}CH_2OH)_3$. Das meist Verwendung findende technische Produkt enthält noch 15 bis $20^0/_0$ Mono- und Diäthanolamin und ist eine viskose, schwachgelbliche Flüssigkeit von stark basischem Charakter. Dieser reicht aber nicht aus, Fette zu verseifen, dagegen bildet Triäthanolamin mit Fettsäuren Seifen (Triäthanolaminseifen), die als solche oder als Zusatz zu anderen Seifen oder wie bei unserm Präparat I als vorzügliche Emulgatoren Verwendung finden. Sie bilden sich wie folgt:

$$C_{17}H_{35}COOH + N(CH_2\text{—}CH_2OH)_3 \rightarrow N\underset{\diagdown H}{\overset{\diagup (CH_2\text{—}CH_2OH)_3}{\underset{}{-}OOC \cdot C_{17}H_{35}}}$$

Stearinsäure   Triäthanolamin   Triäthanolammoniumstearat

Um mit dem technischen Triäthanolamin bei seinem schwankenden Alkalitätsgrad neutrale Seifen herzustellen, hat man sinngemäß, wie bei Sapo medicatus (S. 177), erörtert, zuvor den Wirkungswert (Äquival. = Mol.-Gew.) des Triäthanolamins durch Titrieren mit N/Säure gegen Methylrot und weiter — statt der Verseifungszahl bei Fetten — hier die Säurezahl der Fettsäuren zu bestimmen.

Säurezahl ist die zur Neutralisation von 1 g Fett bzw. Fettsäure erforderliche Anzahl Milligramme KOH (Neutralisationszahl).

Zu seiner Bestimmung löst man von Fetten etwa 5 g (genau gewogen), von Fettsäuren etwa 2 g in 25 ccm eines neutralisierten Alkohol-Äther-Gemisches und titriert gegen Phenolphthalein bei Fetten mit $N/_{10}$, bei Fettsäuren mit $N/_2$ alkohol. Lauge.

---

[1] Der für den Menschen hörbare Schallbereich liegt zwischen den Schwingungen 16—20000/sec. Der Schallbereich unter 16 heißt Infraschall, der über 20 kHz (1 kHz = 1000 Schwingungen/sec) Ultraschall.

Beispiel:

1. 1,2500 g Triäthanolamin erfordern zur Neutralisation 9,05 ccm N/Säure.

Nach der Gleichung: $9,05 : 10500 = 1000 : x$ errechnet sich das Äquivalent = Mol.-Gewicht der Triäthanolamins zu rund 138.

2. 2,0500 g Fettsäure (Stearinsäure) erfordern zur Neutralisation 14,5 ccm $N/_2$ alkohol. Kalilauge. (1 ccm $N/_2$-Lauge = 28,1 mg KOH.)

$$\text{Säurezahl:} \frac{28,1 \cdot 14,5}{2,0500} = \text{rund } 199.$$

M. a. W.: 1 kg Stearinsäure erfordert zur Neutralisation (Seifenbildung) 199 g KOH oder, da 56 g KOH 138 g Triäthanolamin äquivalent sind,

$$56 : 138 = 199 : x, \quad x = 490 \text{ g Triäthanolamin.}$$

Zu der geschmolzenen und auf über 80° erhitzten Stearinsäure gießt man unter Umrühren das auf gleiche Temperatur erhitzte unverdünnte oder entsprechend dem gewünschten Wassergehalt der Seife verdünnte Triäthanolamin. Die Bindung tritt fast augenblicklich ein. Man rührt aber noch eine gewisse Zeit bis zu völliger Homogenität weiter.

Wasserfreie Triäthanolaminseifen sind u. a. auch in Benzin und Petroleum löslich.

40. Emplastrum Lithargyri — Bleipflaster.

Darstellung. Wo ein Dampfapparat mit gespannten Dämpfen zur Verfügung steht, kann man die nachfolgende Operation vorteilhaft auf einem solchen Apparat vornehmen, andernfalls erhitzt man über freiem Feuer, vermeide dann aber durch achtsames Umrühren ein Anbrennen der Pflastermasse.

In einem geräumigen kupfernen Kessel erhitzt man 1 kg Erdnußöl und 1 kg Schweineschmalz auf etwa 110°, was man daran erkennt, daß ein geringer Wasserzusatz ein Prasseln erzeugt. Man nimmt vom Feuer und gibt eine Anreibung von 1 kg gesiebter Bleiglätte mit 200 g heißem Wasser hinzu. Man arbeitet die Mischung gut durcheinander und erhitzt unter ständigem Umrühren mit einem hölzernen Spatel weiter. Nach einer Viertelstunde, eventuell schon eher, setzt man zum Ersatz des verdampfenden Wassers von Zeit zu Zeit (alle 5 Minuten) 25 bis 30 g Wasser hinzu. Wird bei der Wasserzugabe ein starkes Poltern und Knacken hörbar, so ist die Masse zu stark erhitzt. Man nimmt dann zum Abkühlen gleich vom Feuer. In dieser Weise fährt man fort. Die anfänglich rötliche Farbe geht über weißgrau in weißlich über. Die Pflasterbildung ist beendet, wenn eine Probe, in kaltes Wasser gegossen und zwischen den Fingern verarbeitet, keine klebrige, sondern eine völlig plastische Masse gibt. Dieser Punkt ist beim Erhitzen über freiem Feuer nach etwa $2^1/_2$ Stunden erreicht. Man läßt die Masse etwas erkalten, gießt sie in lauwarmes Wasser und knetet sie zur Befreiung von Glyzerin mehrmals mit frischem Wasser durch.

Wenn das Pflaster zum Streichen oder zur Bereitung anderer Pflaster dienen soll, so ist es durch weiteres Erhitzen im Dampfbade vom Wasser zu befreien.

Betrachtung. Die Bildung und die Zusammensetzung der Pflaster ist der der Seifen (s. Sapo medicatus) ganz analog. Wie bei der Seifenherstellung Alkalien als Basen, so werden bei der Pflastergewinnung die Oxyde des Bleies — hier Bleiglätte PbO — zur Verseifung der Fette verwandt. Den Seifen als Alkalisalzen stehen die Pflaster als Bleisalze der Fettsäuren und verwandter Säuren gegenüber.

Die Pflasterbildung läßt sich wie folgt formulieren:

$$CH_2 \cdot OOC_{18}H_{33} \qquad\qquad\qquad\qquad\qquad\qquad\qquad CH_2OH$$
$$2\ CH\ \cdot OOC_{18}H_{33} + 3\ PbO + 3\ H_2O \rightarrow 3\ Pb(C_{18}H_{33}O_2)_2 + 2\ CHOH$$
$$CH_2 \cdot OOC_{18}H_{33} \qquad\qquad\qquad\qquad\qquad\qquad\qquad CH_2OH$$

| Ölsäure-Glyzerinester Triolein | Bleioxyd | Wasser | Ölsaures Blei, Pflaster | Glyzerin |

Wie man ersieht, ist zur Verseifung und somit zur Pflasterbildung Wasser unerläßlich. Bei Mangel an letzterem und bei Überhitzung wird ein Teil des abgespaltenen Glyzerins zersetzt unter Abspaltung zweier Mol. Wasser und Bildung eines ungesättigten Aldehyds, des stechend riechenden Akroleins:

$$\begin{array}{ccc} & OH\ H & \\ & |\cdots\cdots| & \\ CH_2 & -\ C\ - & CHOH \\ & |\cdots\cdots| & \\ OH & H & \end{array}$$

Es würde zunächst eine Verbindung entstehen $CH_2 = C = CHOH$, die jedoch nach der Erlenmeyerschen Regel, wonach Stoffe mit einer an ein sekundäres Kohlenstoffatom (s. d.) gebundenen Hydroxylgruppe gewöhnlich unbeständig sind, in die isomere Verbindung, das Akrolein, übergeht:

$$CH_2 = CH - C\begin{smallmatrix}\diagup O \\ \diagdown H\end{smallmatrix}$$

Akrolein

Eigenschaften. Bleipflaster ist grauweiß bis gelblich, es darf keine unveränderte Bleiglätte enthalten.

41. Nitrobenzolum — Nitrobenzol.

Darstellung. In einem $^1/_2$-Liter-Kolben fügt man allmählich zu 150 g konzentrierter Schwefelsäure 100 g konzentrierte Salpetersäure (Dichte 1,4 = 65% HNO_3). Nach völligem Erkalten fügt man in kleinen Anteilen unter Kühlen durch Eintauchen in kaltes Wasser 50 g Benzol hinzu. Man versieht den Kolben mit einem Steigrohr und erwärmt im Wasserbade (in letzteres ein Thermometer eintauchend) eine Stunde auf 60°. Nach dem Erkalten werden beide Flüssigkeiten im Scheidetrichter getrennt, die obere enthält das Nitrobenzol, die untere ein Gemisch von Schwefelsäure und Salpetersäure. Zur Befreiung von Säure wird das Nitrobenzol drei- bis viermal im Scheidetrichter mit Wasser gut durchgeschüttelt (die untere Schicht enthält jetzt Nitrobenzol) und in einen trockenen Kolben abgelassen. Man fügt einige Kalziumchloridstückchen hinzu und erwärmt so lange auf dem Wasserbade, bis das Nitrobenzol klar geworden ist. Letzteres wird nun in einen Fraktionierkolben gegeben, der mit einigen Bimssteinstückchen beschickt ist, und zur Reinigung destilliert. Kp. 206 bis 207°.

Wegen des hohen Siedepunktes ist ein Wasserkühler nicht erforderlich, es genügt ein genügend langes Rohr.

Betrachtung. In ihrem Verhalten gegen starke Salpeter- und Schwefelsäure liegt u. a. ein charakteristisches Unterscheidungsmerkmal zwischen den aliphatischen und aromatischen[1] Kohlenwasserstoffen. Erstere verhalten sich gänzlich indifferent und heißen daher auch Paraffine (parum affinis). Die aromatischen Kohlenwasserstoffe werden dagegen durch obige Säuren leicht angegriffen. Bei Behandlung mit Salpetersäure treten je nach den Versuchsbedingungen, der Stärke der Säure, der Höhe der Temperatur eine oder gleich mehrere Nitrogruppen (NO_2) in den Benzolkern ein. Da dieser Nitrierungsvorgang mit Wasserabspaltung verbunden ist, mischt man als wasserentziehendes Mittel Schwefelsäure der Salpetersäure bei.

Bei obigen Versuchsbedingungen wird vornehmlich das Mononitrobenzol erhalten nach folgender Gleichung:

$$\text{Benzol} + \text{Salpetersäure} \rightarrow \text{Nitrobenzol} + H_2O$$

Da im Benzolkern alle Wasserstoffatome unter sich gleichwertig sind, ist es gleichgültig, welches Wasserstoffatom durch die Nitrogruppe ersetzt

---

[1] Die organische Chemie, die Kohlenstoffverbindungen, teilt man in zwei Hauptreihen ein:

1 in die aliphatische Reihe (ἄλειφαρ = Fett), vom Methan sich ableitend, durchweg kettenförmige Bindung, auch acyclische Reihe genannt,

2. in die aromatische oder cyclische Reihe, vom Benzol sich ableitend, ringförmige Bindung.

ist, und es kann nur eine Mononitroverbindung erhalten werden. Treten dagegen zwei Nitrogruppen in den Benzolkern ein (Dinitrobenzol), so sind verschiedene Substitutionen möglich und erhältlich, wie ganz klar aus den Konstitutionsformeln hervorgeht:

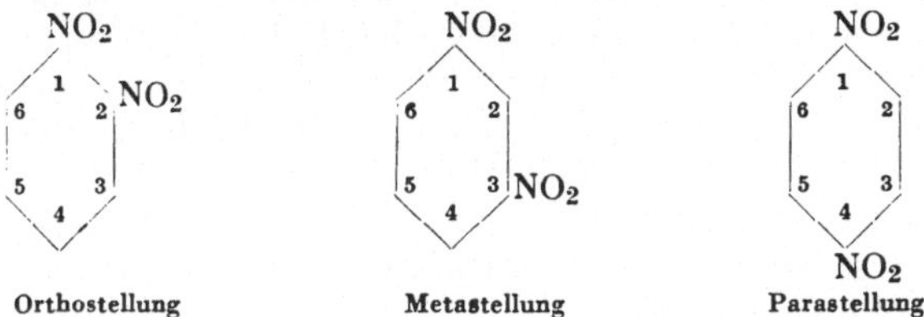

Orthostellung   Metastellung   Parastellung

Dabei ist Stellung $1:2 = 2:3$, $3:4$ usw., Stellung $1:3 = 2:4$, $3:5$ usw. und Stellung $1:4 = 2:5$, $3:6$.

Bei Trinitrobenzol sind ebenfalls drei Fälle möglich:

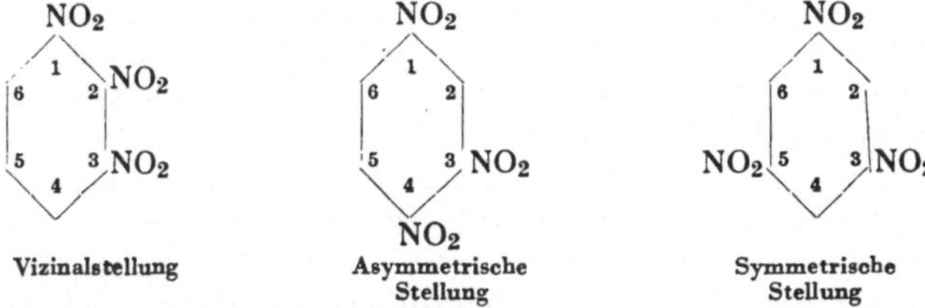

Vizinalstellung   Asymmetrische   Symmetrische
                           Stellung   Stellung

Eine solche Strukturverschiedenheit, die in der verschiedenen Anordnung der Atome im Molekül begründet liegt und bei gleicher prozentualer Zusammensetzung und bei gleichem Molekulargewicht verschiedenes chemisches und physikalisches Verhalten der betreffenden Körper verursacht, nennt man Isomerie und die betr. Verbindungen isomere Verbindungen.

Eigenschaften. Das Nitrobenzol bildet eine blaßgelbe, stark lichtbrechende Flüssigkeit von einem Geruch, der dem Bittermandelöl ähnelt. Es ist unlöslich in Wasser, leicht löslich in Weingeist und Äther.

Es findet keine therapeutische, sondern nur als Oleum Mirbani kosmetische Verwendung. Selbst hier ist große Vorsicht geboten. Wegen der Giftigkeit des Nitrobenzols verwechsle man mit ihm nicht den ungiftigen, ähnlich riechenden Benzaldehyd $C_6H_5C\begin{smallmatrix}\diagup O \\ \diagdown H\end{smallmatrix}$ oder das künstliche BittermandelöL Nitrobenzol hat besonders große technische Bedeutung (s. das folgende Präparat Anilin).

Prüfung.

Identitätsreaktion:

Erwärmt man in einem Reagenzglase Nitrobenzol mit Zinn und Salzsäure, macht mit Natronlage alkalisch und schüttelt mit Äther aus, so gibt der nach dem Verdunsten des Äthers hinterbleibende Rückstand die Anilinreaktionen (s. das folgende Präparat Anilin).

42. Anilinum — Anilin.

Darstellung. In einen etwa $1^1/_2$-Liter-Rundkolben bringt man 90 g granuliertes Zinn (erhältlich bei langsamem Eingießen geschmolzenen Zinnes in Wasser), 50 g Nitrobenzol und allmählich 200 g konzentrierte Salzsäure in Anteilen von etwa 20 g. Den Kolbenhals verbindet man mit einem Steigrohr. Nach dem Zusatz der Salzsäure findet heftige Reaktion statt, zur Milderung derselben taucht man den Kolben, sobald Sieden eintritt, in kaltes Wasser und fügt den nächsten Anteil Salzsäure erst zu, wenn die Reaktion bedeutend nachgelassen hat. Am Schluß kann man die Salzsäure in größeren Mengen zufügen. Schließlich erwärmt man noch etwa eine Stunde auf dem Wasserbade, um die Reaktion zu Ende zu führen.

Die warme Lösung versetzt man nun mit etwa 100 ccm Wasser und allmählich mit einer Lösung von 150 g Natriumhydroxyd in 200 g Wasser, wobei man zweckmäßig etwas kühlt. Die Mischung wird nun der Wasserdampfdestillation (s. d.) unterworfen, wobei das Anilin als farbloses Öl mit den Wasserdämpfen übergeht und sich unter dem Wasser ansammelt. Die Beendigung der Destillation erkennt man daran, daß das Destillat nicht mehr milchig, sondern wasserhell übergeht. Das Destillat wird mit Kochsalz ausgesalzen (25 g auf 100 ccm Destillat) und mit Äther ausgeschüttelt. Diese Ätherlösung wird mit etwas Kalziumchlorid getrocknet, der Äther auf dem Wasserbade abdestilliert und das zurückbleibende Öl in einem Fraktionierkolben der Destillation unterworfen. Kp. 182°.

Betrachtung. Wir haben es hier mit einem Reduktionsvorgang zu tun. Der durch Einwirkung von Salzsäure auf Zinn entwickelte Wasserstoff (H in statu nascendi)[1] reduziert die Nitro-(NO_2)-Gruppe zur Amido-(NH_2)-Gruppe, er führt somit das Nitrobenzol in ein Amin, das Anilin, über:

$$C_6H_5NO_2 + 6\,H \rightarrow C_6H_5NH_2 + 2\,H_2O$$

Nitrobenzol . Wasser-   Anilin   Wasser
stoff

Die Amine sind bereits bei dem Präparate „Hexamethylentetramin" (s. d.) besprochen worden.

Das Anilin ist ein primäres aromatisches Amin. Dasselbe verbindet sich im weiteren Reaktionsverlauf gemäß seinen basischen Eigenschaften mit der überschüssigen Salzsäure zu dem in Wasser leicht löslichen, salzsauren Anilin:

$$C_6H_5NH_2 + HCl \rightarrow C_6H_5NH_2 \cdot HCl$$

Anilin   Chlor-   Salzsaures Anilin
wasserstoff

Man kann daher bei der Darstellung die Beendigung des Reduktions-

---

[1] Die Reduktionswirkung des Wasserstoffs in statu nascendi ist viel beträchtlicher als die des elementaren Wasserstoffs, z. B. beim Einleiten von Wasserstoffgas. Man nimmt an, daß die Wirkung des H in statu nascendi eine atomistische ist, daß die Atome, die zuerst frei auftreten, sich noch nicht zu Molekülen vereinigt haben, wenn sie bereits ihre reduzierende Wirkung ausüben.

prozesses an dem Verschwinden des wasserunlöslichen Nitrobenzols erkennen.

Aus diesem salzsauren Salz wird das Anilin später durch Natronlauge wieder in Freiheit gesetzt.

Eigenschaften. Das Anilin bildet eine farblose, stark lichtbrechende Flüssigkeit von eigenartigem, aromatischem Geruche. An der Luft färbt es sich oft braun; diese Färbung scheint durch ganz geringe Mengen schwefelhaltiger Stoffe verursacht zu sein. Anilin löst sich in etwa 30 Teilen Wasser, leicht in Alkohol, Äther.

Anilin findet kaum therapeutische Verwendung, dagegen sind einige Anilide wichtige Arzneimittel (s. Azetanilid).

Eine der wichtigsten Eigenschaften des Anilins wie der primären aromatischen Amine überhaupt ist die D i a z o t i e r b a r k e i t (P e t e r G r i e s s 1858), d. h. in saurer Lösung bei niederer Temperatur entstehen mit salpetriger Säure D i a z o v e r b i n d u n g e n oder richtiger D i a z o n i u m - s a l z e, die (nach H a n t s c h durch vorherigen Übergang in eine Syndiazoform) den mannigfachsten Umsetzungen zugänglich sind und u. a. zu der wichtigen Gruppe der Azofarbstoffe führen (Methylorange):

$$C_6H_5 \cdot NH_2 \cdot HNO_3 + HNO_2 \rightarrow C_6H_5 - N - NO_3 + 2\,H_2O$$

N

Salpetersaures Anilin   Salpetrige   Benzoldiazoniumnitrat   Wasser
Säure

Die Nitrierung des Benzols und seiner Homologen, die Reduktion der Nitroverbindungen zu Aminen bilden daher bedeutsame Zweige der organisch-chemischen Industrie.

Prüfung.

1. S i e d e p u n k t = 182°.

2. I d e n t i t ä t s r e a k t i o n e n :

a) Eine wässerige Lösung von freiem Anilin wird durch überschüssige Chlorkalklösung vorübergehend violett gefärbt (empfindlich).

b) In der mit Hilfe von verdünnter Schwefelsäure hergestellten wässerigen Lösung des Anilins ruft eine Kaliumdichromatlösung einen dunkelgrünen, dann schwarzen Niederschlag (Anilinschwarz) hervor, später erfolgt Oxydation zu Chinon:

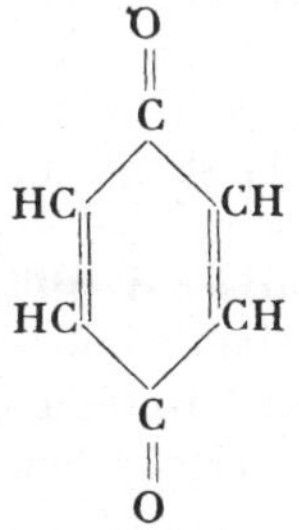

O
‖
C
/ \
HC   CH
‖   ‖
HC   CH
\ /
C
‖
O

Chinon

c) Holz (Lignin) wird durch Anilinsulfat gelb gefärbt.

3. **Identitätsreaktion auf Anilin als primäres Amin (Isonitrilreaktion):**

Ein Tropfen Anilin und ein Tropfen Chloroform werden mit etwa 2 ccm Wasser angeschüttelt, mit 2 ccm Kalilauge versetzt und erwärmt. Es tritt ein widerlicher Geruch durch Isonitril auf.

Nur die **primären** Amine bilden mit Chloroform und Kalilauge Isonitril (Isozyanid, Karbylamin). Isonitrile sind Verbindungen vom Typus $R - N = C$, die Nitrile (Zyanide) vom Typus $R - C \equiv N$.

Die Bildung von Isonitril geschieht nach folgender Gleichung:

$$C_6H_5NH_2 + 3\,KOH + CHCl_3 \rightarrow C_6H_5 \cdot N = C + 3\,KCl + 3\,H_2O$$

Anilin　　Kalium-　　Chloro-　　Phenylisonitril　　Kalium-　　Wasser
　　　　　hydroxyd　　form　　　　　　　　　　　chlorid

Die Isonitrilreaktion ist gleichzeitig auch eine Reaktion auf Chloroform.

4. **auf Kohlenwasserstoffe, Nitrobenzol:**

Anilin löst sich im zweifachen Volumen Salzsäure, die Lösung bleibt auch nach dem Verdüünen mit Wasser klar. Kohlenwasserstoffe und Nitrobenzol bleiben ungelöst.

43. Acetanilidum — Azetanilid; Antifebrin.

Darstellung. In einen mit Rückflußkühler versehenen Kolben bringt man 20 g frisch destilliertes Anilin und 30 g Eisessig und erhitzt etwa 8 Stunden lang auf dem Drahtnetze über freier Flamme zum Sieden. Das Erhitzen muß so lange fortgesetzt werden, bis eine Probe beim Erkalten kristallinisch erstarrt (Abb. 55).

Man gießt das Einwirkungsprodukt noch heiß in $^1/_2$ Liter heißes Wasser, worin es sich löst, kocht zur Entfärbung mit einer Messerspitze voll Tierkohle einige Minuten und filtriert noch heiß. Beim Erkalten scheidet sich das Azetanilid kristallinisch aus. Dasselbe wird auf einem Filter gesammelt, oder besser an der Wasserstrahlpumpe abgenutscht und im Exsikkator getrocknet. Ist das Präparat noch nicht rein weiß, so muß es noch einmal mit Tierkohle behandelt werden.

Bequemer und schneller ist folgender Weg[1]: 20 g frisch destilliertes Anilin und 30 g Essigsäureanhydrid werden in der Kälte gemischt. Es wird gut durchgeschüttelt, wobei die Mischung sich auf etwa 120° erhitzt. Nach Zugabe von 8 Tropfen konzentrierter Schwefelsäure schüttelt man noch-

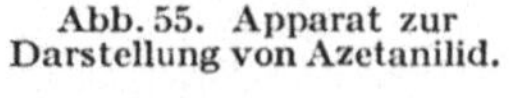

Abb. 55. Apparat zur Darstellung von Azetanilid.

---

[1] P. Manicke u. P. Grigel, Arch. d. Pharm. Bd. 264 (1926) S. 323.

mals durch und läßt erkalten. Der erhaltene Kristallbrei wird abgesaugt und mit 400 ccm Wasser kurz zum Sieden erhitzt. Beim Abkühlen scheidet das Azetanilid sich kristallinisch aus. Es wird abgenutscht, mehrmals mit kaltem Wasser gewaschen und wie oben durch Umkristallisieren aus heißem Wasser mit Hilfe von Kohle gereinigt.   Ausbeute: 24 g.

Betrachtung. Anilide leiten sich vom Anilin und seinen Homologen derart ab, daß ein Wasserstoffatom der Amidogruppe (NH_2) durch ein organisches Säureradikal[1] ersetzt ist; man kann sie auch als Säureamide ($AlkylCONH_2$) auffassen, in denen ein Amidowasserstoffatom durch Phenyl (C_6H_5) usw. ersetzt ist. Außer den primären aromatischen Aminen (s. Amine) sind auch die sekundären Amine zur Anilidbildung befähigt.

Das Azetanilid ist also als Anilin aufzufassen, in dem ein Amidowasserstoffatom durch das Essigsäureradikal, die **Azetylgruppe** „CH_3CO", vertreten ist. Eine solche Substitution nennt man „Azetylierung".

Ihre Reaktionsgleichung ist

1. mit Essigsäure:

$$C_6H_5 \cdot N\big\langle^{H}_{H} + HO \cdot OC \cdot CH_3 \rightarrow C_6H_5NH \cdot OC \cdot CH_3 + H_2O$$

Anilin   Essigsäure   Azetanilid   Wasser

2. mit Essigsäureanhydrid:

$$C_6H_5 \cdot N\big\langle^{H}_{H} + O\big\langle^{OC \cdot CH_3}_{OC \cdot CH_3} \rightarrow C_6H_5NH \cdot OC \cdot CH_3 + CH_3 \cdot COOH$$

Anilin   Essigsäureanhydrid   Azetanilid   Essigsäure

Die Schwefelsäure begünstigt die Azetylierung.

Auch **Azetylchlorid** eignet sich zur Azetylierung:

$$C_6H_5NH_2 + CH_3 \cdot COCl \rightarrow C_6H_5NH \cdot OC \cdot CH_3 + HCl$$

Anilin   Azetylchlorid   Azetanilid   Chlorwasserstoff

Als weitere Anilide, die als Arzneimittel Verwendung finden, seien **Phenazetin (Azetyl- oder Azetphenetidin)** und **Laktophenin (Laktylphenetidin)** zu erwähnen:

Azetanilid   Phenazetin   Laktophenin

---

[1] Säureradikale entstehen, wenn man in der **Karboxyl**-Gruppe der Säuren die „OH"-Gruppe entfernt. Die Nomenklatur läßt die Säureradikale auf „yl" enden, z.B. Formyl, Azetyl, Propionyl, Benzoyl.

Eigenschaften. Das Azetanilid bildet weiße, glänzende Kristallblättchen. Es ist geruchlos, in Wasser schwer, in Weingeist und Äther leichter löslich.

Prüfung.

1. Schmelzpunkt: 113 bis 114°.

2. Identitätsreaktion auf Azetanilid als Anilinderivat:

a) Zunächst wird durch Erhitzen von 0,1 g Azetanilid mit 5 ccm Kalilauge das Anilid in seine Komponenten gespalten, erkenntlich am Anilingeruch:

$$C_6H_5NH \cdot OC \cdot CH_3 + KOH \rightarrow C_6H_5NH_2 + CH_3COOK$$

Azetanilid　　　　　Kaliumhydroxyd　　　　　Anilin　　　　　Kaliumazetat

Erhitzt man nach Zusatz einiger Tropfen Chloroform von neuem, so tritt der widerliche Isonitrilgeruch auf (Näheres s. Anilin, Prüf. 3).

b) Zur Verseifung des Anilids im Sinne der Gleichung kocht man 0,2 g Azetanilid mit 25 bis 30 Tropfen Salzsäure 2 Minuten. Es erfolgt klare Lösung unter Bildung von salzsaurem Anilin:

$$C_6H_5NH \cdot OC \cdot CH_3 + H_2O + HCl \rightarrow C_6H_5 \cdot NH_2 \cdot HCl + CH_3COOH$$

Azetanilid　　　　　Wasser　　Chlorwasserstoff　　　　　Salzsaures Anilin　　　　　Essigsäure

Beim Versetzen dieser Lösung mit 1 Tropfen verflüssigtem Phenol, 5 ccm Wasser und 1 bis 2 ccm Chlorkalklösung entsteht eine schmutzigviolettblaue Färbung, die auf Zusatz überschüssiger Ammoniakflüssigkeit in ein beständiges Indigoblau übergeht.

3. auf Essigsäure:

Schüttelt man 0,5 g Azetanilid mit 10 ccm Wasser 1 Minute lang, so darf das Filtrat Lackmuspapier nicht röten.

4. auf Anilinsalze, Phenole, Phenyldimethylpyrazolon:

Das Filtrat nach 3 darf durch 1 Tropfen verdünnte Eisenchloridlösung (1 + 9) nur gelb gefärbt werden. Zweckmäßig stellt man unter gleichen Bedingungen einen blinden Versuch mit destilliertem Wasser an und vergleicht beide Farbentöne. Obige Verbindungen geben mit Eisenchlorid tiefrote bis violette Färbungen.

5. auf organische Verunreinigungen:

0,1 g Azetanilid muß sich in 1 ccm Schwefelsäure ohne Färbung lösen; organische Verunreinigungen zersetzen sich, verkohlen und färben die Schwefelsäure mehr oder weniger.

6. auf Phenazetin und verwandte Stoffe:

Beim Schütteln von 0,1 g Azetanilid mit 1 ccm Salpetersäure (25%) darf keine Färbung auftreten. Phenazetin ruft Gelbfärbung hervor, ebenso Laktophenin.

7. auf mineralische Beimengungen usw.:

0,2 g Azetanilid dürfen keinen wagbaren Glührückstand hinterlassen.

44. Acidum picrinicum — Pikrinsäure.

Darstellung. Einen Kolben von etwa ½ Liter Inhalt versieht man mit einem doppelt durchbohrten Kork und führt durch die eine Bohrung einen Tropftrichter, durch die andere Bohrung ein Ableitungsrohr. In den Kolben bringt man 100 g 60- bis 65 proz. Salpetersäure (Dichte: 1,4) und läßt hierzu durch den Tropftrichter in kleinen Portionen ein zuvor in einem anderen Kolben hergestelltes Gemisch von 30 g Phenol und 30 g konzentrierter Schwefelsäure (Dichte: 1,83) zufließen. Es findet lebhafte Reaktion statt unter starker Entwicklung gelbroter Stickstoffdioxyddämpfe, die durch das Ableitungsrohr ins Freie oder in einen Abzug geleitet werden. Die Flüssigkeit färbt sich hierbei tiefrot. Wenn das Schwefelsäure-Phenol-Gemisch ganz zugesetzt ist, erhitzt man den Kolben etwa 2 Stunden auf dem Wasserbade, bis keine deutliche Einwirkung mehr wahrzunehmen ist. Die tiefrote Färbung geht in Goldgelb über. Sollte sich ein dunkelgelbes Öl (Dinitrophenol) abscheiden, so ist das ein Zeichen, daß die Nitrierung noch nicht vollständig ist, man fügt in diesem Falle unter Erwärmen auf dem Wasserbade so lange vorsichtig in kleinen Anteilen rauchende Salpetersäure hinzu, bis die Flüssigkeit eine klare, braune Farbe angenommen hat und eine Probe der Lösung beim Verdünnen mit Wasser im Reagenzrohr gelbe Kristalle abscheidet, die sich in heißem Wasser vollständig lösen ohne Hinterlassung eines Öles. Die Flüssigkeit wird nun in etwa 100 g kaltes Wasser langsam eingegossen, die nach dem Erkalten abgeschiedenen Kristalle werden am besten an der Wasserstrahlpumpe abgesaugt, mit etwas kaltem Wasser nachgewaschen und einige Male aus heißem Wasser umkristallisiert.

Betrachtung. Bei Nitrobenzol (s. d.) wurde erörtert, daß die aromatischen Kohlenwasserstoffe durch Salpeter- und Schwefelsäure leicht angegriffen werden. Während durch Salpetersäure die bereits besprochenen Nitroverbindungen gebildet werden, entstehen bei Einwirkung von Schwefelsäure die Sulfonsäuren, Verbindungen, in denen Ersatz eines Kernwasserstoffatoms durch die einwertige Sulfonsäuregruppe SO_3H erfolgt ist. Sowohl dieser letzte Prozeß, die Sulfurierung, wie auch die Nitrierung werden bedeutend erleichtert durch die Gegenwart einer Amido- oder Hydroxylgruppe im Kern, welche die Beweglichkeit der Kernwasserstoffatome erhöhen. Die Sulfurierung des Phenols erfolgt schon bei gewöhnlicher Temperatur, indem sich neben geringen Mengen der p-Verbindung im wesentlichen o-Phenolsulfonsäure[1] bildet:

---

[1] Bei Substitutionen im Kern der aromatischen Verbindungen gilt es als sehr wahrscheinlich, daß gleichzeitig sämtliche drei Isomeren, die Ortho-, Meta- und Paraverbindung, entstehen, jedoch nur eine als Hauptprodukt, eine andere als Nebenprodukt, während die dritte meist in so geringer Menge entsteht, daß sie sich der Beobachtung entzieht.

$$\underset{\text{Phenol}}{\text{OH—C}_6\text{H}_4\text{—H}} + \underset{\text{Schwefelsäure}}{\text{HO—SO}_3\text{H}} \rightarrow \underset{\text{o-Phenolsulfonsäure}}{\text{OH—C}_6\text{H}_4\text{—SO}_3\text{H}} + \underset{\text{Wasser}}{\text{H}_2\text{O}}$$

Die leichtere Substituierbarkeit der Kernwasserstoffatome des Phenols im Verhalten gegen Salpetersäure zeigt sich darin, daß Benzol nur bei Einwirkung konzentrierter Salpetersäure (s. Nitrobenzol), Phenol dagegen schon durch verdünnte Salpetersäure bei niederer Temperatur nitriert wird. Die Nitrierbarkeit des Phenols wird durch den Eintritt der Sulfongruppe noch mehr erleichtert, so daß gemäß unseren Darstellungsbedingungen bei Einwirkung konzentrierter Salpetersäure das Endnitrierungsprodukt, das Trinitrophenol, resultiert:

$$\text{C}_6\text{H}_4\text{OHSO}_3\text{H} + 3\,\text{HNO}_3 \rightarrow \underset{\text{Trinitrophenol-Pikrinsäure}}{\text{OH—C}_6\text{H}(\text{NO}_2)_3} + \text{H}_2\text{SO}_4 + 2\,\text{H}_2\text{O}$$

Phenolsulfonsäure   Salpetersäure   Trinitrophenol-Pikrinsäure   Schwefelsäure   Wasser

Der Pikrinsäure kann neben der vorstehenden Konstitution noch eine andere, die sogenannte chinoide Struktur (abgeleitet vom Chinon, siehe Anilin), beigelegt werden:

$$\text{O}=\text{C}_6\text{H}_2(\text{NO}_2)_2=\text{N}\!\!\begin{smallmatrix}\text{O}\\\text{O—H}\end{smallmatrix}$$

Nach älterer Auffassung von Hantsch wird das Färbevermögen der Pikrinsäure der chinoiden Form zugeschrieben.

Im Gleichgewicht nebeneinander nachweisbare Wechselbeziehungen zwischen verschiedenen Bindungsformen oder solche Übergänge, wie sie bei Nitroäthan und vor allem bei Diketonen (Azetessigester : Keto- $\rightleftarrows$ Enolform) beobachtet werden, bezeichnet man als Desmotropie (Tautomerie). Zuweilen lassen sich die desmotropen Formen isolieren. Mit Mesomerie bezeichnet man die Erscheinung, daß eine Substanz nur in einer Bindungsform existiert, ihr verschiedenes Verhalten daher weniger auf verschiedener Atomanordnung als auf verschiedener Energieverteilung (Elektronenanordnung) beruht und formelmäßig wie bei der Pikrinsäure nur angedeute werden kann. (Näheres siehe Lehrbücher.)

Pikrinsäure wurde 1771 entdeckt. Sie bildet sich beim Behandeln der verschiedensten organischen Substanzen, wie Seide, Wolle, Leder, Harze, Anilin, mit konzentrierter Salpetersäure und kann weiter noch dargestellt werden durch Oxydation von symmetrischem Trinitrobenzol mit Ferrizyankalium.

In der Pikrinsäure ist der saure Phenolcharakter durch die Nitrogruppen verstärkt. Die Pikrinsäure zersetzt, wie Nitrophenole überhaupt, Karbonate (s. u.). Der saure Charakter der Phenole kann, ausgehend von der ursprünglichen Kekuléschen Benzolformel, in Analogie mit der Karboxylgruppe der wirklichen organischen Säuren in der Doppelbindung des die Hydroxylgruppe bindenden C-Atoms begründet liegen:

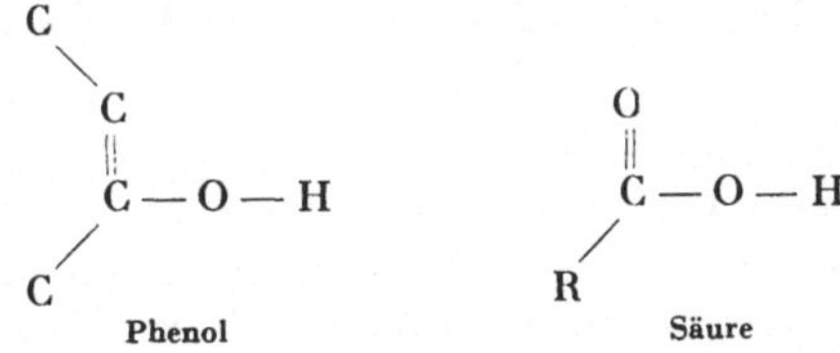

Eigenschaften. Pikrinsäure bildet blaßgelbe, glänzende, geruchlose Blättchen oder Nadeln von stark bitterem[1] Geschmack. Sie löst sich mit lebhaft gelber Farbe in 86 Teilen kaltem, leichter in siedendem Wasser und Weingeist. Die weingeistige Lösung färbt weiße Seide oder Wolle stark gelb. Auch in Benzin und Benzol ist Pikrinsäure löslich, aber nur mit schwach gelblicher Farbe.

Pikrinsäure bildet gut kristallisierende Salze, die explosive Eigenschaften besitzen. Besonders das Ammonium- und schwer lösliche Kaliumsalz explodieren heftig durch Schlag. Pikrinsäure selbst verpufft beim Erhitzen unter Entzündung.

Prüfung.

1. Schmelzpunkt: 122,5°.

2. Identitätsreaktion:

Eine wässerige Kaliumzyanidlösung (1 + 2) erzeugt in der mit etwas Kalilauge versetzten Pikrinsäurelösung blutrote Färbung unter Bildung von isopurpursaurem Kalium.

---

[1] Daher der Name: $\pi\iota\kappa\rho\delta s$ = bitter.

3. **Identitätsreaktion:**

Neutralisiert man die gesättigte wässerige Lösung der Pikrinsäure mit Natriumkarbonat, so bildet sich (s. o.) unter Kohlensäureentwicklung das Natriumsalz der Pikrinsäure:

$$2 \, C_6H_2(OH)(NO_2)_3 + Na_2CO_3 \rightarrow 2 \, C_6H_2(NO_2)_3ONa + CO_2 + H_2O$$

Trinitrophenol   Natrium-   Pikrinsaures Natrium   Kohlen-   Wasser
   karbonat   dioxyd

Versetzt man weiter mit Kaliumchloridlösung, so scheidet sich das schwer lösliche gelbe Kaliumsalz kristallinisch ab:

$$C_6H_2(NO_2)_3ONa + KCl \rightarrow C_6H_2(NO_2)_3OK + NaCl$$

Pikrinsaures Natrium   Kalium-   Pikrinsaures Kalium   Natriumchlorid   chlorid

4. **auf Beimengungen, wie Oxalsäure, Salpeter, Borsäure** usw.:

Mit Petroleumbenzin gebe Pikrinsäure eine klare, nur wenig gelb gefärbte Lösung. Obige Substanzen bleiben ungelöst zurück.

5. **auf nichtflüchtige Beimengungen:**

Bei vorsichtigem Erhitzen auf dem Platinblech darf Pikrinsäure keinen Rückstand hinterlassen.

45. Acidum sulfanilicum — Sulfanilsäure; P-Aminobenzolsulfonsäure (Sulfonamide).

Darstellung. In einem trockenen 250-ccm-Kolben fügt man zu 130 g konzentrierter Schwefelsäure allmählich 40 g frisch destilliertes Anilin und erhitzt die Mischung in einem Ölbade etwa 4 Stunden auf 180 bis 190°. Die Reaktion ist beendet, wenn eine Probe nach dem Versetzen mit Wasser und etwas überschüssiger Natronlauge kein Anilin mehr abscheidet. Nachdem das Reaktionsprodukt etwas abgekühlt ist, wird es in ¼ Liter kaltes Wasser gegossen. Die Sulfanilsäure kristallisiert hierbei aus und wird nach, dem Abfiltrieren und Nachwaschen mit Wasser durch Umkristallisieren aus Wasser mit Hilfe von Tierkohle gereinigt.

Ausbeute: etwa 45 g.

Betrachtung. Wie bei Nitrobenzol (S. 184) und Pikrinsäure (S. 191) gezeigt wurde, werden die zyklischen Kohlenwasserstoffe im Gegensatz zu den acyklischen von Salpeter- und Schwefelsäure, vor allem bei Gegenwart einer Hydroxyl- oder Aminogruppe, leicht angegriffen unter Bildung von **Nitroverbindungen** bzw. **Sulfonsäuren.** Bei der **Sulfonierung** oder **Sulfurierung** von Anilin wird sehr wahrscheinlich zuerst die Aminogruppe sulfoniert und **Phenylsulfaminsäure** gebildet, aus der dann weiter die Sulfongruppe in die p-Stellung wandert:

$$\bigcirc\!\!-NH_2 + H_2SO_4 \rightarrow \bigcirc\!\!-NH \cdot SO_3H + H_2O \rightarrow HO_3S\!-\!\!\bigcirc\!\!-NH_2$$

Anilin   Schwefelsäure   Phenylsulfaminsäure   Wasser   Sulfanilsäure

In gleichen Übergängen vollzieht sich die technische Herstellung nach dem „Backverfahren" durch Erhitzen von Anilinsulfat, $C_6H_5 \cdot NH_2 \cdot H_2SO_4$, in dünnen Schichten auf Blechen auf 200°.

Bei der Sulfurierung des Anilins bildet sich in geringer Menge auch die o-Verbindung.

Eigenschaften. Die Sulfanilsäure bildet farblose, in organischen Lösungsmitteln unlösliche, in kaltem Wasser schwer lösliche Kristalle. Sie zersetzt sich beim Erhitzen auf etwa 300°, ohne zu schmelzen. Der saure Charakter der Sulfongruppe überwiegt den basischen der Aminogruppe. Die Sulfanilsäure gibt daher nur mit Basen, nicht aber mit Säuren Salze.

Die Sulfanilsäure ist als primäres aromatisches Amin leicht diazotierbar und hat große Bedeutung für die Darstellung von Azofarbstoffen (siehe bei Anilin (S. 187). Diese werden erhalten durch p-Kuppelung primär gewonnener Diazoniumsalze mit Aminen oder Phenolen und sind gegenüber den Diazoverbindungen durch beiderseitige Bindung der **Azogruppe** „— N = N —" an Aryl oder auch Alkyl (S. 161) gekennzeichnet. So gibt diazotierte Sulfanilsäure mit Dimethylanilin den Farbstoff „**Helianthin**", dessen Natriumsalz der Indikator **Methylorange** ist:

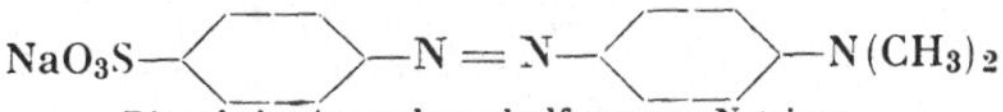

$$\text{NaO}_3\text{S} - \langle \ \rangle - \text{N} = \text{N} - \langle \ \rangle - \text{N(CH}_3)_2$$

Dimethylaminoazobenzolsulfonsaures Natrium
(Methylorange)

Domagk erkannte 1935 in dem Azoderivat der Sulfanilsäure, dem Diaminoazobenzolsulfonsäureamid, dem **Prontosil rubrum**, ein wirksames Heilmittel gegen septische Streptokokkeninfektionen:

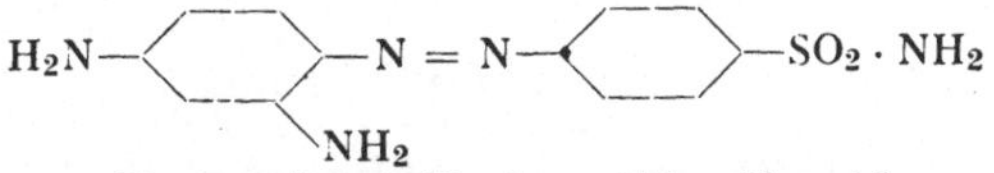

$$\text{H}_2\text{N} - \langle \ \rangle - \text{N} = \text{N} - \langle \ \rangle - \text{SO}_2 \cdot \text{NH}_2$$
$$\text{NH}_2$$

Diaminoazobenzolsulfonsäureamid (= sulfonamid)

Wie man heute weiß, ist nicht die Azogruppe, sondern das Amid der Sulfanilsäure oder **Sulfanilamid**, $\text{H}_2\text{N} - \langle \ \rangle - \text{SO}_2 - \text{NH}_2$, die wirksame Substanz, die als **Prontosil album** gleichen Zwecken dient.

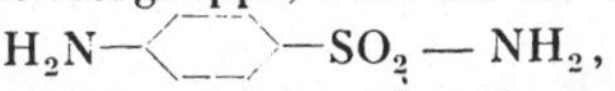

In zahlreichen, kurz als **Sulfonamide** bezeichneten Derivaten des Sulfanilamids, die meist durch Substitutionen am Sulfamid-Stickstoff „— SO_2NH_2 —" zustande kommen, haben wir heute wichtigste **Chemotherapeutika** in der Bekämpfung bakterieller Infektionskrankheiten, insbesondere gegen Gonorrhöe, Pneumonie, Sepsis, Cystitis. Die **antibiotische** Wirkung ist gegenüber den verschiedenen Erregerstämmen eine unterschiedliche, sie kann durch erworbene Resistenz gemindert werden und wird im Gegensatz zum **Penicillin** (siehe weiter) durch p-Aminobenzoesäure, deren Äthylester das **Anaesthesin** „$\text{H}_2\text{N} - \langle \ \rangle - \text{COOC}_2\text{H}_5$ —" ist, neutralisiert. In dem 1928 von **Alexander Fleming** entdeckten **Penicillin** des Stammes „**Penicillium**

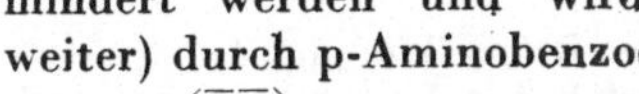

n o t a t u m" haben die Sulfonamide eine wesentliche Ergänzung erfahren. Beide in ihrem Wirkungsmechanismus verschiedenen Antibiotika eröffnen in kombinierter Applikation durchgreifende Erfolge.

Die Sulfonamide sind im Gegensatz zur Sulfanilsäure (s. o.) außer in Laugen auch in Säuren löslich. Durch die Amidierung der Sulfongruppe ist der die Säurelöslichkeit bedingende basische Charakter der aromatischen Aminogruppe weitgehend wiederhergestellt, während die Alkalilöslichkeit in der Enolisierungsfähigkeit der Sulfonamide begründet liegt:

Aus der großen Reihe der Sulfonamide seien die folgenden strukturchemisch aufgeführt:

A l b u c i d, Azetylsulfanilamid,

E u b a s i n, Pyridin-Sulfanilamid,

E l e u d r o n (Cibazol), Thiazol[2]-Sulfanilamid,

M a r f a n i l, salzsaures Benzylaminsulfonamid,

Es ist kein Anilin-, sondern ein Benzylaminderivat.

Prüfung.

Für den Nachweis und auch zur Bestimmung der Sulfanilsäure und zugleich der Sulfonamide dienen insbesondere

1. die D i a z o r e a k t i o n zur Charakterisierung der Verbindungen als primäre aromatische Amine. Marfanil bildet als nichtaromatisches Amin eine Ausnahme, es gibt als salzsaures Salz mit $AgNO_3$ die Chloridreaktion.

Man löst

a) 0,1 g Sulfonamid in 2 ccm N/Salzsäure und gibt einige Körnchen Natriumnitrit zu,

---

[1] E n o l e sind Verbindungen mit einem einer Doppelbindung benachbarten Hydroxyl, zusammengesetzt aus „en", Ausdruck für Doppelbindung, und „ol", abgeleitet von Alkohol bzw. Phenol (siehe S. 192).

[2] Thiazole sind Fünfringe mit S und N.

b) 0,05 g β-Naphthol in 5 ccm 10 proz. Natriumkarbonatlösung.

Einige Tropfen der Lösung a zu Lösung b gegeben, erzeugen einen roten Niederschlag (Azofarbstoff).

Die verschiedenen Diazotierungsmöglichkeiten haben die Sulfanilsäure zu einem wichtigen analytischen Reagens gemacht, z. B. für die **E h r l i c h** - sche Diazoreaktion im Harn, für Bilirubinbestimmung im Blut usw.

2. die S c h w e f e l r e a k t i o n,

a) als S u l f a t. Prinzip: Man zerstört oxydativ die organische Substanz. Aus der Sulfongruppe resultiert Schwefelsäure, die als $BaSO_4$ nachgewiesen oder bestimmt wird:

α) Man kocht etwa 0,2 g Substanz mit 3 ccm Salpetersäure, verdünnt mit Wasser und prüft mit Bariumchloridlösung.

β) Besser und zur quantitativen Bestimmung geeignet:

Man schmilzt 0,2 g Sulfonamid mit 0,2 g Kaliumnitrat und 1,5 g kalziniertem Natriumkarbonat in einem Porzellantiegel. Man zieht die erhaltene Schmelze mit 10 ccm Wasser aus und versetzt das mit Salpetersäure angesäuerte Filtrat mit Bariumchloridlösung.

b) als S u l f i d, zugleich Prüfung auf S t i c k s t o f f.

Etwa 0,1 g Substanz erhitzt man mit einem halblinsengroßen Stückchen metallischem, zwischen Filterpapier abgetrocknetem Natrium in einer Bunsenflamme bis zur Rotglut (Abzug). Das heiße Rohr bringt man sofort in ein bereitgestelltes Becherglas mit 5 bis 10 ccm Wasser. Das Röhrchen zerspringt und unverbranntes Natrium entzündet sich. Der Schwefel findet sich als Na_2S, der Stickstoff als NaCN in der Lösung. Das Filtrat teilt man in zwei Hälften.

Die eine Hälfte versetzt man mit einigen Tropfen frisch bereiteter wässeriger Natriumnitroprussidlösung (Na_2FeCy_5NO). Violettfärbung $=$ Sulfidreaktion.

Die andere Filtrathälfte versetzt man mit einigen Tropfen Ferrosulfat- und Ferrichloridlösung und etwas Natronlauge und erhitzt 1 bis 2 Minuten. Vorhandenes NaCy gibt mit $FeSO_4$ Natriumferrozyanid, das nach dem Ansäuern mit Salzsäure mit $FeCl_3$ die Berlinerblaureaktion gibt:

$$4\,FeCl_3 + 3\,Na_4FeCy_6 \rightarrow Fe_4(FeCy_6)_3 + 12\,NaCl$$

Ferrichlorid   Natriumferro-   Ferriferrozyanid   Natrium-
              zyanid   (Berlinerblau)   chlorid

In gleicher Weise läßt sich nach Prüfung 2 auch **S a c c h a r i n**

als Sulfimidverbindung erkennen und bestimmen.

3. **Sulfonamidlösungen** geben mit Dimethyl - p - Aminobenzaldehyd — $N(CH_3)_2C_6H_4 \cdot CHO$ (1,4) —, dem **E h r l i c h** schen Reagens auf Urobilinogen im Harn, Orangefärbung bzw. -niederschlag.

Die vorstehenden Reaktionen sind nicht spezifisch und haben nur einen negativ beweisenden Charakter, d. h. bei negativem Ausfall sämtlicher vorstehenden Reaktionen sind keine Sulfonamide einschließlich Marfanil zugegen. Positiver Ausfall macht die Gegenwart von Sulfonamiden sehr wahrscheinlich.

Zur eindeutigen Erkennung und namentlich zur Identifizierung eines bestimmten Sulfonamids sind neben dem Schmelzpunkt als einem der Kriterien organischer Stoffe spezifischere Reaktionen heranzuziehen. [Vgl. Pharm. Zeitung *83*, 65, 160 (1947).]

46/47. Acidum benzoicum — Benzoesäure und Benzylalkohol.

Darstellung. In einer dickwandigen Flasche von 200 bis 300 ccm Inhalt werden 30 g Benzaldehyd mit einer kalten Lösung von 27 g Kaliumhydroxyd in 18 ccm Wasser so lange geschüttelt, bis eine bleibende Emulsion entstanden ist. Man verschließt mit einem Kork und überläßt die Mischung 15 bis 20 Stunden sich selbst. Inzwischen hat sich ein Kristallbrei von Kaliumbenzoat ausgeschieden. Man fügt jetzt so viel Wasser hinzu, bis eine vollkommen klare Lösung entstanden ist, die Kaliumbenzoat, Benzylalkohol und etwa noch unveränderten Benzaldehyd enthält. Der Lösung wird durch wiederholtes Ausschütteln mit Äther der Benzylalkohol mit etwaigem Benzaldehyd entzogen, und zur Entfernung und Bindung des letzteren wird der ätherische Auszug mit einer konzentrierten wässerigen Lösung von Natriumhydrogensulfit (Natriumbisulfit) geschüttelt, von dieser wieder getrennt, mit geglühtem Natriumsulfat getrocknet und nach dem Filtrieren durch Destillation vom Äther befreit. Der Rückstand wird destilliert, der Benzylalkohol geht hierbei bei 206° über.

Der ausgeätherte wässerige Anteil mit dem Kaliumbenzoat wird mit Salzsäure angesäuert, die die Benzoesäure zur Ausscheidung bringt. Diese wird gesammelt und aus siedendem Wasser umkristallisiert. Man darf hierbei wegen der Flüchtigkeit der Benzoesäure mit Wasserdämpfen nicht zu lange erhitzen.

Betrachtung. Die Benzoesäure hat ihren Namen von ihrem Vorkommen in der Benzoe, aus der sie zuerst erhalten wurde, und aus der sie nach den früheren Arzneibüchern auch herzustellen war (Harzbenzoesäure). Sie kommt sowohl frei wie in Form von Estern in vielen Harzen und Balsamen vor, außer in der Benzoe — Siam-Benzoe enthält bis über 20% freie Benzoesäure — im Tolubalsam, Perubalsam, Styrax, Drachenblut usw.

Ferner kommt die Benzoesäure natürlich vor als Hippursäure im Harn der Pflanzenfresser und wird als solche vornehmlich aus dem Harn der Rinder und Pferde gewonnen. Die Hippursäure ist Benzoyl-Glykokoll oder Benzoylglyzin, d. h. eine Amidoessigsäure (Glykokoll, Glyzin = CH_2NH_2COOH), in deren Amidogruppe (NH_2) ein Wasserstoffatom durch den Benzoesäurerest (Benzoyl = C_6H_5CO) ersetzt ist. Die Benzoesäure wird aus dieser Verbindung durch Verseifen mittels Säuren oder Basen gewonnen:

$$C_6H_5CO \cdot HN \cdot CH_2 \cdot COOH + H_2O \rightarrow C_6H_5COOH + H_2N \cdot CH_2 \cdot COOH$$

Hippursäure   Wasser   Benzoesäure   Glykokoll

Nach ihrer Formel ist die Benzoesäure als Benzol aufzufassen, in dem ein Wasserstoffatom durch die Karboxylgruppe (COOH) ersetzt ist.

In weitaus größerer Menge wird die Benzoesäure synthetisch gewonnen. Das Deutsche Arzneibuch 6 schreibt auch von den drei Benzoesäuren, der Harz-, Harn- und synthetischen Benzoesäure, die letztere vor.

Die Benzoesäure kann synthetisch hergestellt werden durch Oxydation aller aromatischen Kohlenwasserstoffe mit einer Seitenkette, so durch Oxydation von Zimtsäure, wobei als Zwischenprodukt Benzaldehyd entsteht (s. Prüfung). Gewöhnlich wird die künstliche Benzoesäure aus Toluol (Monomethylbenzol = $C_6H_5CH_3$) hergestellt. Das Toluol wird durch Einleiten von Chlor in der Siedehitze zunächst in Benzotrichlorid übergeführt und letzteres durch Erhitzen mit Wasser zu Benzoesäure verseift:

a)
$$C_6H_5CH_3 + 6\,Cl \rightarrow C_6H_5CCl_3 + 3\,HCl$$

Toluol   Chlor   Benzo-   Chlor-
trichlorid   wasserstoff

b)
$$C_6H_5C\!\!\begin{array}{l}\nearrow Cl \\ \!\!-\!Cl \\ \searrow Cl\end{array} + \begin{array}{l}H\,OH \\ H\,OH \\ H\,OH\end{array} \rightarrow C_6H_5C\!\!\begin{array}{l}\nearrow O\,H \\ \!\!-\!O\,H \\ \searrow O\,H\end{array} \rightarrow C_6H_5COOH + H_2O + 3\,HCl$$

Benzotrichlorid   Wasser   Benzoesäure   Wasser   Chlor-
wasserstoff

Außer der Chlorierung in der Seitenkette findet nebenher auch eine geringe Chlorierung im Kern statt, die aber festere Bindung zeigt und der nachfolgenden Verseifung standhält, so daß die Toluolbenzoesäure meist mehr oder weniger Chlorbenzoesäure ($C_6H_4ClCOOH$) beigemengt enthält und am Chlornachweis zu erkennen ist (s. Prüf.).

Entsprechend der Gewinnungsweise der Benzoesäure aus Benzotrichlorid entsteht Benzylalkohol aus dem **einfach** in der Methylgruppe chlorierten Toluol, dem **Benzylchlorid**, durch Verseifung:

$$C_6H_5CH_2Cl + H_2O \rightarrow C_6H_5CH_2OH + HCl$$

Benzylchlorid   Wasser   Benzylalkohol   Chlor-
wasserstoff

Bei unserer Darstellung bedienen wir uns der Eigenschaft aromatischer Aldehyde, durch Alkalien zur Hälfte zugleich oxydiert und reduziert zu werden, wobei aus zwei Molekülen Aldehyd ein Molekül Alkohol und ein Molekül Säure entstehen (**Cannizzarosche Reaktion**):

$$2\,C_6H_5 \cdot C\!\!\begin{array}{l}\nearrow O \\ \searrow H\end{array} + KOH \rightarrow C_6H_5 \cdot C\!\!\begin{array}{l}\nearrow O \\ \searrow OK\end{array} + C_6H_5 \cdot C\!\!\begin{array}{l}\nearrow H \\ \!\!-\!H \\ \searrow OH\end{array}$$

Benzaldehyd   Kalium-
hydroxyd   Kaliumbenzoat   Benzylalkohol

Die aliphatischen Aldehyde werden im allgemeinen durch Alkalien zu harzartigen Stoffen zersetzt mit Ausnahme ihres ersten Gliedes, des

Formaldehyds, der ein gleiches Verhalten wie die aromatischen Aldehyde zeigt.

Der Benzylalkohol zeigt als primärer aromatischer Alkohol in seinem Verhalten volle Übereinstimmung mit den aliphatischen Alkoholen. Neben seiner Oxydierbarkeit zu Aldehyd und Säure (Benzaldehyd und Benzoesäure) ist er zur Bildung von Äthern, Estern usw. befähigt.

Zur Entfernung des unveränderten Benzaldehyds wurde bei unserer Darstellung Natriumbisulfit angewendet. Dies geschah auf Grund der den Aldehyden und Ketonen (s. d.) gemeinsamen Eigenschaft, mit Natriumbisulfit in konzentrierten Lösungen dieses Salzes kristallisierbare, in Äther nicht lösliche, durch verdünnte Säuren oder Soda wieder leicht in ihre Komponenten spaltbare Additionsprodukte zu geben:

$$C_6H_5 \cdot C{\Large\langle}^{O}_{H} + NaHSO_3 \rightarrow C_6H_5 \cdot C{\Large\langle}^{OH}_{H}{\atop OSO_2Na}$$

Benzaldehyd   Natrium-bisulfit   Benzaldehyd-Natrium-bisulfit

Eigenschaften

a) der Benzoesäure:

Die Benzoesäure bildet weiße, seidenartig glänzende Blättchen oder nadelförmige Kristalle, die in kaltem Wasser wenig, dagegen leicht löslich sind in siedendem Wasser, Weingeist, Äther, Chloroform und fetten Ölen.

b) des Benzylalkohols:

Der Benzylalkohol bildet eine schwach aromatisch riechende, bei 206° siedende Flüssigkeit, die in Wasser schwer, in Äther und anderen organischen Lösungsmitteln leicht löslich ist.

Prüfung der Benzoesäure.

1. Schmelzpunkt: 122°.

2. Identitätsreaktion:

Übergießt man 0,2 g Benzoesäure mit 20 ccm Wasser und 1 ccm N-Kalilauge und schüttelt während 15 Minuten häufig um, so gibt das Filtrat (Kaliumbenzoat) mit 1 Tropfen Eisenchloridlösung einen hellrötlichbraunen Niederschlag von Ferribenzoat:

$$3\,C_6H_5COOK + FeCl_3 \rightarrow Fe(C_6H_5COO)_3 + 3\,KCl$$

Kaliumbenzoat   Eisen-chlorid   Eisenbenzoat   Kalium-chlorid

3. auf Zimtsäure:

Die durch Erwärmen hergestellte Lösung von 0,1 g Benzoesäure in 10 ccm Wasser darf nach dem Erkalten 0,1 ccm Kaliumpermanganatlösung (1 : 1000) nicht sofort entfärben.

Die Zimtsäure geht wie alle aromatischen Kohlenwasserstoffe mit einer Seitenkette bei der Oxydation über Benzaldehyd (bei größeren Versuchsmengen am Geruch bemerkbar) in Benzoesäure über:

a)
$$C_6H_5 \cdot CH = CH \cdot COOH + 4\,O \rightarrow C_6H_5 \cdot C\!\!\begin{array}{c}\nearrow O\\ \searrow H\end{array} + 2\,CO_2 + H_2O$$

Zimtsäure   Sauer-stoff   Benzaldehyd   Kohlen-dioxyd   Wasser

b)
$$C_6H_5 \cdot C\!\!\begin{array}{c}\nearrow O\\ \searrow H\end{array} + O \rightarrow C_6H_5 \cdot COOH$$

Benzaldehyd   Sauer-stoff   Benzoesäure

4. auf Chlorbenzoesäuren (s. Betrachtung):

Auf direktem Wege durch Fällen mit Silbernitrat ist das organisch gebundene Chlor nicht nachweisbar, denn nur Chlorionen geben die Halogenreaktion. Die Chlorbenzoesäure hält aber wie die meisten organischen Verbindungen Halogen fest gebunden und spaltet keine Chlorionen ab. Man muß daher zuvor das Molekül zerstören (mineralisieren).

Zu dem Zwecke reibt man in einem trockenen Probierrohre 0,1 g Benzoesäure und 0,5 g gelbes Quecksilberoxyd mit Hilfe eines Glasstabes gleichmäßig zusammen und erhitzt das Gemisch unter ständigem Drehen des Probierrohres über einer kleinen Flamme. Sobald die hierbei eintretende Gasentwicklung und die Glimmererscheinung vorüber ist, läßt man abkühlen, setzt 10 ccm verdünnte Salpetersäure hinzu, erwärmt bis nahe zum Sieden und filtriert. Das Filtrat, das organisch gebundenes Chlor nunmehr als $HgCl_2$ enthalten würde, darf durch Silbernitratlösung höchstens opalisierend getrübt werden:

$$HgCl_2 + 2\,AgNO_3 \rightarrow 2\,AgCl + Hg(NO_3)_2$$
Quecksilber-chlorid   Silber-nitrat   Silber-chlorid   Quecksilber-nitrat

Ganz geringe Kernchlorierung, da fast unvermeidlich, darf die Toluolbenzoesäure mithin aufweisen.

Bequem und schnell lassen sich die Halogene in organischen Verbindungen allgemein mittels eines Kupferoxydstäbchens nachweisen. Einen Kupferdraht oder einen etwa $1/2$ cm breiten, an der Spitze spiralig eingerollten Kupferdrahtnetzstreifen glüht man in der Bunsenflamme, bis letztere farblos erscheint, bringt nach dem Erkalten etwas Substanz heran und führt wieder in den äußeren Teil der Flamme zurück. Die organische Substanz verbrennt zunächst mit helleuchtender Flamme, sobald diese verschwunden ist, tritt bei Gegenwart von Halogen eine grüne bis blaugrüne Flamme auf, die durch verdampfendes Halogenkupfer hervorgerufen wird.

5. auf nicht flüchtige Beimengungen:

0,2 g Benzoesäure dürfen keinen wägbaren Glührückstand hinterlassen.

48. Bismutum subsalicylicum — Basisches Wismutsalizylat.

Darstellung. Man löst 10 g neutrales Wismutnitrat $Bi(NO_3)_3 \cdot 5\,H_2O$ (Herstellung siehe Bismut. subnitr.) in 24 g verdünnter Essigsäure, verdünnt mit Wasser auf etwa 100 g, filtriert und trägt die Lösung in ein in einem Becherglase befindliches Gemisch von 34 g Ammoniakflüssigkeit und 130 g Wasser unter Umrühren ein. Es entsteht ein weißer Niederschlag (Wismuthydroxyd), die Flüssigkeit muß nach der Fällung alkalisch reagieren, andernfalls ist noch etwas Ammoniakflüssigkeit zuzusetzen. Der Niederschlag wird durch Dekantieren so lange mit Wasser gewaschen, bis er salpetersäurefrei ist.

Man prüft hierauf, indem man in einem Probierrohre 2 bis 3 ccm der Waschflüssigkeit mit dem gleichen Volumen konzentrierter Schwefelsäure mischt und mit Ferrosulfatlösung überschichtet. Bei Gegenwart von Salpetersäure entsteht an der Berührungsstelle beider Flüssigkeiten eine dunkelbraune Zone. (Erklärung des Chemismus s. Liquor ferri sesquichlorati Prüf. 10.)

Der Niederschlag wird in einer Porzellanschale mit warmem Wasser zu einem dünnen Brei angerührt, mit 2,9 g Salizylsäure versetzt und so lange auf dem Wasserbade únter Umrühren erwärmt, bis eine abfiltrierte Probe beim Erkalten keine Salizylsäure mehr ausscheidet. Das Salz wird auf einem angefeuchteten leinenen Tuche mit warmem Wasser gewaschen, bis das Abtropfende blaues Lackmuspapier nicht sofort rötet, und nach völligem Abtropfen bei etwa $70°$ getrocknet.

Betrachtung. Bei Bismut. subnitr. haben wir gesehen, daß Wismutsalze durch Wasser hydrolytische Spaltung erfahren. Um die Hydrolyse des Wassers möglichst zurückzudrängen und die Bildung basischen Salzes zu verhindern, lösten wir das neutrale Wismutnitrat in Essigsäure. Statt der Essigsäure kann man auch Salpetersäure verwenden.

Kalium-, Natriumhydroxyd und Ammoniak fällen aus Wismutsalzlösungen weißes, im Überschuß des Fällungsmittels unlösliches Wismuthydroxyd:

$$Bi(NO_3)_3 + 3\,NH_3 + 3\,H_2O \rightarrow Bi(OH)_3 + 3\,NH_4NO_3$$

Wismut- nitrat	Ammoniak	Wasser	Wismut- hydroxyd	Ammonium- nitrat

Das Wismuthydroxyd verliert besonders beim Erwärmen bald 1 Mol. Wasser und geht in $BiO(OH) = Bi(OH)_3 - H_2O$ über. Von $Bi(OH)_3$ leiten sich die neutralen, von $BiO(OH)$ die basischen Wismutsalze ab.

Die weiterhin zur Anwendung gelangende Salizylsäure ist eine Orthooxybenzoesäure, d. h. eine Benzoesäure (s. d.), die in Orthostellung (siehe Nitrobenzol) zur Karboxylgruppe eine Hydroxylgruppe trägt. Gemäß ihrer Darstellung aus Phenolnatrium C_6H_5ONa und Kohlendioxyd CO_2 unter Druck bei $130°$ (Kolbe, Schmitt) ist sie natürlich auch als Phenolabkömmling zu betrachten.

Behandeln wir Wismuthydroxyd mit Salizylsäure, so entsteht unter Wasseraustritt das basische Wismutsalizylat:

$$
\underset{\text{Salizylsäure}}{
\begin{array}{c}
\text{H} \\
\text{C} \\
\text{HC}\diagup\;\;\diagdown\text{COH} \\
\mid\qquad\mid \\
\text{HC}\diagdown\;\;\diagup\text{C}-\text{COO H} \\
\text{C} \\
\text{H}
\end{array}}
\;\;\underset{\text{Wismuthydroxyd}}{\text{HO BiO}}\;\;\longrightarrow\;\;
\underset{\text{Basisches Wismutsalizylat}}{
\begin{array}{c}
\text{H} \\
\text{C} \\
\text{HC}\diagup\;\;\diagdown\text{COH} \\
\mid\qquad\mid \\
\text{HC}\diagdown\;\;\diagup\text{C}\cdot\text{COO}\cdot\text{BiO} \\
\text{C} \\
\text{H}
\end{array}}
\;\;+\;\underset{\text{Wasser}}{\text{H}_2\text{O}}
$$

Diese Reaktion ist analog der zwischen Antimonoxyd und Kaliumbitartrat bei der Herstellung von **Tartarus stibiatus** (s. d.). Der SbO-—Antimonyl—Gruppe bei letzterem entspricht die BiO-Gruppe bei diesem Präparate. Es zeigt sich hierin wieder die Zusammengehörigkeit der Gruppenelemente (s. Periodisches System).

Eigenschaften. Basisches Wismutsalizylat ist ein weißes, beim Reiben elektrisch werdendes, geruch- und geschmackloses, in Wasser und Weingeist unlösliches Pulver. Beim Erhitzen tritt, ohne daß das Präparat schmilzt, Verkohlung ein als Merkmal einer organischen Substanz, als Glührückstand hinterbleibt gelbes Wismutoxyd (Bi_2O_3).

Prüfung.

1. **Identitätsreaktion auf salizylsaures Salz:**

Beim Eintragen von etwas basischem Wismutsalizylat in eine verdünnte Eisenchloridlösung $(1 + 19)$ entsteht Violettfärbung.

Die Hydroxylgruppe charakterisiert die aromatischen Verbindungen als Phenole. Letztere stehen ihrem chemischen Charakter nach zwischen Alkoholen und Säuren. Man kann sie auch als aromatische tertiäre Alkohole auffassen, die aber einen stärker negativen Charakter haben als die aliphatischen Alkohole. Dem Phenolcharakter sind auch die Farbenerscheinungen mit Eisenchlorid zuzuschreiben[1] (s. auch S. 193).

Phenol im engeren Sinne (Karbolsäure) gibt mit Eisenchloridlösung nur in wässeriger Lösung Violettfärbung, Salizylsäure dagegen in wässeriger und alkoholischer Lösung (Unterschied zwischen Phenol und Salizylsäure).

2. **Identitätsreaktion auf Wismutsalz:**

Beim Übergießen des Präparates mit Schwefelwasserstoffwasser entsteht schwarzes Wismuttrisulfid. In gleicher Weise färbt sich eine Anschüttelung von 0,5 g basischem Wismutsalizylat mit 5 ccm Wasser durch einige Tropfen Natriumsulfidlösung braunschwarz (s. Prüf. 8):

$$2\,C_6H_4OHCOOBiO + 3\,H_2S \rightarrow 2\,C_6H_4OHCOOH + Bi_2S_3 + 2\,H_2O$$

Basisches Wismut- salizylat	Schwefel- wasserstoff	Salizylsäure	Wismut- trisulfid	Wasser

---

[1] Die Ursache der Phenol-Eisenchloridfärbungen ist wahrscheinlich in der Bildung komplexer Säuren zu suchen.

3. auf freie Salizylsäure:

Dieselbe geht beim Schütteln von 0,5 g des Präparates mit 5 ccm Wasser in Lösung und erteilt dem Filtrat saure Reaktion.

Zu den weiteren Prüfungen (4 bis 9) löst man unter Erwärmen den aus 1,5 g basischem Wismutsalizylat erhaltenen Glührückstand (Bi_2O_3) in 10 ccm Salpetersäure und verdünnt mit Wasser auf 30 ccm.

4. auf schwefelsaures Salz:

Dieses gibt sich beim Versetzen mit 1 Tropfen Bariumnitratlösung durch einen weißen Niederschlag oder Trübung von Bariumsulfat zu erkennen:

$$Bi_2(SO_4)_3 + 3\,Ba(NO_3)_2 \rightarrow 3\,BaSO_4 + 2\,Bi(NO_3)_3$$

Wismutsulfat Bariumnitrat Bariumsulfat Wismutnitrat

5. auf salzsaures Salz:

Beim Versetzen mit 1 Tropfen Silbernitrallösung darf höchstens Opaleszenz eintreten. Chlorid gibt in Säuren unlösliches Silberchlorid:

$$BiCl_3 + 3\,AgNO_3 \rightarrow 3\,AgCl + Bi(NO_3)_3$$

Wismut- Silbernitrat Silber- Wismutnitrat
chlorid chlorid

6. auf Blei- und Bariumsalze:

Diese fallen beim Versetzen mit 10 ccm verdünnter Schwefelsäure als weißes Bleisulfat bzw. Bariumsulfat aus:

$$Pb(NO_3)_2 + H_2SO_4 \rightarrow PbSO_4 + 2\,HNO_3$$

Bleinitrat Schwefel- Bleisulfat Salpetersäure säure

7. auf Kupfersalze:

Fällt man mit überschüssiger Ammoniakflüssigkeit das Wismut im obigen Sinne als Wismuthydroxyd aus, so muß das Filtrat farblos sein. Kupfersalze färben das Filtrat tiefblau unter Bildung einer komplexen Kupfer-Ammoniak-Verbindung $Cu(NH_3)_4(NO_3)_2$ (s. **Cuprum sulfuricum**).

8. auf Kalziumsalze:

2 ccm der Lösung werden mit 5 ccm Wasser verdünnt und zur Ausfällung des Wismuts als Bi_2S_3 mit 1 ccm Natriumsulfidlösung (H_2S-Wirkung s. S. 64, Fußnote) kräftig geschüttelt:

$$2\,Bi(NO_3)_3 + 3\,H_2S \rightarrow Bi_2S_3 + 6\,HNO_3$$

Wismutnitrat Schwefel- Wismut- Salpeter-
wasserstoff trisulfid säure

Das Filtrat darf nach dem Übersättigen mit 2 ccm Ammoniakflüssigkeit durch Ammoniumoxalatlösung höchstens schwach getrübt werden. Kalziumsalze fallen als weißes Kalziumoxalat aus:

$$Ca(NO_3)_2 + \begin{matrix} COONH_4 \\ | \\ COONH_4 \end{matrix} \rightarrow \begin{matrix} COO \\ | \\ COO \end{matrix}\Big\rangle Ca + 2\,NH_4NO_3$$

Kalziumnitrat Ammonium- Kalzium- Ammoniumnitrat
oxalat oxalat

9. auf Magnesium- und Alkalisalze:

6 ccm der Lösung werden mit 20 ccm Wasser verdünnt und nach dem Versetzen mit einer Lösung von 2 g Ammoniumkarbonat in 20 ccm Wasser kurze Zeit gekocht. Wismut wird hierbei als basisches Wismutkarbonat ausgefällt:

$$Bi(NO_3)_3 + (NH_4)_2CO_3 + NH_3 + H_2O \rightarrow BiCO_3(OH) + 3\,NH_4NO_3$$

Wismut-　　Ammonium-　　Ammo-　Wasser　Bas. Wismut-　　Ammonium-
nitrat　　karbonat　　niak　　　karbonat　　nitrat

Das vom Niederschlage noch heiß befreite Filtrat darf nach dem Verdampfen und Durchfeuchten mit 1 Tropfen Schwefelsäure höchstens 0,003 g Glührückstand hinterlassen.

10. auf Arsenverbindungen:

Wird der Glührückstand aus der Gehaltsbestimmung nach 13 in 5 ccm Salzsäure unter Erwärmen gelöst und die Lösung mit 5 ccm Natriumhypophosphitlösung in dem mit einem Uhrglas bedeckten Tiegel eine Viertelstunde lang auf dem Wasserbade erwärmt, so darf das Gemisch keine dunklere Färbung annehmen. Arsenverbindungen werden zu elementarem Arsen reduziert (s. S. 68).

11. auf Ammoniumsalze:

Beim Erhitzen von 0,5 g basischem Wismutsalizylat mit 5 ccm Natronlauge darf sich kein Ammoniak entwickeln. Angefeuchtetes rotes Lackmuspapier darf durch die Dämpfe nicht gebläut werden:

$$NH_4NO_3 + NaOH \rightarrow NH_3 + H_2O + NaNO_3$$

Ammonium-　　Natrium-　　Ammo-　Wasser　Natrium-
nitrat　　hydroxyd　　niak　　　　nitrat

12. auf Nitrat:

Zink reduziert in alkalischer Lösung vor allem bei Gegenwart von Eisenfeile Nitrate zu Ammoniak. Es ist das die reduzierende Wirkung des Wasserstoffs in statu nascendi (s. d.), der durch die Einwirkung des Alkalis auf das Zink entsteht:

$$Zn + 2\,NaOH \rightarrow Zn(ONa)_2 + 2\,H$$

Zink　　Natrium-　　Natrium-　Wasser-
hydroxyd　　zinkat　　stoff

Erhitzt man ein Gemisch von 0,5 g des Präparates mit je 0,5 g Zinkfeile und Eisenpulver in einem Reagenzglase mit 5 ccm Natronlauge, so macht sich die Gegenwart von Nitraten durch Ammoniakgeruch oder Bläuung roten Lackmuspapiers bemerkbar:

$$NaNO_3 + 4\,Zn + 7\,NaOH \rightarrow 4\,Zn(ONa)_2 + NH_3 + 2\,H_2O$$

Natrium-　　Zink　　Natrium-　　Natriumzinkat　　Ammo-　Wasser
nitrat　　hydroxyd　　niak

13. Gehaltsbestimmung:

0,5 g basisches Wismutsalizylat werden in einem gewogenen Porzellantiegel verascht, dann in wenig Salpetersäure gelöst und nach dem Eindampfen zur Trockne geglüht. Es müssen mindestens 0,315 bis 0,326 g Wismutoxyd hinterbleiben = 56,5 bis 58,5 % Wismut.

Diese Gewichtsverhältnisse berechnen sich aus folgenden Gleichungen:

1. $2\,C_6H_4OHCOOBiO : Bi_2O_3 = 0{,}5 : x; \quad x = 0{,}322$

2 Mol.-Gew.: 724 — Mol.-Gew.: 466

2. $Bi_2O_3 : 2\,Bi = 0{,}322 : x;$

Mol.-Gew.: 466 — 2 × At.-Gew.: 418

$$\text{Prozentgehalt an Bi} = \frac{418 \cdot 0{,}322 \cdot 100}{466 \cdot 0{,}5} = 57{,}7.$$

49. Bismutum subgallicum — Basisches Wismutgallat — Dermatol (E.W.)

Darstellung. In einem 300-ccm-Becherglase löst man 12 g neutrales Wismutnitrat (s. Bism. subnitr.) in 48 g verdünnter Essigsäure (30%) und verdünnt mit 32 g Wasser. Andererseits löst man in einem Kölbchen 4,8 g Gallussäure in 40 g Wasser unter Erwärmen und gießt die 60 bis 70° warme Lösung unter Umrühren in die auf etwa 30 bis 40° erwärmte Wismutnitratlösung. Den entstandenen gelben Niederschlag von basischem Wismutgallat wäscht man zunächst durch Dekantieren, später auf dem Filter mit Wasser von 40 bis 50° bis zur Säurefreiheit (Prüfung des Filtrates mit blauem Lackmuspapier) aus und trocknet ihn dann bei 30 bis 40°.

Betrachtung. Wie bei Bismutum subsalicylicum näher ausgeführt wurde, soll die Essigsäure beim Lösen des Wismutnitrates dessen hydrolytische Spaltung zurückdrängen.

Unter den verschiedenen Trioxybenzoesäuren ist die Gallussäure die bekannteste und wird als Bestandteil der im Pflanzenreich weit verbreiteten Gerbstoffe oder Gerbsäuren (Galläpfel, Eichenrinde, Catechu usw.) aus diesen fermentativ mit Hefen oder durch Erhitzen mit Kalk unter Druck gewonnen. Als Karbonsäure des dreiwertigen Phenols Pyrogallol geht sie beim Erhitzen unter CO_2-Abgabe leicht in Pyrogallol über.

Die Fällung mit Wismutnitrat läßt sich wie folgt formulieren:

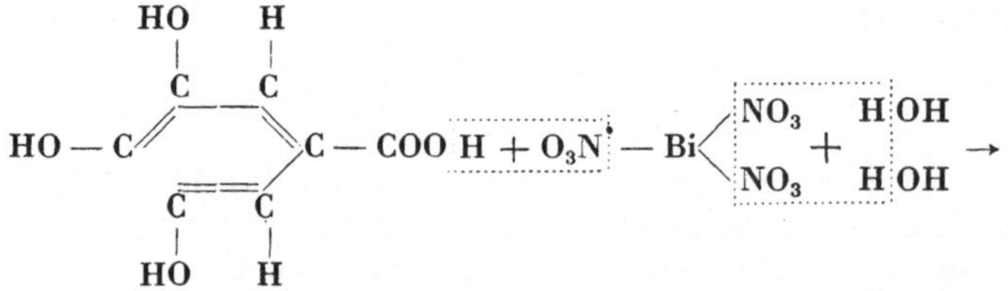

Gallussäure — Wismutnitrat — Wasser

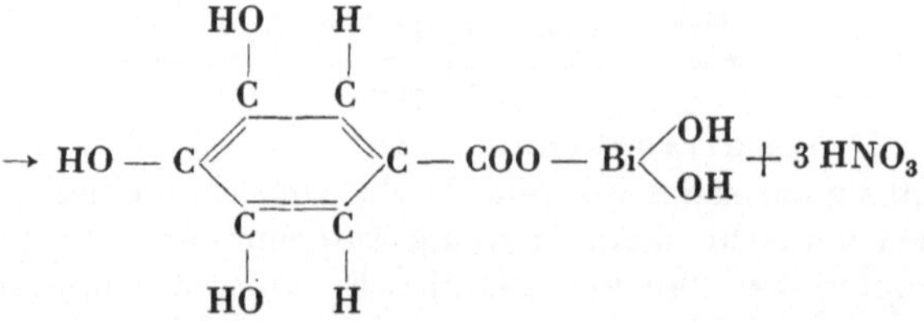

Wismutsubgallat — Salpetersäure

Eigenschaften. Basisches Wismutgallat ist ein gelbes, amorphes, geruch- und geschmackloses Pulver, unlöslich in Wasser, Weingeist und Äther. Beim Erhitzen verkohlt es, ohne zu schmelzen. Der Glührückstand ist gelbes Wismutoxyd (Bi_2O_3), wie bei Bismut. subnitr. und Bism. subsalicyl. (s. dort).

Prüfung.

1. Identitätsreaktionen auf Wismut und Gallussäure:

Eine Anschüttelung von 0,1 g Wismutsubgallat mit 5 ccm Wasser wird beim Versetzen mit 1 ccm Natriumsulfidlösung (H_2S-Wirkung) braunschwarz unter Bildung von Wismuttrisulfid:

$$2\,C_6H_2(OH)_3 \cdot COOBi(OH)_2 + 3\,H_2S \rightarrow 2\,C_6H_2(OH)_3 \cdot COOH + Bi_2S_3 + 2\,H_2O$$

Wismutsubgallat Schwefel- Gallussäure Wismut- Wasser
wasserstoff   trisulfid

Das Filtrat vom ausgeschiedenen Bi_2S_3 gibt mit 2 Tropfen Eisenchloridlösung die blauschwarze Gallussäurereaktion (s. Bism. subsalicyl. Prüf. 1 und 2).

2. auf schwefelsaures Salz,

3. auf salzsaures Salz,

4. auf Blei- und Bariumsalze,

5. auf Kupfersalze,

6. auf Kalziumsalze

wird wie bei Bismut. subsalicyl. geprüft (s. dort Prüf. 4 bis 8). Hierzu löst man den Glührückstand aus 2 g Wismutsubgallat in 15 ccm Salpetersäure unter Erwärmen und verdünnt mit 25 ccm Wasser.

7. auf Magnesium- und Alkalisalze:

4 ccm der zu den Prüfungen 2 bis 6 zu benutzenden Lösung werden mit 15 ccm Wasser und einer Lösung von 2 g Ammoniumkarbonat in 25 ccm Wasser versetzt, gekocht und dann in gleicher Weise wie bei Bismut. subsalicyl. (Prüf. 9) weiter behandelt. Der Glührückstand darf höchstens 0,002 g betragen.

8. auf Arsenverbindungen:

Der Glührückstand aus der Gehaltsbestimmung nach 12 wird in gleicher Weise wie bei Bismut. subsalicyl. (Prüf. 10) geprüft.

9. auf Ammoniumverbindungen:

1 g Wismutsubgallat muß sich in 5 ccm Natronlauge klar lösen und darf beim Erwärmen kein Ammoniak entwickeln (s. Bismut. subsalicyl. Prüf. 11).

10. auf Nitrat:

Die Lösung nach 9 darf auch nach Zusatz von je 0,5 g Zinkfeile und Eisenpulver, und bei weiterem Erwärmen darüber gehaltenes rotes angefeuchtetes Lackmuspapier höchstens sehr schwach bläuen (s. Bismut. subsalicyl. Prüf. 12).

11. auf freie Gallussäure:

Das Filtrat einer Anschüttelung von 1 g bas. Wismutgallat mit 10 ccm Weingeist darf höchstens 0,001 g Verdampfungsrückstand hinterlassen. Gallussäure ist in Weingeist löslich, Wismutsubgallat unlöslich.

12. Gehaltsbestimmung:

In einem nicht zu kleinen gewogenen, mit einem Uhrglas bedeckten Porzellantiegel werden 0,5 g bas. Wismutsubgallat über kleiner Flamme, die sich 6 bis 8 cm unter dem Tiegelboden befindet, vorsichtig erhitzt. Wenn die Masse eine dunklere Farbe angenommen hat, wird die Flamme entfernt und das Uhrglas etwas gelüftet. Das eintretende Verglimmen wird durch abwechselndes Auflegen und Abheben des Uhrglases geregelt. Wenn die Masse verglimmt ist, wird bei offenem Tiegel stärker erhitzt und schließlich geglüht. Der Glührückstand wird in wenig Salpetersäure gelöst und nach dem Eindampfen zur Trockne nochmals geglüht. Es müssen mindestens 0,260 g Wismutoxyd hinterbleiben = mindestens 46,6 % Wismut:

1.
$$2\,C_6H_2(OH)_3 \cdot COOBi(OH)_2 : Bi_2O_3 = 0{,}50 : x; \quad x = 0{,}27$$

Wismutsubgallat   Wismutoxyd
Mol.-Gew.: 824,2   Mol.-Gew.: 466

2.
$$Bi_2O_3 : 2\,Bi = 0{,}26 : x$$

Mol.-   2 × At.-
Gew.:   Gew.:
466   418

$$\text{Mindestprozentgehalt an Bi} = \frac{418 \cdot 0{,}26 \cdot 100}{466 \cdot 0{,}5} = 46{,}6.$$

50. Acidum acetylosalicylicum — Azetylsalizylsäure.

Darstellung[1]. 10 g Salizylsäure und 20 g Essigsäureanhydrid werden in einem Erlenmeyer-Kolben bis zur gleichmäßigen Durchmischung gut durchgeschüttelt. Nach Zusatz von 15 Tropfen konzentrierter Schwefelsäure erfolgt unter Erwärmung auf 35° zunächst Lösung und bald unter weiterer Erwärmung auf etwa 45° kristalline Ausscheidung der Azetylsalizylsäure. Der Kristallbrei wird in 200 ccm heißem Wasser gelöst, wobei gleichzeitig das überschüssige Essigsäureanhydrid zu Essigsäure zersetzt und entfernt wird. Die beim Abkühlen sich wieder ausscheidende Azetylsalizylsäure wird abgenutscht, mit Wasser bis zum Verschwinden der Sulfatreaktion ausgewaschen und bei mäßiger Temperatur getrocknet.

Ausbeute: 13 g.

Betrachtung. Die Umsetzung zwischen Salizylsäure und Essigsäureanhydrid ist folgende:

$$C_6H_4{<}^{OH(1)}_{COOH(2)} + O{<}^{OC \cdot CH_3}_{OC \cdot CH_3} \rightarrow C_6H_4{<}^{OOC \cdot CH_3(1)}_{COOH(2)} + CH_3COOH$$

Salizylsäure   Essigsäureanhydrid   Azetylsalizylsäure   Essigsäure

So wie wir bei Azetanilid eine Azetylierung (s. S. 189) eines Amins kennengelernt haben, so haben wir hier eine analoge Reaktion mit einem

---

[1] Manicke & Grigel, Archiv d. Pharm. Bd. 264 (1926) S. 323.

Phenol, als dessen Abkömmling die Salizylsäure zu betrachten ist (siehe Bism. subsalicyl. S. 202).

Eigenschaften. Azetylsalizylsäure bildet eine weiße kristalline Substanz, die in Wasser mit saurer Reaktion schwer, in Natronlauge oder Natriumkarbonatlösung unter Bildung von Natriumazetylosalizylat leicht löslich ist. Sie ist weiter leicht in Weingeist, schwerer in Äther löslich.

Prüfung.

1. Schmelzpunkt nicht unter 135°.

Bei der leichten Zersetzbarkeit der Azetylsalizylsäure ist die Schwefelsäure des Schmelzpunktapparates vor dem Hineinbringen des Schmelzpunktröhrchens auf etwa 125° vorzuheizen und dann mit so großer Flamme weiter zu erhitzen, daß die Schmelztemperatur in $1^{1}/_{2}$ bis 2 Minuten erreicht ist.

2. Identitätsreaktion auf Salizyl-Essigsäurederivat:

0,5 g Azetylsalizylsäure werden durch dreiminütiges Kochen mit 5 ccm Natronlauge verseift:

$$C_6H_4\!\!\begin{array}{c}\diagup OOC\cdot CH_3\\ \diagdown COOH\end{array} + 2\,NaOH \rightarrow C_6H_5\!\!\begin{array}{c}\diagup OH\\ \diagdown COONa\end{array} + CH_3COONa + H_2O$$

Azetylsalizylsäure   Natrium-
hydroxyd   Natriumsalizylat   Natriumazetat   Wasser

Nach dem Erkalten werden 10 ccm verdünnte Schwefelsäure zugefügt, wodurch Salizylsäure und Essigsäure frei werden. Die Salizylsäure scheidet sich aus und gibt sich nach dem Waschen mit wenig Wasser und nach dem Trocknen durch ihren Schmelzpunkt $= 157°$ und durch Violettfärbung ihrer wässerigen Lösung mittels Eisenchloridlösung zu erkennen (s. S. 203). Das von der ausgeschiedenen Salizylsäure abgetrennte Filtrat riecht nach der in ihm enthaltenen Essigsäure und beim Kochen mit wenig Weingeist und Schwefelsäure nach Essigester:

$$CH_3\cdot COOH + C_2H_5OH \rightarrow CH_3\cdot COOC_2H_5 + H_2O$$

Essigsäure   Äthanol   Äthylazetat   Wasser

3. auf unazetylierte Salizylsäure:

Eine kalt bereitete Lösung von 0,1 g Azetylsalizylsäure in 5 ccm Weingeist darf nach dem Versetzen mit 20 ccm Wasser und unmittelbarem Hinzufügen von 1 Tropfen verdünnter Eisenchloridlösung $(1 + 24)$ nur sehr schwach violett gefärbt werden.

4. auf durch Oxal-, Wein-, Zitronensäure verdeckte Salizylsäure:

2 g Azetylsalizylsäure werden mit 5 ccm einer Mischung gleicher Raumteile Äther und Petroläther kräftig geschüttelt. Das Filtrat wird in einem Schälchen zum freiwilligen Verdunsten gebracht. Der Verdunstungsrückstand wird mit 5 ccm Wasser in ein Probierröhrchen gespült und nach

kräftigem Schütteln filtriert. Das Filtrat darf durch einen Tropfen verdünnter Eisenchloridlösung (1 + 24) nur schwach violett gefärbt werden.

Infolge Komplexbildung fällt bei Gegenwart von Oxal-, Wein- und Zitronensäure der Nachweis freier Salizylsäure mit Eisenchlorid negativ aus. Dieser störende Einfluß wird durch die vorstehende Ausschüttelung weitgehendst unterbunden.

5. **auf Schwermetallsalze:**

Wird 1 g Azetylsalizylsäure mit 20 ccm Wasser 5 Minuten geschüttelt, so darf das Filtrat durch 3 Tropfen Natriumsulfidlösung nicht verändert werden.

Schwermetallsalze geben sich als unlösliche Sulfide durch Verfärbungen oder Niederschläge zu erkennen:

$$\text{Me Salz} + \underset{\substack{\text{Schwefel-}\\\text{wasserstoff}}}{H_2S} \rightarrow \underset{\substack{\text{Metall-}\\\text{sulfid}}}{\text{Me S}} + \text{Säure}$$

6. **auf Salzsäure bzw. Chloride:**

Das Filtrat nach 5 darf durch Silbernitratlösung nicht verändert werden. Trübung oder Niederschlag wäre durch Silberchlorid bedingt:

$$\underset{\substack{\text{Chlor-}\\\text{wasserstoff}}}{HCl} + \underset{\substack{\text{Silber-}\\\text{nitrat}}}{AgNO_3} \rightarrow \underset{\substack{\text{Silber-}\\\text{chlorid}}}{AgCl} + \underset{\substack{\text{Salpeter-}\\\text{säure}}}{HNO_3}$$

7. **auf Schwefelsäure bzw. Sulfate:**

Das Filtrat nach 5 darf durch Bariumnitratlösung nicht verändert werden. Sulfate fallen als weißes Bariumsulfat aus:

$$\underset{\substack{\text{Schwefel-}\\\text{säure}}}{H_2SO_4} + \underset{\text{Bariumnitrat}}{Ba(NO_3)_2} \rightarrow \underset{\substack{\text{Barium-}\\\text{sulfat}}}{BaSO_4} + \underset{\substack{\text{Salpeter-}\\\text{säure}}}{2\,HNO_3}$$

8. **auf feste (mineralische) Bestandteile:**

0,2 g Azetylsalizylsäure dürfen keinen wägbaren Glührückstand hinterlassen.

51. Aether bromatus — Äthylbromid.

Darstellung. In einem Rundkolben von etwa 1 Liter Inhalt läßt man ohne Kühlung zu 90 g Alkohol (95 %) 200 g konzentrierte Schwefelsäure zufließen, läßt auf Zimmertemperatur abkühlen, fügt unter Kühlung vorsichtig 75 g Eiswasser zu und versetzt schließlich mit 100 g pulverisiertem Kaliumbromid. Man unterwirft das Gemisch im Sandbade bei vorgelegtem, nicht zu kurzem Kühler einer ziemlich raschen Destillation. Die Vorlage füllt man mit so viel Wasser, dem einige Eisstückchen beigefügt sind, daß der Vorstoß in dasselbe eintaucht (Abb. 56).

Wenn das Destillat während der Destillation zurücksteigen sollte, so stellt man die Vorlage etwas tiefer, so daß der Vorstoß nur noch wenig eintaucht. Die Beendigung der Destillation erkennt man daran, daß keine in Wasser untersinkenden Öltropfen mehr übergehen. Das am Boden der Vorlage als ölartige Schicht angesammelte Äthylbromid wird vom überstehenden Wasser getrennt, einige Male mit kaltem Wasser im Scheidetrichter geschüttelt, vom Wasser getrennt und zur Befreiung von anhängendem Äthyläther zweimal unter guter Kühlung mit einem halben Raumteil Schwefelsäure versetzt und je 6 Stunden lang unter häufigem

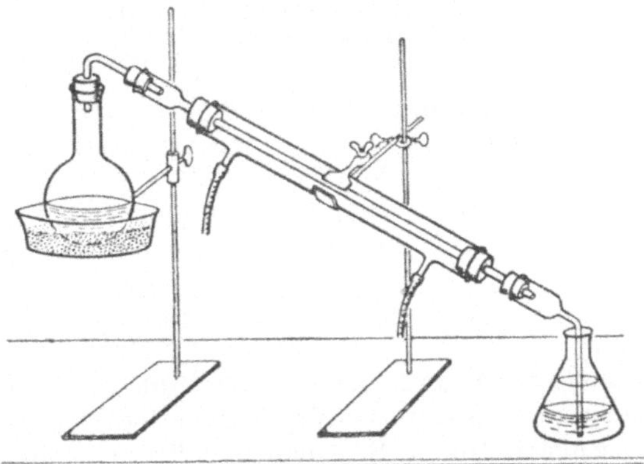

Abb. 56. Apparat zur Darstellung von Äthylbromid.
Destillation im Sandbade.

Umschütteln stehengelassen. Beide Schichten (obere Schicht ist jetzt Äthylbromid) werden wieder getrennt, und das Äthylbromid wird mit einem halben Raumteil Kaliumkarbonatlösung (1 + 19) zur Befreiung von Bromwasserstoffsäure geschüttelt. Dann wird die untere Schicht (Äthylbromid) wieder abgelassen, mit gekörntem Kalziumchlorid getrocknet und im Fraktionskolben der Destillation auf dem Wasserbade bei 38° unterworfen. Das reine Äthylbromid geht über. Man hat hinsichtlich des niedrigen Siedepunktes für gute Kühlung im Kühler zu sorgen. Ausbeute 70 bis 80 g. Das fertige Äthylbromid ist mit absolutem Alkohol auf die Dichte 1,450 bis 1,454 $\frac{15°}{15°}$ bzw. 1,440 bis 1,444 $\frac{20°}{4°}$ zu bringen.

Äthylbromid ist in dickwandigen, braunen, ganz gefüllten und gut verschlossenen Flaschen von etwa 100 ccm Inhalt vor Licht geschützt aufzubewahren.

Betrachtung. Diese Reaktion ist eine allgemein anwendbare, um in aliphatischen und aromatischen Alkoholen, nicht aber in Phenolen die Hydroxylgruppe durch Halogen mittels Halogenwasserstoffs zu ersetzen.

Mit Jodwasserstoff erfolgt die Reaktion am leichtesten, mit Bromwasserstoff schon schwieriger, indem hierbei schon öfters Erwärmen notwendig wird, während bei Chlorwasserstoffeinwirkung meist sogar ein wasserentziehende Mittel, z. B. Zinkchlorid, erforderlich ist.

Statt vom Halogenwasserstoff kann man in vielen Fällen wie bei unserem Präparate vom Alkalisalz desselben ausgehen und aus diesem bei

der Reaktion selbst mittels Schwefelsäure, die ihrerseits direkt als wasserentziehendes Mittel wirkt, die Halogenwasserstoffsäure gewinnen.

Die Umsetzung, wie sie bei unserem Präparate erfolgt, ist somit
folgende:

a)
$$KBr + H_2SO_4 \rightarrow HBr + KHSO_4$$
Kalium-   Schwefel-   Brom-   Kaliumbromid   säure   wasserstoff   bisulfet

b)
$$C_2H_5\,OH + H\,Br \rightarrow C_2H_5Br + H_2O$$
Äthylalkohol   Brom-   Äthyl-   Wasser
                 wasserstoff   bromid

Auch durch direkte Einwirkung von Brom und Chlor (Jod wirkt nicht
ein) auf die Paraffine (s. Nitrobenzol) lassen sich Halogenalkyle gewinnen:
$$C_2H_6 + 2\,Br \rightarrow C_2H_5Br + HBr$$
Äthan   Brom   Äthyl-   Brom-
                        bromid   wasserstoff

Diese Methode wird aber wenig angewandt, es werden hierbei Gemenge verschiedener Substitutionsprodukte erhalten. Beim Zusammenbringen von je einem Mol. z. B. Äthan und Brom werden neben Mono-
auch Di- und Tribromäthan erhalten, wobei natürlich ein Teil des Kohlen-
wasserstoffs unangegriffen bleibt.

Eine weit heftigere und zugleich wichtige Reaktion zum Ersatz von
Hydroxylgruppen durch Halogen ist die mittels Phosphorhalogens (PHlg$_3$,
PHlg$_5$).

Man braucht bei dieser Methode nicht vom fertigen Halogenphosphor
auszugehen, sondern kann ihn während der Reaktion selbst erzeugen, so
daß man in unserem Falle der Herstellung von Äthylbromid zu einem Gemisch von Alkohol und rotem Phosphor aus einem Scheidetrichter Brom
langsam zuträufeln läßt. Die Umsetzung würde folgendermaßen erfolgen:

$$\left.\begin{array}{l} C_2H_5\,OH \\ C_2H_5\,OH \\ C_2H_5\,OH \end{array}\right\} + P\,Br_3 \rightarrow 3\,C_2H_5Br + H_3PO_3$$
Äthylalkohol   Phosphor-   Äthylbromid   Phosphorige
                 tribromid   Säure

Zu dem therapeutisch zu verwendenden Methylbromid soll diese letzte
Reaktion keine Anwendung finden, weil dann das Präparat häufig durch
Phosphor-, Arsen- und Schwefelverbindungen verunreinigt ist.

Als Nebenprodukt sahen wir bei unserer Darstellung Äther sich bilden.
Dies rührt daher, daß auf die aus Alkohol und Schwefelsäure gebildete
Äthylschwefelsäure (s. Mixtura sulfurica acida) ein weiterer Teil
Alkohol beim Erwärmen säureabspaltend unter Ätherbildung einwirkt:

$$C_2H_5\,OSO_3H + H\,OC_2H_5 \rightarrow C_2H_5 \cdot O \cdot C_2H_5 + H_2SO_4$$
Äthyl-   Äthylalkohol   Äthyläther   Schwefel-
schwefelsäure   säure

Eigenschaften. Äthylbromid bildet eine klare, farblose, flüchtige, stark lichtbrechende Flüssigkeit, die ätherisch riecht, in Wasser unlöslich, in Weingeist und Äther löslich ist und Lackmuspapier nicht verändert.

Prüfung.

1. auf fremde organische Verbindungen (Schwefel-, Äthylen-, Amylverbindungen):

Schüttelt man gleiche Volumina (10 ccm) Äthylbromid und Schwefelsäure in einem 3 cm weiten, mit Schwefelsäure gespülten Glase, so darf sich die Säure innerhalb einer Stunde nicht gelb färben.

2. auf Phosphorverbindungen (s. o.):

Dieselben machen sich bei langsamem Verdunsten von 5 ccm Äthylbromid in einem Schälchen durch knoblauchartigen Geruch bemerkbar.

3. auf Bromwasserstoffsäure (s. Darstellung):

Schüttelt man 5 ccm Äthylbromid mit 5 ccm Wasser einige Sekunden lang und hebt von dem Wasser sofort 2,5 ccm ab, so darf dieses durch 1 Tropfen Silbernitratlösung innerhalb 5 Minuten höchstens opalisierend getrübt werden. Bromwasserstoffsäure würde hierbei in Wasser übergehen, diesem saure Reaktion erteilen und mit Silbernitrat weißgelbliches Silberbromid abscheiden:

$$HBr + AgNO_3 \rightarrow AgBr + HNO_3$$

Bromwasserstoff   Silbernitrat   Silberbromid   Salpetersäure

Wie bei Benzoesäure Prüf. 4 (s. d.) ausgeführt geben nur Halogenionen mit Silbernitrat die Halogenreaktion. Äthylbromid ist aber wie die meisten organischen Verbindungen kein Elektrolyt und weist demnach keine Bromionen auf.

4. auf freies Brom:

Schüttelt man 5 ccm Äthylbromid mit 5 ccm Zinkjodidstärkelösung, so darf sich weder das Äthylbromid noch die Stärkelösung färben. Brom macht aus Jodiden Jod frei, das Stärke bläut:

$$ZnJ_2 + 2\,Br \rightarrow ZnBr_2 + 2\,J$$

Zinkjodid   Brom   Zinkbromid   Jod

52. Camphora monobromata — Bromkampfer.

Darstellung. Einen Kolben von etwa 2 Liter Inhalt versieht man mit einem doppelt durchbohrten Kork. Durch die eine Bohrung führt man einen Tropftrichter, durch die andere ein Steigrohr, das oben zweimal rechtwinklig gebogen und auf der anderen Seite durch einen mit seitlichem Einschnitt versehenen Kork mit einem Kolben verbunden ist, der etwa ¹/₄ Liter Wasser enthält. Das Rohr darf nicht in das Wasser eintauchen (Abb. 57).

In den leeren Kolben *a* gibt man 150 g gepulverten Kampfer und läßt aus dem Tropftrichter *b* 160 g Brom langsam in kleinen Portionen zufließen. Es entwickeln sich heftige Bromwasserstoffdämpfe, die durch das Rohr entweichen und vom Wasser absorbiert werden. Man schüttelt öfters um und wartet vor jeder neuen Zugabe von Brom das Aufhören der Bromwasserstoffentwicklung ab. Wenn alles Brom zugesetzt ist, erwärmt man noch einige Stunden auf dem Wasserbade, gießt darauf in viel kaltes Wasser, nutscht ab und wäscht mit kaltem Wasser gut nach. Das Rohprodukt kristallisiert man nach dem Abtrocknen auf Tontellern aus verdünntem Methylalkohol um, d. h. man setzt der konzentrierten Lösung in reinem Methylalkohol so viel Wasser langsam zu, daß sie in der Siedehitze eben getrübt ist, klärt sie durch vorsichtigen Zusatz von Methylalkohol wieder auf und läßt dann erkalten.

Betrachtung. Kampfer ist in pharmazeutischer Hinsicht der Hauptrepräsentant der h y d r o a r o m a t i s c h e n Reihe. Wie schon der Name

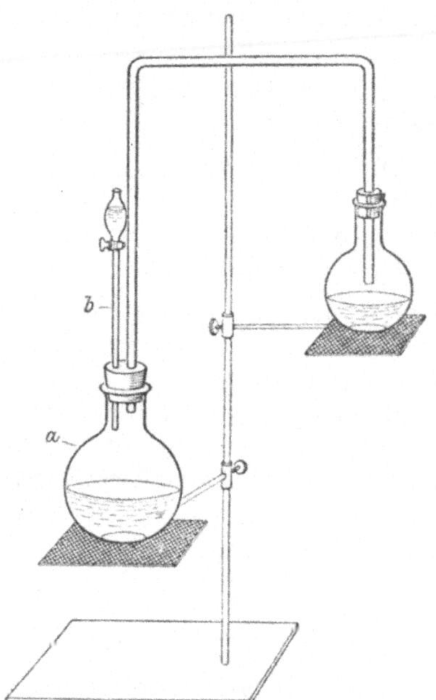

Abb. 57. Apparat zur Darstellung von Bromkampfer.

andeutet, umfaßt dieselbe aromatische Verbindungen, die in ihren Kern Wasserstoff aufgenommen haben. Der einfachste Vertreter ist das H e x a m e t h y l e n oder H e x a h y d r o b e n z o l:

$$\begin{array}{c} H_2 \\ C \\ H_2C \diagup \quad \diagdown CH_2 \\ H_2C \diagdown \quad \diagup CH_2 \\ C \\ H_2 \end{array}$$

Hexamethylen

Dasselbe findet sich unter dem Namen N a p h t h e n im kaukasischen Petroleum.

Die Darstellung der hydroaromatischen Verbindungen kann nach einem Verfahren von Sabatier und Senderens erfolgen, indem man Dämpfe von Benzol und seinen Homologen mit Wasserstoff über fein verteiltes Nickel als Katalysator oder andere Katalysatoren streichen läßt.

Durch die Wasserstoffaufnahme haben die hydroaromatischen Verbindungen viel von dem aromatischen Charakter verloren und gleichen in vielen Eigenschaften den aliphatischen Verbindungen. Wie die letzteren sind die Naphtene z. B. gegen Schwefel- und Salpetersäure indifferent.

Die hierher gehörenden Terpene und Kampfer lassen sich vom Cymol = Methylisopropylbenzol:

$$
\begin{array}{c}
CH_3 \\
| \\
C \\
HC \diagup \quad \diagdown CH \\
| \qquad | \\
HC \diagdown \quad \diagup CH \\
C \\
| \\
CH \\
\diagup \diagdown \\
CH_3 \quad CH_3
\end{array}
$$

Cymol

ableiten, da sie in Cymol zurückzuverwandeln sind.

Dem hydrierten Cymol kommt die Formel $C_{10}H_{20}$ zu, man nennt es Menthan:

$$
\begin{array}{c}
CH_3 \\
| \\
CH \\
H_2C \diagup \quad \diagdown CH_2 \\
| \qquad | \\
H_2C \diagdown \quad \diagup CH_2 \\
CH \\
| \\
CH \\
\diagup \diagdown \\
CH_3 \quad CH_3
\end{array}
$$

Menthan

Der Kampfer ist das Keton eines Kohlenwasserstoffes von der Formel $C_{10}H_{18}$. Da nun der Kampfer und mithin der ihm zugrunde liegende Kohlenwasserstoff gesättigte Verbindungen sind (keine Doppelbindungen enthalten) und letzterer vom Menthan nur um zwei Wasserstoffatome differiert, muß notwendig eine zweite Ringbildung angenommen werden.

Dies kann in der Weise geschehen, daß die Isopropylgruppe in den Kern
zu liegen kommt und Bindung mit dem paraständigen Kohlenstoffatom
eingeht:

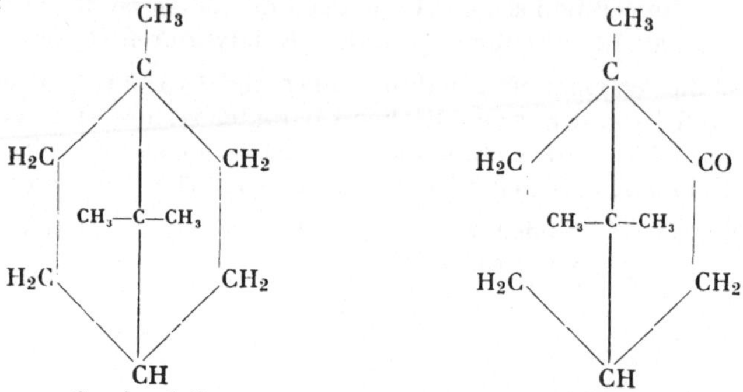

$$
\begin{array}{cc}
\text{CH}_3 & \text{CH}_3 \\
| & | \\
\text{C} & \text{C} \\
\text{H}_2\text{C} \quad \text{CH}_2 & \text{H}_2\text{C} \quad \text{CO} \\
\text{CH}_3-\text{C}-\text{CH}_3 & \text{CH}_3-\text{C}-\text{CH}_3 \\
\text{H}_2\text{C} \quad \text{CH}_2 & \text{H}_2\text{C} \quad \text{CH}_2 \\
\text{CH} & \text{CH}
\end{array}
$$

Camphan $C_{10}H_{18}$ Kampfer $C_{10}H_{16}O$ (nach Bredt)

Bei unserem Präparate haben wir es mit der Bromierung gleichsam
eines hydroaromatischen Kohlenwasserstoffes zu tun. Sowohl in den aliphatischen wie in den aromatischen Kohlenwasserstoffen lassen sich
Wasserstoffatome durch Chlor und Brom bei direkter Einwirkung dieser
Halogene (Jod wirkt nicht ein) ersetzen. Diese Eigenschaft teilt, wie wir
an diesem Präparate sehen, der Kampfer als hydroaromatische Verbindung
mit den aliphatischen und aromatischen Kohlenwasserstoffen.

Lassen wir nun gemäß unserer Darstellung auf 1 Mol. Kampfer 1 Mol.
Brom einwirken, so erfolgt Bromierung unter Ersatz eines Wasserstoff-
atoms in der der Karbonylgruppe benachbarten, gewöhnlich als α bezeichneten Methylengruppe, so daß dem α-Bromkampfer und seiner Bildung folgende Formel bzw. Gleichung zukommt:

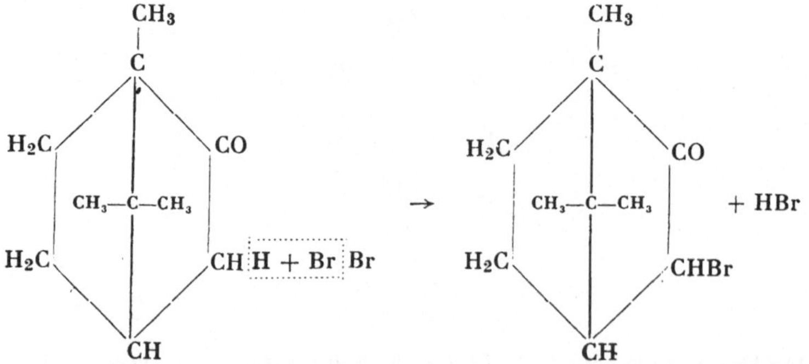

$$
\begin{array}{cc}
\text{CH}_3 & \text{CH}_3 \\
| & | \\
\text{C} & \text{C} \\
\text{H}_2\text{C} \quad \text{CO} & \text{H}_2\text{C} \quad \text{CO} \\
\text{CH}_3-\text{C}-\text{CH}_3 & \text{CH}_3-\text{C}-\text{CH}_3 \quad +\ \text{HBr} \\
\text{H}_2\text{C} \quad \text{CH H} + \text{Br Br} & \text{H}_2\text{C} \quad \text{CHBr} \\
\text{CH} & \text{CH}
\end{array}
$$

Kampfer   Brom $\quad\rightarrow\quad$ α-Bromkampfer   Brom-wasserstoff

Eigenschaften. Bromkampfer bildet farblose Kristalle von mildem,
kampferartigem Geruch und Geschmack. Er ist in Wasser fast unlöslich,
leicht löslich in Weingeist, Äther, Chloroform usw.

Prüfung.

1. S c h m e l z p u n k t : 76°.

2. a u f B r o m w a s s e r s t o f f s ä u r e :

Dieselbe ist bei ungenügendem Auswaschen vorhanden.

Schüttelt man etwa 0,5 g Bromkampfer mit 10 ccm Wasser, so sei das Filtrat neutral und gebe mit Silbernitratlösung keine Halogenreaktion. Bromwasserstoffsäure gibt gelblichweißen, in Säuren unlöslichen, in Ammoniak ziemlich schwer löslichen Silberbromidniederschlag:

$$HBr + AgNO_3 \rightarrow AgBr + HNO_3$$

Brom-   Silber-   Silber-   Salpeter-
wasserstoff   nitrat   bromid   säure

A n m e r k u n g : Die bei der Bromierung des Kampfers als Nebenprodukt erhaltene wässerige Bromwasserstoffsäure unterwirft man bei vorgelegtem Kühler der fraktionierten Destillation. Zunächst destilliert Wasser über, schließlich bei 126° eine 48proz. Säure. Dieselbe kann bei der Herstellung von K a l i u m b r o m i d (s. d.) Verwendung finden oder direkt auf Kaliumbromid verarbeitet werden, indem man sie mit Kaliumkarbonat neutralisiert und zur Kristallisation einengt.

53. Amylum solubile — Lösliche Stärke.

Darstellung. In einer Schale oder weithalsigen Flasche wird eine beliebige Menge Kartoffelstärke mit so viel verdünnter reiner Salzsäure (7,5 %) übergossen, daß die Flüssigkeit nach völliger Durchtränkung der Stärke noch einige Zentimeter über dieser steht. Man läßt unter öfterem Durcharbeiten mit einem Stock oder dicken Glasstab 7 Tage bei gewöhnlicher Temperatur oder 3 Tage bei 40° stehen, seiht dann die Salzsäure durch ein Tuch ab und wäscht die Stärke zunächst durch Dekantieren, später auf dem Seihtuche mit Wasser so lange aus, bis das ablaufende Wasser vollkommen neutral ist und Lackmuspapier nicht mehr rötet. Man trocknet an der Luft und bewahrt die lösliche Stärke vor Feuchtigkeit geschützt in gut zu verschließenden Glasgefäßen auf.

Betrachtung. Die Stärke ist ein Kohlenhydrat, und zwar ein Polysaccharid (s. Ferrum oxydatum cum Saccharo). Ihr Molekül besteht aus der I n h a l t s u b s t a n z , der A m y l o s e , und der H ü l l s u b s t a n z , dem A m y l o p e k t i n . Die bekannte Eigenschaft der Stärke, beim Erhitzen ihrer wässerigen Ausschüttelung zu verkleistern, beruht scheinbar auf einer Quellung besonders des Amylopektins, während die Amylose mehr oder weniger in Lösung geht.

Jod färbt Stärke, offenbar durch Einlagerung, blau. Beim Erhitzen einer durch Jod blau gefärbten Stärkelösung verschwindet die Blaufärbung und kehrt beim Erkalten wieder zurück.

Die Stärke läßt sich aufschließen, abbauen oder verzuckern (hydrolysieren), d. h. das Stärkemolekül ist zerlegbar in kleine und immer

kleinere Moleküle hinab bis zum Monosaccharid, der G l u k o s e, dem
T r a u b e n - oder S t ä r k e z u c k e r, dessen Moleküle als die Bausteine des
Stärkemoleküls aufzufassen sind. Die Verzuckerung kann auf bio-
chemischem oder auf rein chemischem Wege erfolgen.

Die biochemische Verzuckerung ist eine amylolytische Enzymwirkung
(s. S. 176) der in Getreidekörnern anzutreffenden A m y l a s e oder D i a-
s t a s e, die sich beim Keimen der Getreidekörner, vor allem der Gerste,
stark anreichert und daher in dieser Form als M a l z zur Bier- und
Spiritusbereitung verwandt wird (Maischprozeß). Die Malzamylase ist
kein einheitliches Enzym, sondern ein Gemisch von mindestens zwei verschiedenen Enzymen, die E. O h l s o n als D e x t r i n o g e n a m y l a s e (auch
Alpha-Amylase genannt) und S a c c h a r o g e n a m y l a s e (Beta-Amylase)
bezeichnete. Die stufenweise (verflüssigend, dextrinierend, verzuckernd)
verlaufende enzymatisch-amylolytische Spaltung führt aber im Gegensatz
zu der chemischen Verzuckerung im wesentlichen nur bis zu dem Disaccharid, der M a l t o s e, wobei sich zugleich ein Unterschied zwischen
der Hüll- und Inhaltsubstanz bemerkbar macht. Während die Inhaltsubstanz (Amylose) zu 100% in Maltose übergeführt wird, verläuft die
Verzuckerung der Hüllsubstanz (Amylopektin) oft unvollständig unter
Hinterlassung sogenannter G r e n z d e x t r i n e, deren weitere Spaltung zu
Maltose erst unter besonderen Bedingungen verläuft.

Die r e i n c h e m i s c h e V e r z u c k e r u n g geschieht meist mittels
Mineralsäuren. Sie kann im günstigsten Falle bis zur Glukose durchgeführt
werden. Sie ist aber je nach Umständen, wie Stärke und Konzentration der
Säure, Dauer der Säureeinwirkung, Temperatur usw. graduell verschieden.
Man ist demnach nach Wahl dieser Umstände in der Lage, höhere oder
niedere Abbauprodukte der Stärke zu gewinnen.

Die Verzuckerung der Stärke zu Glukose durch Schwefelsäure er-
kannte G o t t l i e b S i g i s m u n d K o n s t a n t i n K i r c h h o f f 1811 und
gab den Namen „Stärkezucker“. 1812 wurde unter Leitung von D ö b e-
r e i n e r die erste Stärkezuckerfabrik in Tiefurt bei Weimar gegründet.

Bei den Herstellungsbedingungen, wie sie für die lösliche Stärke gegeben sind, ist die Hydrolyse der Stärke im allgemeinen noch keine weit-
gehende. Das Quellungsvermögen der Hüllsubstanz und damit die Kleister-
bildung sind aufgehoben. Die Stärke gibt nunmehr mit heißem Wasser
eine klare oder fast klare kolloide (s. Kolloide) Lösung. Die Eigenschaft
der Stärke, sich mit Jod blau zu färben, ist aber erhalten geblieben.

Bei der löslichen Stärke haben wir es demnach mit Abbauprodukten zu
tun, die sich bezüglich Dispersitätsgrad und Konstitution zwischen Stärke
und Dextrin bewegen. D e x t r i n gibt mit Jod keine Bläuung mehr, sondern
nur noch Weinrotfärbung. Der Abbaugrad der löslichen Stärke kann nach
der Herstellungsart verschieden sein und damit auch ihr Verhalten hinsichtlich Lösbarkeit in Wasser, reduzierender Eigenschaften usw.

Zur Herstellung der löslichen Stärke, wie sie vor allem zur Appretur und Schlichte in der Textilindustrie dient, werden nach Patenten u. a. auch Persalze, Perborate und Chloramin (s. S. 55) verwandt.

In der Analytik findet die lösliche Stärke als Indikator bei jodometrischen und ähnlichen maßanalytischen Bestimmungen Verwendung. Sie eignet sich hierzu in ihrer heiß zu bereitenden und kalt zu verwendenden 1 proz. wässerigen Lösung weit besser als die gewöhnliche Stärke.

Die Zuckerarten verhalten sich durch ihren Besitz asymmetrischer Kohlenstoffatome (s. S. 172) optisch aktiv, d. h. sie vermögen die Schwingungsebene des polarisierten Lichtstrahles abzulenken, und zwar — vom Beobachter aus gesehen, der gegen den Lichtstrahl blickt — im Sinne des Uhrzeigers links oder rechts zu drehen. Man benutzt diese Eigenschaft zur polarimetrischen Bestimmung der Zuckerarten, insbesondere von Glukose, Saccharose (Rohrzucker) und Invertzucker. Rechtsdrehende Stoffe werden mit d (dexter), linksdrehende mit l (laevus) gekennzeichnet. Das Ausmaß der Drehung wird außer von der Natur des Stoffes noch bestimmt von der Konzentration der Lösung, der Länge der durchstrahlten Schicht, der Temperatur, der Wellenlänge des benutzten Lichtes und häufig auch von dem Lösungsmittel. Das gewöhnlich angewandte monochromatische Natrium-Licht bezeichnet man mit D, demselben Ausdruck, den man seiner gelben Linie im Spektroskop beilegt.

So wie man ein spezifisches Gewicht (Dichte) kennt, so kennt man auch eine **spezifische Drehung** mit dem Ausdruck $[\alpha]_D^{20°}$ für Natrium-Licht und Temperatur von 20° und versteht darunter den Drehungswinkel α einer Lösung von der Konzentration $\left(\text{Dichte} = \dfrac{M}{V}\right) \dfrac{100\ \text{g}}{100\ \text{ccm}}$ im 1-dm-Rohr.

An Stelle dieser meist nicht zu verwirklichenden Konzentration verwendet man in der Praxis verdünntere Lösungen in gewöhnlich 2-dm-Röhren. Bei Anwendung beliebiger Konzentrationen $\left(\dfrac{c}{100\ \text{ccm}}\right)$ und Rohrlängen (l = Rohrlänge in dm) ergeben sich dann folgende Verhältnisse:

$$[\alpha]: \frac{100}{100} = \alpha : \frac{c \cdot l}{100}; \quad [\alpha] = \frac{\alpha \cdot \dfrac{100}{100}}{\dfrac{c \cdot l}{100}} = \frac{\alpha \cdot 100}{c \cdot l}; \quad c\left(= \frac{g}{100\ \text{ccm}}\right) = \frac{\alpha \cdot 100}{[\alpha] \cdot l}$$

$[\alpha]_D^{20°}$ beträgt für Glukose $+ 52{,}74°$; für Saccharose $+ 66{,}54°$. Setzen wir diese Werte ein, so erhalten wir:

a) für Glukose:
$$c = \frac{\alpha \cdot 100}{52{,}74 \cdot l} = \frac{1{,}896 \cdot \alpha}{l}$$

b) für Saccharose:
$$c = \frac{\alpha \cdot 100}{66{,}54} = \frac{1{,}503 \cdot \alpha}{l}.$$

„Saccharimetrische" Bestimmungen, insbesondere von Glukose (Harn) und Saccharose, lassen sich dadurch vereinfachen, daß man durch entsprechende Rohrlängen, und zwar von 1,896 dm für Glukose, von 1,503 dm für Saccharose, das Verhältnis $\dfrac{a \cdot 100}{[a] \cdot l} = 1$ und damit $c = a$ macht:

$$c = \frac{1,896 \cdot a}{1,896} \text{ bzw. } \frac{1,503 \cdot a}{1,503} = a.$$

Der Drehungswinkel zeigt damit zugleich den Prozentgehalt an.

Verschiedene Zucker, wie Glukose, zeigen Mutarotation, d. h. sofort nach Auflösen ein größeres Drehungsvermögen als nach Eintritt des Gleichgewichtes zwischen der a- und β-Form. Die Mutarotation wird durch einige Tropfen Ammoniak oder durch 24 stündiges Stehenlassen beseitigt.

Eigenschaften. Die lösliche Stärke bildet ein weißes, geruch- und geschmackloses Pulver. Die Struktur der zur Verwendung gekommenen Stärke, z. B. der Kartoffelstärke mit ihrer deutlichen exzentrischen Schichtung, ist im mikroskopischen Bilde noch deutlich erkennbar. Die lösliche Stärke gibt mit heißem Wasser eine klare oder fast klare Lösung.

Prüfung

1. auf freie Säure und freies Alkali:

Die wässerige Lösung der löslichen Stärke darf angefeuchtetes rotes und blaues Lackmuspapier nicht verändern.

2. auf zu weite Hydrolyse (Dextrinierung oder Verzuckerung):

a) Ein Gemisch von 5 ccm der 1 proz. wässerigen Lösung des Präparates mit 100 ccm Wasser muß durch 1 Tropfen $N/_{10}$-Jodlösung deutlich blau gefärbt werden (s. o.).

b) Werden 3 ccm Fehlingsche Lösung mit 3 ccm der 1 proz. wässerigen Stärkelösung in der Siedehitze gemischt, so darf die Fehlingsche Lösung nicht oder nur ganz schwach reduziert werden (Kupferoxydulausscheidung).

Die Fehlingsche Lösung besteht aus gleichen Teilen einer Kupfersulfatlösung und einer Natriumhydroxyd enthaltenden Seignettesalzlösung (Kalium-Natriumtartrat). Sie ist wegen ihrer geringen Haltbarkeit stets erst kurz vor Gebrauch zu mischen. In dieser tiefblauen Lösung haben wir das innere Kupfer(II)salz des Seigenettesalzes, welches das durch das Natriumhydroxyd aus dem Kupfersulfat ausgeschiedene Kupferhydroxyd an seine beiden Hydroxylgruppen (s. Tartarus stibiatus) zu einer tiefblauen Verbindung bindet. Wirken reduzierende Stoffe wie Maltose in der Hitze auf die Fehlingsche Lösung ein, so wird das Kupfer in einwertiger Form als rotes Kupferoxydul abgeschieden.

3. auf mineralische Beimengungen:

1 g lösliche Stärke darf höchstens 0,01 g Glührückstand hinterlassen.

54. Benzaldehydzyanhydrin — Mandelsäurenitril.

Darstellung. A. In einem Kolben werden 13 g fein gepulvertes 100 proz. Kaliumzyanid oder eine äquivalente Menge eines möglichst reinen Kaliumzyanids von bekanntem Gehalt — der Gehalt ist titrimetrisch mit volumetrischer Silbernitratlösung (s. u. Gehaltsbest.) festzustellen — mit 20 g frisch destilliertem Benzaldehyd versetzt. Zu diesem Gemisch werden unter Außenkühlung mit Eis aus einem Tropftrichter 20 g konzentrierte Salzsäure (37 bis 38 %) tropfenweise zugegeben (Abb. 58). Man läßt 1 Stunde lang unter häufigem Umschütteln stehen, gießt die fünffache Menge Wasser hinzu, wäscht einige Male mit kaltem Wasser im Scheidetrichter das ölige Reaktionsprodukt und trennt dieses schließlich in dem Scheidetrichter vom Wasser. Die Zersetzlichkeit des Nitrils gestattet keine weitere Reinigung.

B. Nach einem früheren patentierten Verfahren läßt sich das Präparat zweckmäßiger wie folgt darstellen:

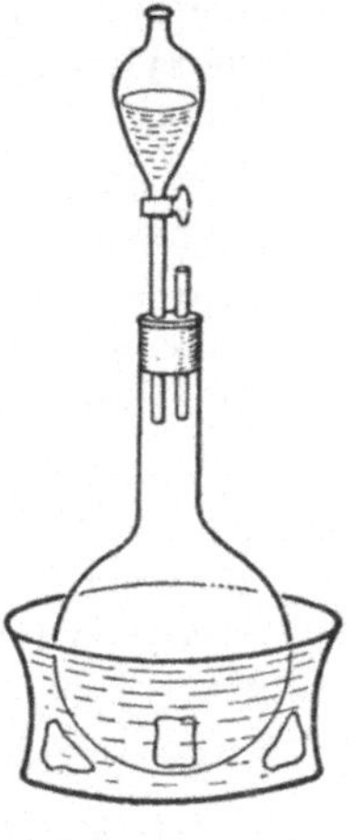

Abb. 58. Apparat zur Herstellung von Benzaldehydzyanhydrin.

In einem Becherglase versetzt man 15 g Benzaldehyd mit 50 ccm einer konzentrierten wässerigen Natriumbisulfitlösung und rührt die Mischung so lange mit einem Glasstabe, bis sie zu einem Brei — Additionsprodukt von Benzaldehyd und Natriumbisulfit — erstarrt ist. Der Brei wird an der Saugpumpe von der Flüssigkeit getrennt und nach mehrmaligem Waschen mit Wasser in einem Becherglase mit einer kalten Lösung von 12 g Kaliumzyanid in 25 g Wasser versetzt. Beim Umrühren erfolgt in kurzer Zeit Lösung, wobei sich das Mandelsäurenitril als Öl abscheidet, das man nach mehrmaligem Waschen mit Wasser wie oben im Scheidetrichter vom Wasser trennt.

Betrachtung. Aldehyde und Ketone haben u. a. die gemeinsame Eigenschaft, mit Zyanwasserstoff wie auch mit Natriumbisulfit Additionsprodukte zu geben (s. Acid. benzoic.).

Die Reaktion nach A verläuft wie folgt:

Die Salzsäure als starke Säure setzt die außerordentlich schwache Zyanwasserstoffsäure (s. S. 66) aus ihrem Kaliumsalz in Freiheit:

$$KCN + HCl \rightarrow HCN + KCl$$

<table>
<tr><td>Kalium-
zyanid</td><td>Chlor-
wasser-
stoff</td><td>Zyan-
wasser-
stoff</td><td>Kalium-
chlorid</td></tr>
</table>

Der Zyanwasserstoff lagert sich an den Benzaldehyd an unter Bildung von Benzaldehydzyanhydrin oder Mandelsäurenitril:

$$C_6H_5 \cdot C\overset{\diagup O}{\underset{\diagdown H}{}} + HCN \rightarrow C_6H_5 \cdot C\overset{\diagup OH}{\underset{\diagdown H}{-CN}}$$

Benzaldehyd   Zyan-   Mandelsäurenitril
wasserstoff

Die **Nitrile** sind Zyanide und werden in der Nomenklatur als Nitrile der Säuren benannt, die bei der Verseifung der Nitrile entstehen. Bei dieser Verseifung wird die „CN"-Gruppe durch zwei Moleküle Wasser in die Karboxylgruppe — COOH — und Ammoniak — NH_3 — zerlegt.

In der Anlagerung der CN-Gruppe liegt eine wichtige Synthese organischer Säuren, und zwar im besonderen der **Oxysäuren**[1] aus den Anlagerungen an Aldehyde und Ketone, den „**Oxynitrilen**".

Unser Anlagerungsprodukt, das **Benzaldehydzyanhydrin**, gibt bei der Verseifung **Phenyloxyessigsäure** = **Mandelsäure** und heißt demnach auch **Mandelsäurenitril**:

$$C_6H_5 \cdot CH(OH) \cdot CN + 2\,H_2O \rightarrow C_6H_5 \cdot CH(OH) \cdot COOH + NH_3$$

Mandelsäurenitril   Wasser   Mandelsäure   Ammoniak

Bei der Darstellung unter B erhalten wir zunächst das Additionsprodukt von Benzaldehyd und Natriumbisulfit:

$$C_6H_5 \cdot C\overset{\diagup O}{\underset{\diagdown H}{}} + NaHSO_3 \rightarrow C_6H_5 \cdot C\overset{\diagup OH}{\underset{\diagdown OSO_2Na,}{-H}}$$

Benzaldehyd   Natrium-   Benzaldehyd-
bisulfit   Natriumbisulfit

das sich mit Kaliumzyanid zu Mandelsäurenitril und Kalium-Natriumsulfit umsetzt:

$$C_6H_5 \cdot C\overset{\diagup OH}{\underset{\diagdown OSO_2Na + K\,CN}{-H}} \rightarrow C_6H_5 \cdot C\overset{\diagup OH}{\underset{\diagdown CN}{-H}} + KNaSO_3$$

Benzaldehyd-   Kalium-   Mandelsäure-   Kalium-
Natriumbisulfit   zyanid   nitril   Natriumsulfit

Eigenschaften. Das Mandelsäurenitril bildet eine gelbe, ölige, nach Benzaldehyd riechende Flüssigkeit, die in Wasser fast unlöslich, in Weingeist, Äther oder Chloroform leicht löslich ist. Dichte $\dfrac{20°}{4°} = 1{,}115$ bis $1{,}120$.

Prüfung.

1. **Identitätsreaktion:**

Fügt man 1 Tropfen Mandelsäurenitril zu Schwefelsäure, so tritt eine stark karmesinrote Färbung auf. Man nimmt diese Reaktion am besten in einem Porzellanschälchen vor.

---

[1] Die Kohlenstoffatome aliphatischer Säuren werden zur Kennzeichnung der Stellung von Substituenten oft mit den Buchstaben des griechischen Alphabets bezeichnet, und zwar das der Karboxylgruppe benachbarte Kohlenstoffatom mit α: $CH_3 \cdot CH_2 \cdot CH_2 \cdot CH_2 \cdot COOH$.

γ β α

2. **Identitätsreaktion auf die Zyangruppe:**

10 ccm der Lösung von 0,5 g Mandelsäurenitril in 25 ccm Weingeist und 74,5 ccm Wasser werden nach Zusatz von wenig Ferrosulfat, 1 Tropfen Eisenchloridlösung und 1 ccm Natronlauge 1 Minute lang gekocht. Nach dem Ansäuern mit Salzsäure tritt Blaufärbung unter Abscheidung eines blauen Niederschlages ein. Es ist das die Berlinerblaureaktion. Durch die Natronlauge wird die Zyangruppe in Natriumzyanid übergeführt und aus dem Ferrosulfat Ferrohydroxyd gefällt:

a)
$$C_6H_5 \cdot CH(OH)CN + NaOH \rightarrow C_6H_5 \cdot C{\overset{\displaystyle /\!/O}{\underset{\displaystyle \backslash H}{}}} + NaCN + H_2O$$

Mandelsäurenitril · Natriumhydroxyd · Benzaldehyd · Natriumzyanid · Wasser

b)
$$FeSO_4 + 2\,NaOH \rightarrow Fe(OH)_2 + Na_2SO_4$$

Ferrosulfat · Natriumhydroxyd · Ferrohydroxyd · Natriumsulfat

Natriumzyanid und Ferrohydroxyd setzen sich um zu Ferrozyanid und Natriumhydroxyd:

$$Fe(OH)_2 + 2\,NaCN \rightarrow Fe(CN)_2 + 2\,NaOH$$

Ferrohydroxyd · Natriumzyanid · Ferrozyanid · Natriumhydroxyd

Ferrozyanid gibt mit dem überschüssigen Natriumzyanid Natriumferrozyanid:

$$Fe(CN)_2 + 4\,NaCN \rightarrow Na_4Fe(CN)_6,$$

Ferrozyanid · Natriumzyanid · Natriumferrozyanid

das mit Ferrichlorid die bekannte Berlinerblaureaktion gibt:

$$3\,Na_4FeCy_6 + 4\,FeCl_3 \rightarrow 12\,NaCl + Fe_4(FeCy_6)_3$$

Natriumferrozyanid · Ferrichlorid · Natriumchlorid · Ferriferrozyanid

3. **auf freie Säure:**
Die Lösung nach 2 darf Lackmuspapier kaum röten.

4. **auf unzulässige Menge freien Zyanwasserstoffs:**
Werden 10 ccm der Lösung nach 2 mit 0,8 ccm $N/_{10}$-Silbernitratlösung und einigen Tropfen Salpetersäure vermischt, so muß das Filtrat noch den eigenartigen Geruch des Bittermandelwassers zeigen und darf nach weiterem Zusatz von N_{10}-Silbernitratlösung nicht mehr getrübt werden.

Die hier zur Verwendung kommende Lösung ist das Bittermandelwasser des Arzneibuches. Diese Prüfung entspricht daher ganz der Prüfung 1 bei Aqua Amygdalarum amararum. In der vorliegenden Verdünnung soll daher der Gehalt an freiem Zyanwasserstoff 0,02 % nicht übersteigen.

5. **Gehaltsbestimmung:**
0,5 g Mandelsäurenitril werden in einem Meßkölbchen von 100 ccm Inhalt in 25 ccm Weingeist gelöst. Hierauf wird mit Wasser auf 100 ccm aufgefüllt. 25 ccm dieser Lösung = 0,125 g Mandelsäurenitril werden in einen Erlenmeyer-Kolben pipettiert, mit 100 ccm Wasser, 2 ccm Kalium-

jodidlösung und 1 ccm Ammoniakflüssigkeit versetzt und mit $N/_{10}$-Silbernitratlösung bis zum Eintritt einer gelblichen Opaleszenz titriert. Es sollen mindestens 4,2 ccm der $N/_{10}$-Silbernitratlösung verbraucht werden.

Der Reaktionsvorgang entspricht genau dem bei der Gehaltsbestimmung des Bittermandelwassers (s. d.). Aus den Reaktionsgleichungen daselbst geht hervor, daß 1 Mol. $AgNO_3$ = 2 Mol. Mandelsäurenitril (M.-G. 133,06) entspricht.

1 ccm $N/_{10} AgNO_3$-Lösung zeigt mithin $\dfrac{2 \cdot 133,06}{10\,000} = 0,026612$ g Mandelsäurenitril an.

Der Mindestprozentgehalt an Mandelsäurenitril soll mithin betragen:

$$\frac{4,2 \cdot 0,026612 \cdot 100}{0,125} = \mathbf{89,4.}$$

55. Aqua Amygdalarum amararum — Bittermandelwasser.

Darstellung. 1,1 g Mandelsäurenitril werden in 50 g Weingeist gelöst, und die Lösung wird mit 148,9 g Wasser gemischt.

Betrachtung. Das auf diese Weise nach Vorschrift des Deutschen Arzneibuches 6 hergestellte Bittermandelwasser mit einem Blausäuregehalt von etwa 0,1 % zeigt gegenüber dem aus bitteren Mandeln gewonnenen Produkt, wie ein solches D. A. 5 noch vorschrieb, gewisse Mängel. Es ist oft gelblich gefärbt und trübe, bedingt durch die Eigenschaften und die Veränderlichkeit des Mandelsäurenitrils.

Ein von solchen Mängeln freies Präparat erhält man nach Holdermann (Archiv der Pharmazie 1919, S. 69 ff.), wenn man frisch entwickelte Zyanwasserstoffsäure in verdünnten Weingeist destilliert und dem Destillat die seinem durch Gehaltsbestimmung zu ermittelnden Gehalt an Zyanwasserstoffsäure äquivalente Menge Benzaldehyd zusetzt. Das Gemisch überläßt man unter zeitweiligem Umschütteln einige Tage sich selbst zwecks Lösung des Benzaldehyds und der Anlagerung der Zyanwasserstoffsäure, was vor allem in einer 5 proz. Zyanwasserstofflösung rasch erfolgt. Das Produkt ist schließlich auf den vorgeschriebenen Zyanwasserstoffgehalt von 0,1 % und den erforderlichen Weingeistgehalt zu bringen.

Im Bittermandelwasser haben wir als Bestandteile: Benzaldehyd, Zyanwasserstoffsäure und deren Additionsprodukt, das Mandelsäurenitril. (Siehe Benzaldehydzyanhydrin.) Von der gesamten Zyanwasserstoffsäure darf nur ein Fünftel als freie Zyanwasserstoffsäure zugegen sein. .

Bittermandelwasser ist vor Licht geschützt aufzubewahren.

Eigenschaften. Bittermandelwasser ist klar oder nur sehr schwach weißlich getrübt. Die Dichte betrage 0,970 bis 0,980 $\frac{15°}{15°}$ bzw. 0,967 bis 0,977 $\frac{20°}{4°}$.

Prüfung

1. **auf unzulässige Menge freien Zyanwasserstoffs, bzw. auf ein durch Mischen von Blausäure, Wasser und Alkohol hergestelltes Bittermandelwasser:**

Die Zyangruppe $(CN)_2$ teilt, wie bei **Hydrargyrum cyanatum** (s. d.) ausgeführt, viele Eigenschaften mit den Halogenen. Uns interessiert hier das Silbersalz, welches wie das der Halogene Chlor, Brom und Jod in Wasser und Säuren unlöslich, in Ammoniak (Jodsilber unlöslich) und Natriumthiosulfat löslich ist. Dasselbe entsteht beim Versetzen von Lösungen der freien Zyanwasserstoffsäure oder deren Salze mit Silbernitratlösung. Aus dem Additionsprodukt von Blausäure mit einem Aldehyd aber, hier dem sogenannten Zyanhydrierungsprodukt des Benzaldehyds, wird die Zyanwasserstoffsäure durch Silbernitrat nicht gefällt.

Werden 10 ccm Bittermandelwasser mit 0,8 ccm $N/_{10}$-Silbernitratlösung und einigen Tropfen Salpetersäure gemischt, so wird nur die ungebundene Blausäure als Silberzyanid gefällt, das Filtrat muß den Bittermandelwassergeruch behalten haben und darf durch weiteren Zusatz von Silbernitratlösung nicht getrübt werden.

Da gemäß der Umsetzungsgleichung

$$HCN + AgNO_3 \rightarrow AgCN + HNO_3$$

Blausäure	Silber-	Silber-	Salpeter-
Mol.-Gew.: 27	nitrat	zyanid	säure

1 ccm $N/_{10}$-Silbernitratlösung $= 0,0027$ g Blausäure entspricht, so ist ein Höchstgehalt von $0,0027 \cdot 0,8 \cdot 10 = 0,02\,^0/_0$ ungebundene Zyanwasserstoffsäure zulässig. Ein im obigen Sinne durch Mischen hergestelltes Bittermandelwasser würde demnach im Filtrat mit weiterer Silbernitratlösung Fällung geben.

2. **Gehaltsbestimmung:**

Man gibt 25 g Bittermandelwasser in einen Erlenmeyer-Kolben, vermischt mit 100 ccm Wasser, setzt 2 ccm Kaliumjodidlösung und 1 ccm Ammoniakflüssigkeit hinzu und titriert mit $N/_{10}$-Silbernitratlösung (1 ccm $= 0,005404$ g Zyanwasserstoff), bis eine gelbliche Opaleszenz entsteht.

Hierzu sollen 4,58 bis 4,95 ccm $N/_{10}$-Silbernitratlösung erforderlich sein.

Der Chemismus bei diesem Titrationsverfahren ist folgender:

Die Verbindung Benzaldehyd-Zyanwasserstoff wird durch Ammoniak gelöst:

$$C_6H_5 \cdot C\underset{\diagdown H}{\overset{\diagup OH}{-CN}} + NH_3 \rightarrow C_6H_5 \cdot C\overset{\diagup\diagup O^1}{\diagdown H} + NH_4CN$$

Benzaldehyd-	Ammoniak	Benzaldehyd	Ammonium-
Zyanwasserstoff			zyanid

---

[1] Benzaldehyd bildet mit Ammoniak Hydrobenzamid:

$$3\,C_6H_5 \cdot C\overset{\diagup\diagup O}{\diagdown H} + 2\,NH_3 \rightarrow (C_6H_5 \cdot CH)_3N_2 + 3\,H_2O$$

Die Zyangruppe bildet wie die Halogene Chlor, Brom und Jod ein in Wasser und verdünnten Säuren unlösliches Silbersalz, das u. a. in Kaliumzyanid- oder Ammoniumzyanidlösung löslich ist. Bei der Titration mit Silbernitratlösung erfolgt nun zunächst Ausfällung von Silberzyanid, das sich aber beim Umrühren in der überschüssigen Ammoniumzyanidlösung sogleich wieder zu dem komplexen Salz Ammoniumsilberzyanid löst:

$$2\ NH_4CN + AgNO_3 \rightarrow NH_4Ag(CN)_2 + NH_4NO_3$$

Ammonium-   Silbernitrat   Ammoniumsilber-   Ammonium-
zyanid   zyanid   nitrat

Erst wenn alles Zyanid als Ammoniumsilberzyanid vorliegt, ruft ein weiterer Tropfen Silbernitratlösung Fällung von Silberjodid (unlöslich in Ammoniak) hervor. Aus der Formel ersehen wir, daß 1 Mol. Silbernitrat 2 Mol. Blausäure entspricht, daher 1 ccm $N/_{10}$-Silbernitratlösung = 0,005404 g (der doppelten Menge wie bei Prüfung 1) Blausäure.

Der Prozentgehalt an HCN soll daher betragen:

$$4{,}58 \text{ bis } 4{,}95 \cdot 0{,}005404 \cdot 4 = 0{,}099 \text{ bis } 0{,}107.$$

Bei einem etwaigen zu hohen Gehalt an Zyanwasserstoff ist das Bittermandelwasser durch Zusatz eines Gemisches von 1 Teil Weingeist und 3 Teilen Wasser auf den vorgeschriebenen Gehalt zu verdünnen.

Nachtrag zum Kapitel „Seifen" S. 177.

Zum Erhalt neutraler Seifen muß man zuvor einerseits den Gehalt oder Wirkungswert des Ätzalkalis durch Titration mit volumetrischer Säure, andererseits die Verseifungszahl des Fettes oder Fettgemisches feststellen.

Unter „Verseifungszahl" (Koettstorfersche Zahl) versteht man die zur Verseifung von 1 g Fett erforderliche Zahl Milligramme KOH.

Arbeitsweise: Etwa 2 g des, wenn nötig, geschmolzenen Fettes werden in einem 150-cm-Kolben genau gewogen und mit 25 ccm ca N/2 alkohol. Kalilauge aus einer Bürette versetzt. In gleicher Weise bürettiert man weitere 25 ccm in einen zweiten Kolben für einen blinden Versuch zur Ermittlung des Wirkungswertes der Lauge. Beide Kölbchen erhitzt man unter Aufsetzen eines Rückflußkühlrohres auf dem siedenden Wasserbade $^1/_2$ Stunde. Wenn die Flüssigkeit klar geworden ist und keine Fetttröpfchen mehr erkennbar sind, wird der Inhalt beider Kölbchen sofort heiß mit N/2 Salzsäure gegen Phenolphthalein zurücktitriert.

Beispiel:

Einwaage: 2,0438 g Fett
Vorgelegt:
    25 ccm ca N/2 alkohol. Kalilauge = 23,5 ccm N/2-Salzsäure (Blindversuch)
Zurücktitriert . . . . = 9,3 ccm N/2-Salzsäure
Verbraucht . . . . = 14,2 ccm N/2-Säure = Lauge.

Berechnung:

$$1 \text{ ccm N/2 Lauge (Säure)} = \frac{56,1 \text{ (Äquiv.-Gew. KOH)}}{2} = 28,1 \text{ mg KOH}$$

$$\text{Mithin Verseifungszahl} = \frac{14,2 \cdot 28,1}{2,0438} = \mathbf{195,2}$$

M. a. W.: 1 kg des Fettes erfordert zur Verseifung 195,2 g KOH bzw.

$$\frac{195,2 \cdot 40 \text{ (Äquiv.-Gew. NaOH)}}{56,1 \quad \text{(Äquiv.-Gew. KOH)}} = 139,2 \text{ g NaOH, entspr. } \frac{195,2 \cdot 100}{95} = 205,5 \text{ g}$$

Kalihydrat bzw. $\dfrac{139,2 \cdot 100}{95} = 146,5$ g Natronhydrat mit einem Wirkungswert von je 95 %.

Atomgewichte 1942/43.

Symbol	Element	Atom-gewicht	Symbol	Element	Atom-gewicht
Ag	Silber	107,880	N	Stickstoff	14,008
Al	Aluminium	26,97	Na	Natrium	22,997
Ar	Argon	39,944	Nb	Niobium	92,91
As	Arsen	74,91	Nd	Neodym	144,27
Au	Gold	197,2	Ne	Neon	20,183
B	Bor	10,82	Ni	Nickel	58,69
Ba	Barium	137,36	O	Sauerstoff	16,0000
Be	Beryllium	9,02	Os	Osmium	190,2
Bi	Wismut	209,00	P	Phosphor	30,98
Br	Brom	79,916	Pa	Protaktinium	231
C	Kohlenstoff	12,010	Pb	Blei	207,21
Ca	Kalzium	40,08	Pd	Palladium	106,7
Cd	Kadmium	112,41	Pr	Praseodym	140,92
Ce	Cer	140,13	Pt	Platin	195,23
Cl	Chlor	35,457	Ra	Radium	226,05
Co	Kobalt	58,94	Rb	Rubidium	85,48
Cp	Cassiopeium	174,99	Re	Rhenium	186,31
Cr	Chrom	52,01	Rh	Rhodium	102,91
Cs	Caesium	132,91	Rn	Radon	222
Cu	Kupfer	63,57	Ru	Ruthenium	101,7
Dy	Dysprosium	162,46	S	Schwefel	32,06
Em	Emanation	222	Sb	Antimon	121,76
Er	Erbium	167,2	Sc	Scandium	45,10
Eu	Europium	152,0	Se	Selen	78,96
F	Fluor	19,00	Si	Silizium	28,06
Fe	Eisen	55,85	Sm	Samarium	150,43
Ga	Gallium	69,72	Sn	Zinn	118,70
Gd	Gadolinium	156,9	Sr	Strontium	87,63
Ge	Germanium	72,60	Ta	Tantal	180,88
H	Wasserstoff	1,0080	Tb	Terbium	159,2
He	Helium	4,003	Te	Tellur	127,61
Hf	Hafnium	178,6	Th	Thorium	232,12
Hg	Quecksilber	200,61	Ti	Titan	47,90
Ho	Holmium	164,94	Tl	Thallium	204,39
In	Indium	114,76	Tm	Thulium	169,4
Ir	Iridium	193,1	U	Uran	238,07
J	Jod	126,92	V	Vanadium	50,95
K	Kalium	39,096	W	Wolfram	183,92
Kr	Krypton	83,7	X	Xenon	131,3
La	Lanthan	138,92	Y	Yttrium	88,92
Li	Lithium	6,940	Yb	Ytterbium	173,04
Mg	Magnesium	24,32	Zn	Zink	65,38
Mn	Mangan	54,93	Zr	Zirkonium	91,22
Mo	Molybdän	95,95			

Sachverzeichnis.

Namenverzeichnis.